# Ideen,

# Reflexionen und Betrachtungen

aus

**Schleiermachers Werken.**

Herausgegeben

von

**Ludwig von Lancizolle.**

Berlin.

Druck und Verlag von Georg Reimer.

1854.

# Ideen, Reflexionen und Betrachtungen

aus

# Schleiermachers Werken.

Herausgegeben

von

**Ludwig von Lancizolle.**

---

Berlin.
Druck und Verlag von Georg Reimer.
1854.

# Inhalt.

# Vorrede.

Das vorliegende Werk soll eine Auswahl von Ideen, Reflexionen und Betrachtungen aus den Werken von Schleiermacher darbieten. Daß eine solche Auswahl, die noch nicht versucht worden, an und für sich nicht unwillkommen sein, und dem Einen zur Erinnerung, dem Andern zur Anregung dienen dürfte, um im ersteren Falle den geistigen Reichthum den jene Werke enthalten sich immer wieder zu vergegenwärtigen, im andern Falle sich zum ernsten Studium derselben angetrieben zu fühlen, darf ich wohl voraussetzen.

Für die Berechtigung aber eine solche Auswahl selbst zu unternehmen, muß ich mir schon anzuführen erlauben: daß ich seit einer langen Reihe von Jahren mit Schleiermachers geistigen Erzeugnissen, in Schriften wie in mündlichen Vorträgen, mich auf das Ernstlichste beschäftigt, und eben so den gleichzeitigen Erscheinungen in Philosophie und Theologie gefolgt bin, um Schleiermachers Stellung in dem Entwickelungsgang dieser Geistesgebiete so treu als möglich aufzufassen, und die hohe Eigenthümlichkeit seines Geistes immer reiner und klarer zu erkennen. Ich hoffte daher für die vorliegende Arbeit einigermaßen gerüstet zu sein.

Was die Ausführung derselben betrifft, so muß ich folgendes bemerken.

Ich habe alle in dem Anhange so vollständig als möglich verzeichnete Schriften von Schleiermacher insoweit berücksichtigt, daß ich sie sämmtlich, mit Ausschluß der Predigten, einer erneuerten genauen Durchsicht für meinen Zweck unterzogen, und bei der Auswahl der daraus zu entnehmenden Stellen, auf das sorgfältigste erwogen habe, welche für sich allein verständlich und genießbar sein möchten. Aus den Predigten war nach reiflicher Ueberlegung für diese Auswahl nichts zu gewinnen. Jeder einzelne Satz in denselben wird von dem Strom des Ganzen so gehalten und getragen, daß er seine Bedeutung oder seine eigenthümliche Kraft verliert, sobald er diesem Zusammenhang entzogen wird. Die Predigten mußte ich also unbeachtet lassen. Von allen übrigen Werken aber hat die größere Zahl — die kleinsten

Schriften nicht ausgenommen — Beiträge geliefert. Was und wie vieles jedoch aus jedem Werk von Schleiermacher isolirbar sei und gewählt werden dürfe oder solle, darüber werden wohl nicht zwei Stimmen vollkommen einverstanden sein, indem hier nothwendig zu viel vom persönlichen Urtheil und Geschmack abhängig bleibt. Es darf aber wohl behauptet werden, daß nur dem, der selbst den Versuch gemacht hat, aus einer so großen Zahl nach Inhalt und Form so verschiedener Schriften, eine bedeutende Summe einzelner Stellen herauszuziehen, über die Schwierigkeiten die sich dabei aufthun, und wie weit sie überwindbar sind, ein ganz kompetentes Urtheil zusteht. Es wird besonders leicht sein treffliche Stellen in Schleiermachers Werken zu finden, die hier nicht aufgenommen sind, weil sie entweder einem größeren Zusammenhange angehörig, außerhalb desselben nicht mehr verständlich blieben, oder weil sie Glanz und Farbe einbüßen müßten, wenn sie dem eigenthümlichen Boden entrissen würden, dem sie entsprossen sind.

So schwierig wie die Auswahl angemessener Stellen war die Anordnung derselben. Nach mehr als einem Versuch auf die eine oder andere Art das gesammelte Material in die passendste Verbindung zu bringen, bin ich bei der gewählten Zusammenstellung, als der, wie ich glaube noch am meisten genügende — da an eine systematische Anordnung des gewonnenen Stoffes nicht zu denken war — zuletzt stehen geblieben.

Die Orthographie konnte nicht übereinstimmend sein, da selbst in denjenigen Schriften, welche ganz aus Schleiermachers eigener Feder geflossen sind, hierin große Differenzen sich vorfinden.

Ich habe übrigens, wie sich wohl von selbst versteht, genau excerpirt, und mir nur bisweilen erlaubt bloße Uebergangswörter zu verändern oder zu ergänzen, wenn nur durch dieses, den Sinn niemals entstellende Mittel, einzelnes Treffliche mit herangezogen werden konnte.

Ueber den reichen Inhalt der hier gesammelten Fragmente, so wie über die Grundideen welche klar darin hervortreten oder darin latitiren, sich näher auszusprechen, wird der am ersten versucht, der diesen geistigen Stoff aufs Neue in seinem Geiste anhaltend bewegt hat. Doch tritt auch sogleich das ernste Bedenken ein, wie viel dazu gehört um über ein solches Thema sich auf würdige Weise zu verbreiten, und nöthigt davon abzustehen.

Dennoch kann ich mich nicht enthalten Einen

Punkt, der das innerste Wesen von Schleiermachers philosophischer Denkweise betrifft, hier kurz zu berühren. Es ist der Vorwurf der ihm besonders von Seiten der Hegelschen Schule gemacht worden, daß er die höchsten Stufen der Speculation nicht zu betreten gewagt, und deshalb den höchsten Begriff des menschlichen Geistes, den Begriff der Gottheit, fast bestimmungslos gelassen, statt denselben näher auszubilden, und damit zugleich sein Verhältniß zum Begriff der Welt — zur Gesammtheit des endlichen Seins — in bestimmtere Formeln zu fassen.

Es kann nicht dieses Ortes sein, hierüber eine ausführliche Untersuchung anzustellen, nur Folgendes möge noch hier stehen und näherer Erwägung überlassen bleiben.

Schleiermacher hat es selbst oftmals ausgesprochen, es sei nicht sein Beruf in der reinen Speculation neue Bahnen zu eröffnen. Wohl führt seine „Dialektik“ zu den höchsten Problemen des Denkens hin und stellt sie auch als solche auf. Gott und Welt sind die Gipfelpunkte, zu welchen seine mit der höchsten Umsicht geführten dialektischen Untersuchungen methodisch aufsteigen. Aber als die höchsten formalen Begriffe bleiben sie stehen, und der sein dialektisches Gewissen stets heilig haltende Denker wollte sich nicht weiter in die Regionen verlieren, wo auch die Fantasie eine Rolle übernehmen muß, um dem Drange zu genügen, einen Reichthum positiver Bestimmungen über jene höchsten Ideen zu gewinnen.

Und doch hatte Schleiermacher früherhin selbst den Grundsatz ausgesprochen, daß,

„wer das poetische Element in der Speculation nicht anerkennt, sich mit aller Dialektik immer im Leeren herumtreibt.“*)

Hatte er später eine andere Ueberzeugung gewonnen? Oder fühlte er vielleicht, daß nur er selbst nicht berufen sei, das dialektische Element mit dem poetischen zu verbinden, um auf diesem Wege ein System positiver Bestimmungen über die höchsten Ideen speculativ zu begründen — wie es nachmals andere seiner würdige Mitdenker so ernstlich unternommen haben?**)

Wenn es Schleiermachers Eigenthümlichkeit widerstrebte auf jenem Wege problematische Versuche an-

*) Rezension von Schellings Methodologie. S. Nr. 10. dieser Auswahl.

**) Ich will hier nur an die ausgezeichneten Schriften von C. Phil. Fischer, die „Idee der Gottheit“ (1839), Wirth, „die speculative Idee Gottes“ (1845) und Sengler, „die Idee Gottes“ (2 Th. 1845—1852) erinnern.

zustellen, um die Ideen Gott und Welt weiter auszubilden, so war er desto gewisser dazu berufen, das Eine der beiden höchsten realen Gebiete des Wissens — die Ethik — mit dem größten Erfolg zu bearbeiten. Wohl ist es daher nicht genug zu beklagen, daß ihm nicht vergönnt war sein System der Sittenlehre zu vollenden, ungeachtet, wie er selbst geäußert, er dies als ein Lebensziel ansah, das er vorzugsweise zu erreichen wünschte. Zwar tröstete er späterhin sich und die Seinigen damit, daß er seine ethischen Grundgedanken in mehreren Abhandlungen, die er in der Akademie der Wissenschaften vorgetragen, vornemlich über die Begriffe der Tugend, der Pflicht und des höchsten Gutes, niedergelegt habe; aber er muthete seinen Freunden zu viel zu, wenn er glaubte, sie selbst würden das System der Ethik, wie er es im Geiste getragen und in sich ausgebildet, mit Hülfe jener Grundideen, vollständig auszuführen im Stande sein.

Darum werden wir hier unwillkührlich an die Worte von Schleiermacher über Platon's eben so wenig zum Abschluß gekommene Sittenlehre erinnert, womit er einen Hauptabschnitt seiner „Kritik der bisherigen Sittenlehre" beschließt, und darin gleichsam sein eignes Geschick prophetisch ausspricht:

„Und wer kann beurtheilen, wie weit dieses ist aus-
„geführt gewesen in seinen Gedanken, und wie
„viel wir davon erblicken würden, wenn wir je-
„nes große Werk vor uns hätten, welches das
„göttliche Wesen, wiewohl des Neides unfähig,
„entweder ihm auszuführen, oder uns zu besitzen,
„nicht erlaubt hat.“

Im Dezember 1853.

L. v. L.

# I. Philosophie.

## Akademie. Universität.

---

1.

Prinzipien und Zusammenhang (der Erkenntniß) ist dasjenige, was wir Philosophie nennen. — Keiner, der sich überhaupt mit einem Gebiet des Wissens beschäftigt, kann den Einfluß der Philosophie auf dasselbe entbehren. Denn er kann sonst nur Materialien sammeln; denn jede Vorstellung, worin weder Prinzipien noch Zusammenhang angedeutet sind, ist nur ein Material. Wenn man aber den Einfluß einer Philosophie mit verarbeitet ohne selbst zu philosophiren: so ist man nur Organ eines Andern.

Dialektik.

2.

Die Philosophie ist die innerste Tiefe der menschlichen Erkenntniß, weil sie die gemeinsame Begründung und den gemeinsamen Zusammenhang alles Andern giebt, und wer philosophirt sucht diesen Zusammenhang und diese Begründung. Dialektik.

3.

Die Philosophie ist das höhere Bewußtsein in der Form der Anschauung, oder die Anschauung auf der höchsten Potenz. Daher hat sie eine doppelte Verwandtschaft. Auf der Potenz des Höheren correspondirt ihr als Gefühl die Religion; auf dem Gebiete der Anschauung correspondirt ihr als niedere Potenz das reale Wissen.

Geschichte der Philosophie.

4.

Alle einzelnen Wissenschaften bleiben unvollkommen, wenn nicht über ihnen Eine Centralwissenschaft schwebt, und diese ist eben die Philosophie. Von ihr getrennt ist alle Erkenntniß, sowohl die der Natur, als die der Thatsachen der Menschheit, nur ein Aneinanderreihen des Einzelnen. Wie kommt der Mensch zur einzelnen Erkenntniß? Entweder durch Entdeckung oder durch Tradition. Die erste verhält sich aber zur zweiten nur wie ein Minimum, so daß wir unser ganzes Wissen ein traditionelles nennen können, das erst höhern Gehalt bekommt durch die Verbindung mit der Philosophie.

Dialektik.

5.

Es kann nicht genug erinnert werden, was im Streit über das Einzelne sich so leicht vergißt, daß zur wissenschaftlichen Form, in welcher die Erkenntniß und die Kunst sich durchdringen, alles muß hingeführt werden, was den Namen der Philosophie verdient.

Kritik der Sittenlehre.

6.

Streit — so oft sich wiederholend — zwischen Religion und Philosophie, auf zwiefache Weise: 1) Streit der einen gegen die andere, so daß sie sich gegenseitig gar nicht anerkennen; 2) Streit beider um den Primat. Der eine wie der andere ist nichtig, denn die Interessen der einen sind durchaus nicht denen der anderen entgegen, und von einem Primat der einen vor der andern kann auch nicht die Rede sein.

Dialektik.

7.

Keine Philosophie kann atheistisch sein, weil sie nicht die Totalität suchen kann ohne Einheit, und wie die Totalität des Seins die Welt ist, so ist die Einheit des Seins Gott.

Geschichte der Philosophie.

8.

Keine Wissenschaft kann das Individuelle durch den bloßen Gedanken erreichen und hervorbringen, sondern muß immer bei einem Allgemeinen stehen bleiben.

Dogmatik.

9.

Die Idee ist Prinzip
der Selbsterkenntniß, oder Contemplation;
der Weltanschauung, oder Intuition;
der Kunstanschauung, oder Imagination;
der Philosophie, oder Speculation.

Ethik.

10.

Die Technik und die Poesie in der Philosophie anzuerkennen, dieses könnte man sagen, sei der Prüfstein des wahren Philosophirens. Denn daß Derjenige immer unreif bleiben wird, der für sein philosophisches Bestreben die Technik verschmäht, ist für sich klar. Eben so gewiß aber ist auch, daß wer das poetische Element in der Speculation nicht anerkennt, sich mit aller Dialektik immer im Leeren herumtreibt.

Rezension von Schellings Methodologie. (Jen. Litt. Zeit. 1804.)

11.

Der nothwendige Typus der Philosophie ist dieser: den absoluten Centralpunkt gleicherweise in den beiden relativen, und wiederum diese in jenem darzustellen. Dieser Grundform zufolge, sind reale Wissenschaften nur die Darstellungen der beiden Relationen für sich, also die historische Construktion der geistigen Welt und die historische Construktion der Natur, welche beide zusammen, eben insofern sie als real Eins angesehen werden können, auch die reale Darstellung des Urwissens ausmachen. Und zwar die ganze und die einzige, weil die successive Offenbarung des Urwissens in der realen und idealen Welt die absolute Form des Absoluten erschöpfte. Nun stellen allerdings diese historischen Wissenschaften des relativ Entgegengesetzten, das Absolute dar; aber nur sofern sie als Ganze gedacht und durch Beziehung auf die speculative Seite des Wissens vereinigt werden. Indem aber die Reihe der idealen und realen Erscheinungen historisch verfolgt wird, wird doch das Einzelne außerhalb des Absoluten und getrennt von ihm gedacht, und ist insofern dem Ganzen, dessen integrirender Theil es ist, unähnlich. Und hier eben entstehen jenem Typus zufolge zwei Aufgaben, deren Lösungen keinesweges wieder reale Wissenschaften sein sollen, sondern Ergänzungen derselben, um auch in dem einzelnen Relativen die Trennung vom Absoluten aufzuheben, und so unmittelbar den Centralpunkt herzustellen. Diese Lösungen nemlich sind zuerst die Darstellung des Absoluten auch im einzelnen Relativen durch

Ineinsbildung des Idealen und Realen, auch in bestimmten Erscheinungen, vermittelst der Kunst; zweitens umgekehrt die Darstellung auch des einzelnen Relativen im Absoluten, indem nemlich das einzelne Endliche, sei es nun ideal oder real, unmittelbar im Unendlichen geschaut wird, in welchem von selbst und immer das Ideale und Reale als Eins und Dasselbe erblickt werden muß, welches eben geschieht vermöge der Religion. Es ist hier nicht der Ort weiter auszuführen, wie sich in Beziehung auf Kunst und Religion, durch Symbolik und Mystik dies Ganze schließt, und wie, indem auf der einen Seite die Philosophie selbst als Kunst der Erscheinung eingebildet wird, auf der andern aber die Religion nichts weiter ist, als die in der Welt der Erscheinungen unmittelbar sich offenbarende Philosophie, die ideale und die reale Darstellung des Urwissens sich zwiefach in einander schlingen.

Rezension von Schellings Methodologie. (Jen. Litt. Zeit. 1804.)

12.

Wenn wir auf die von Anfang an aufgestellte und im Wesentlichen bestimmt beibehaltene Organisation des Wissens zurückgehen, so finden wir überall, daß man Ethik und Physik als coordinirte Wissenschaften aufgestellt hat, und über beide eine höhere, der sie subordinirt wären, die man bald Dialektik, bald Metaphysik oder philosophia prima oder sonst wie nannte.

Aesthetik.

13.

Es giebt Völker, welche die Scheidung zwischen Poesie und Speculation nie vollzogen haben, ihre Speculation ist immer poetisch geblieben, und der Inhalt ihrer Poesie speculativ. Diese philosophische Richtung ist eine andere, als die eigentlich poetische Produktivität, denn sie hat das Allgemeine als solches zum Gegenstande, sie hat es mit den Gesetzen des Seins und Denkens zu thun, und ist also, wenn wir sie auch als freie Productivität ansehen müssen, doch nicht eine solche, welche wir unter den Begriff der Kunst fassen.

In den orientalischen Entwickelungen giebt es keine Poesie, die nicht philosophisch, und keine Philosophie, die nicht poetisch wäre. In der hellenischen hat sich beides geschieden, und darum ist jedes für sich zu größerer Vollkommenheit gediehen. Aesthetik.

14.

Dialektik ist die Kunst von einer Differenz im Denken zur Uebereinstimmung zu kommen.

Dialektik.

15.

Dialektik heißt dem Platon Kunst ein Gespräch zu führen.

Gesprächführen im philosophischen Sinne setzt Verschiedenheit der Vorstellungen voraus als Ausgangspunkt, welchem zwei verschiedene Endpunkte gegenüber stehen, entweder der, daß die Vorstellungen der Gesprächführenden dieselben werden, oder der, daß beide Theile sich überzeugen, das Einswerden der Vorstellungen sei nicht zu erreichen. In beiden Fällen hat das Gespräch ein Ende und Dialektik als Kunst ein Gespräch zu führen kann nichts sein als die kürzeste und sicherste Art von einem gegebenen Anfangspunkte zu einem dieser beiden Endpunkte zu gelangen. Es kann uns aber niemals gleichgültig sein, ob wir zu dem einen oder dem andern Ende kommen. Dialektik.

16.

Dialektik ist Darlegung der Grundsätze für die kunstmäßige Gesprächführung im Gebiet des reinen Denkens.

Denken wird hier als die allgemeinste Bezeichnung der bekannten geistigen Function in dem weitesten Umfange genommen, so daß nicht nur das im engern Sinne sogenannte Denken vermittelst der Sprache darunter zu verstehen ist, sondern auch das Vorstellen, oder das Beziehen sinnlicher Eindrücke und Bilder auf Gegenstände oder Thatsachen, mithin auch was wir die Thätigkeit der Fantasie nennen, dem Denken nicht entgegengesetzt, sondern mit darunter begriffen wird. — Aehnlicherweise wird auch der Ausdruck Gesprächführung in dem weiteren Sinne verstanden, in welchem dabei nicht schlechthin wenigstens zwei denkende Einzelwesen vorausgesetzt werden, sondern einer auch Gespräch mit sich selbst führen kann, sofern nur zwei verschiedene und aus einander gehaltene Folgen von Denkthätigkeiten wechselnd auf einander bezogen werden.

Der Ausdruck reines Denken bestimmt sich in der Unterscheidung desselben vom geschäftlichen Denken und vom künstlerischen Denken, sofern es nemlich keine andere Richtung giebt in welcher gedacht wird, als diese drei. Zum geschäftlichen Denken, im weitesten Sinne, rechnen wir alles Denken um eines andern willen, welches dann immer irgend ein Thun sein wird, ein Verändern der Beziehungen des Außeruns auf uns, und zwar so, daß beginnend bei dem Bewußtsein, womit wir die Verrichtungen des animalischen Lebens begleiten und vorbereiten, bis zu den Selbstbestimmungen, wodurch wir unsere Herrschaft über die Natur und über andere Menschen befestigen und erweitern, alles zum geschäftlichen Denken gehört. Das künstlerische Denken hat mithin dieses mit dem reinen Denken gemein, daß es nicht um eines andern willen ist, und Denken ist auch hier im weitesten Sinn, indem das künstlerische Bilden nicht ausgeschlossen werden darf, zu fassen. Zu diesem künstlerischen aber gehört alles Denken, welches nur unterschieden wird an dem größeren oder geringeren Wohlgefallen, so daß auch nur dasjenige, dem ein ausgezeichnetes Wohlgefallen beiwohnt, aus dem lediglich innerlichen Denken oder Bilden, zur Mittheilung und Festhaltung hervortritt, und ein Aeußeres wird. Das reine Denken nun unterscheidet sich auf der einen Seite von dem geschäftlichen als nicht um eines andern sondern um des Denkens selbst willen gesetzt, auf der andern Seite von dem künstlerischen dadurch, daß es sich nicht auf die momentane Action des Subjektes nemlich des denkenden Einzelwesens beschränkt, mithin auch sein Maaß nicht hat an dem Wohlgefallen an dessen zeitlichem Erfülltsein. Indem wir nun diese Dreie unterscheiden, das reine Denken als das in sich selbst bleibende und sich uns zur Unveränderlichkeit und Allgemeinheit steigernde, das geschäftliche, welches in dem Anderswerden von etwas oder in der Erreichung eines Zweckes sein Ende findet, und das künstlerische, welches in dem Moment des Wohlgefallens zur Ruhe kommt, besorgen wir nicht, daß wir in der Folge bei der weiteren Betrachtung des reinen Denkens in Verwirrung gerathen könnten mit einem andern zu keinem von diesen dreien gehörigen Denken, sondern bis uns ein solches aufgezeigt wird, behaupten wir, daß alles menschliche Denken in diesen drei Richtungen beschlossen ist.

17.

Jener höhere Verstand, aus dem sich die Keime aller Wissenschaften allmählig entwickeln, äußerte sich sehr zeitig in dem Bestreben die unendliche Mannigfaltigkeit der natürlichen, unverrückt in festen Gestalten sich erneuernden, Dinge, erst in große Massen zu ordnen, dann nach ihren geringeren Verschiedenheiten sie in Gattungen und Arten zu theilen. In der Bildung und Erweiterung der gemeinen Sprache entfaltete sich dies Bestreben ursprünglich auf eine rein natürliche Weise; seitdem der Verstand mit Besonnenheit darauf zurückkam, und es künstlich gestaltete, sehen wir die wissenschaftliche Naturbeschreibung in mannigfaltigen jetzt so, dann anders gebildeten Versuchen einen großen Reichthum des wissenschaftlichen Lebens offenbaren. Wie oft hat man bei näherer Bekanntschaft mit den Dingen einzelne Bestimmungen widerrufen, Arten abgetrennt, ganze Gattungen aufgelöst und anders wieder vereiniget. Und wenn auch die großen Züge, auf denen die Haupteintheilungen ruhen, fester standen, und manche selbst dann nicht wankten, als man deutlicher einsah, wie die Natur sich darin gefällt, auch das, was der Verstand am schärfsten zu sondern pflegt, sanfter und künstlerischer durch allmählige Uebergänge zu verbinden, so mußten doch die Gründe dieser Eintheilungen oft neuen Prüfungen unterworfen werden. Denn das Erste was sich dem Betrachtenden aufdrängt, ist die äußere Erscheinung; erst später kann sich der Verstand das Spiel der innern Thätigkeiten zum Gegenstand vorlegen; und wenn er wahrnimmt, daß er sich noch neu in seinem Geschäft, und unter der Gewalt des Sinnes stehend, im Trennen und Verbinden von jener allein habe leiten lassen: so ist er unverdrossen entweder sein Werk wieder zu zerstören oder nachzuspüren wie jene großen Verschiedenheiten der äußeren Erscheinung, deren Ansprüche er nicht zurückweisen kann, mit den Verschiedenheiten der innern Thätigkeiten der bildenden Natur zusammenhängen. Noch immer werden aus diesem Gesichtspunkt neue Prüfungen und Umgestaltungen des Systems der Natur in einzelnen Theilen wenigstens unternommen; und dadurch wohl am meisten unterscheiden sich die Naturkundigen von ächt wissenschaftlicher Gesinnung, die wohl allein verdienen mit dem bescheidenen Namen Naturforscher genannt zu werden, von denen, welche sich keine höhere Aufgabe stellen, als ein Register anzufertigen, in dem man die Gegenstände auffinden, und sich der Identität der etwa streitigen versichern könne.

Ueber die Begriffe der verschiedenen Staatsformen.

18.

Es ist nicht möglich, eine wissenschaftliche Untersuchung anzustellen und zu rechtfertigen, ohne die Voraussetzung, daß das Wissen Eines ist, und daß alle Gliederungen, die wir darin machen, immer doch auf jene Einheit und Totalität des Wissens zurückgehen müssen.

Aesthetik.

19.

Beide (höchste) Ideen, Welt und Gott, sind Correlata.

Sie sind nicht identisch, denn im Gedanken ist die Gottheit immer als Einheit gesetzt ohne Vielheit, die Welt aber als Vielheit ohne Einheit; die Welt ist raum- und zeiterfüllend, die Gottheit raum- und zeitlos; die Welt ist die Gesammtheit der Gegensätze, die Gottheit die reale Verneinung aller Gegensätze. Zu denken ist aber Eins nicht ohne das Andere. Die Welt nicht ohne Gott — Gott nicht ohne die Welt. — So wie man Ihn (Gott) gleichsam vor der Welt denkt, merkt man, daß man nicht mehr dieselbe Idee hat, sondern ein leeres Fantasma.

Dialektik.

20.

Kein Gott ohne Welt, sowie keine Welt ohne Gott.

Gott nicht ohne Welt, weil wir nur von dem durch die Welt in uns Hervorgebrachten auf Gott kommen. Die Welt nicht ohne Gott, weil wir die Formel für sie nur finden als etwas unzureichendes und unserer Forderung nicht entsprechendes. In diesem nothwendigen Zusammendenken liegt aber auch, daß Beides gedacht werde als in einander aufgehend.

Jedes wirkliche Denken, sofern es durch Approximation der Idee des Wissens entspricht, ist ein Theil der Idee der Welt, wenn gleich diese niemals vollständig wird; sie wird aber doch durch jedes Hinzufügen mehr ausgefüllt. Wogegen die Idee der Gottheit in gar keinem Verhältniß steht zum Fortschreiten, sondern nur zu jedem einzelnen Denken an und für sich, und zwar so, daß jeder partielle Gedanke und jeder Complexus sich zu derselben gleich verhält, wie auch natürlich groß und klein, Einheit und Vielheit nicht für sie ist. Es muß also in unserm Erkennen eine beständige Beziehung auf beide stattfinden; aber natürlich wird diese nicht gleich sein. Ich nenne die Richtung auf die Idee der Welt die philosophische oder weltweisheitliche, die andere die theosophische. — Die Letztere endet, wenn sie sich isolirt, in das gymnosophistische Brüten über die Nasenspitze.

Dialektik.

21.

Könnten wir eine Vorstellung haben vom Ursein, vom höchsten Wesen: so müßte sie in ein Gebiet des empirischen oder spekulativen Wissens fallen. Darein kann sie aber nicht fallen. Wir müßten also erst eine Durchdringung beider Formen haben, wenn wir das höchste Wesen finden wollten. Wir müssen daher sagen: So gewiß wir die Idee des Wissens nicht aufgeben können, eben so gewiß müssen wir auch dieses Ursein voraussetzen, aber ohne ein wirkliches Denken darüber vollziehen zu können.

Dialektik.

22.

Wir wissen nur um das Sein Gottes in uns und in den Dingen, gar nicht aber um ein Sein Gottes außer der Welt oder an sich.

Das uns eingeborne Sein Gottes in uns constituirt unser eigentliches Wesen.

Das Sein der Ideen in uns ist ein Sein Gottes in uns. Eben so ist das Sein des Gewissens in uns ein Sein Gottes.

Gott ist uns also, da jenes beides (Ideen und Gewissen) die beharrliche Einheit ist in dem Fluctuirenden des Bewußtseins, als Bestandtheil unseres Wesens gegeben.

Dialektik.

23.

Die vollständige Einheit des endlichen Seins als Ineinander von Natur und Vernunft in einem Alles in sich schließenden Organismus ist die Welt.

Ethik.

24.

Die Eintheilung der Welt in Geisterwelt und Körperwelt ist voreilige Anwendung des Gegensatzes auf das Sein, indem geistiges Sein in der Trennung vom körperlichen gar nicht gegeben und kein Grund gesetzt ist ein blos körperliches Sein als ein für sich bestehendes anzusehen.

Dialektik.

25.

Alles Sein ist Wechselwirkung.

Dialektik.

26.

Es giebt nur zwei Hauptwissenschaften, die der Natur und die der Vernunft, unter welche alle anderen Wissenschaften als untergeordnete Disciplinen müssen begriffen sein.

Jede von beiden setzt die andere voraus, jede ist in der Trennung von der andern unvollkommen.

In Bezug auf die Zwiefältigkeit des Seins als Kraft und Erscheinung giebt es auch ein zwiefaches Wissen, ein beschauliches, welches Ausdruck ist des Wesens, und ein beachtendes, welches Ausdruck ist des Daseins.

Der beschauliche Ausdruck des endlichen Seins, sofern es Natur ist, oder Erkennen des Wesens der Natur, ist die Physik oder Naturwissenschaft; der beachtliche Ausdruck desselben Seins, oder das Erkennen des Daseins der Natur, ist Naturkunde. — Zu dem, was hier Naturkunde heißt, gehört nicht nur was gewöhnlich Naturgeschichte oder Naturbeschreibung, sondern auch was gewöhnlich Naturlehre heißt, und beiden muß ebenfalls Denken beigemischt sein.

Der erfahrungsmäßige (beachtliche) Ausdruck des endlichen Seins, sofern es Vernunft ist, oder das Erkennen des Daseins der Vernunft, ist die Geschichtskunde; der beschauliche Ausdruck desselben Seins, oder das Erkennen des Wesens der Vernunft, ist die Ethik oder Sittenlehre.

Die höchste Einheit des Wissens, beide Gebiete des Seins in ihrem Ineinander ausdrückend, als vollkommene Durchdringung des Ethischen und Physischen, und vollkommenes Zugleich des Beschaulichen und Erfahrungsmäßigen, ist die Idee der Weltweisheit.

Wahrhaft philosophisch ist nur jedes ethische Wissen insofern es zugleich physisch, und jedes physische, insofern es zugleich ethisch ist. Eben so ist alles Empirische (Beachtliche oder Erfahrungsmäßige) unphilosophisch, wenn es nicht zugleich speculativ (beschaulich), und alles Spekulative, wenn es nicht zugleich empirisch ist.

Was aber nicht sowohl die Durchdringung ist von Ethischem und Physischem, Beschaulichem und Empirischem, als vielmehr keins von beiden, das ist die Dialektik, das gehaltlose Abbild des höchsten Wissens, welches nur Wahrheit hat, inwiefern es in den beiden andern ist. Ihr gegenüber steht die Mathematik, die es nur mit der Form und Bedingung des Besonderen als solchen zu thun hat.

In der Vollendung ist Ethik Physik, und Physik Ethik.

Ethik.

27.

Das höchste Wissen zeigt sich in unserm Bewußtsein nicht unmittelbar, sondern es ist darin nur als der innerste Grund und Quell alles anderen Wissens, so wie das höchste Sein für unser Bewußtsein nicht unmittelbar vorhanden ist, sondern als innerer Grund und Quell alles andern Seins.

Ethik.

28.

Das Nichtloslassenwollen der Poesie von der Philosophie, als Uebermacht im Anfang, als concentrirten Mittelpunkt in der Blüthe, als selbstumgebildete Uebermacht am Ende, ist charakteristisches Merkmal des Hellenischen im Gegensatz gegen das Indische, wo die Identität von Poesie und Philosophie sich gar nicht lebendig relativirt, und vom Norden, wo Beide von entgegengesetzten Punkten anfangend, nie ganz zusammenkommen.

Geschichte der Philosophie.

29.

So lange die höchste Wissenschaft noch nicht vollendet ist, wird sie, wie alles Unvollkommene vielgestaltig ist, auch in mehreren Gestalten vorhanden sein, und aus jeder jede einzelne Wissenschaft anders abgeleitet. — Es fehlt ihr die Allgemeingültigkeit wegen der Verschiedenheit der theils gleichzeitigen theils auf einander folgenden dialektischen Versuche.

Ethik.

30.

Jeder Wissenschaftliche muß philosophiren, weil sonst sein Wissen nur ein traditionelles sein kann; aber keiner soll blos philosophiren, weil er sonst in todtem Formelwesen (Scholastik) oder in unreifen Grübeleien (Mystik) vergehen muß.

Dialektik.

31.

In zweierlei Fällen nemlich pflegt ein Reales, es sei nun gegeben oder erst hervorzubringend, ein System genannt zu werden: zuerst insofern es betrachtet wird als ein in sich beschlossenes Ganze, dessen Theile nur aus dem Ganzen und durch dasselbe können verstanden werden, dann auch insofern es betrachtet wird als die Gesammtheit, es sei nun der Aeußerungen einer Kraft, die sich nur in der Mannigfaltigkeit des Einzelnen offenbart, oder sonst eines Allgemeinen, welches sich vereinzelnd darstellt. So wird in dem ersten Sinne das Ganze von Weltkörpern, welchem unsere Erde zunächst angehört, ein System genannt, mit dem Vorbehalt jedoch es noch aus einem andern Gesichtspunkt zu betrachten, auf welchem es selbst wiederum als Theil eines andern erscheint; und wiederum in dem andern Sinne heißt das Weltganze ein System, als Gesammtheit der Aeußerungen eben jener physisch architektonischen Kraft, welche sich durch solche Einzelne offenbart, die in ihrer Verschiedenheit den ganzen Umfang derselben erschöpfen, jedoch ebenfalls mit dem Eingeständniß, daß wir die Regel, nach welcher die Gesammtheit des Einzelnen das Ganze erschöpft, noch nicht gefunden haben.

Niemand wird sich auch weigern zu gestehen, daß ein Kunstwerk ein System ist in dem ersten Sinne; und eben so auch daß alle Künste und ihre Productionen, insofern jede von den andern wesentlich verschieden ist, ein System bilden sollen.

Von einem solchen systematischen Realen muß nun unfehlbar auch die ideale Darstellung systematisch ausfallen, wenn sie anders getreu sein und die Idee nicht verlassen will, unter welcher das Reale, worauf sie sich bezieht, wenn gleich nur problematisch ist angeschaut worden.

Kritik der Sittenlehre.

32.

Wenn man einen Hauptabschnitt machen will in der hellenischen Philosophie, der die früheren zerstreuten Philosopheme von den späteren Systemen trenne, muß man diesen nothwendig beim Sokrates machen; dann aber muß man auch mehr eigentlich Philosophisches als gewöhnlich geschieht dem Sokrates zuschreiben, wenn es gleich eben als Anfang nicht nöthig hat sehr ausgebildet zu sein.

Dies führt zunächst auf die alte Frage zurück, ob man, was Sokrates gewesen, dem Platon oder dem Xenophon glauben soll.

So wie es einerseits zu viel sein würde zu behaupten, Sokrates habe Alles wirklich gedacht und gewußt, was ihn Platon sagen läßt: so ist es auf der andern Seite gewiß zu wenig, wenn man behaupten will, Sokrates sei nichts mehr gewesen, als was uns Xenophon von ihm darstellt.

Nicht nur kann Sokrates, sondern er muß auch mehr, und mehr muß hinter seinen Reden sein, als Xenophon uns wiedergiebt. Denn wenn die Zeitgenossen nur dergleichen von Sokrates gehört hätten, welchen Schaden hätte Platon dem Eindruck seiner Werke bei seinem unmittelbaren Publikum gethan, welches das Wesen des Sokrates noch keinesweges vergessen hatte, wenn die Rolle, welche Sokrates dort spielt, mit dem Bilde, welches sie aus dem Leben her von ihm im Sinne hatten, in geradem Widerspruch stand?

Sokrates muß eben in so fern einen im strengen Sinn philosophischen Gehalt gehabt haben, als Platon ihn durch die That für den Urheber seines philosophischen Lebens anerkennt, und er also als die erste Lebensäußerung der ausgebildeteren hellenischen Philosophie anzusehen ist, und er kann diesen Platz nur einnehmen vermöge eines eigentlich philosophischen aber der früheren Periode nicht mehr angehörigen Gehaltes. Hier aber muß man zunächst dabei stehen bleiben, was der nachsokratischen Philosophie von Platon an eigenthümlich und seit dieser Zeit allen eigentlich sokratischen Schulen gemein ist, das sei das Zusammensein und Ineinandergreifen dieser drei Disciplinen: Dialektik, Physik, Ethik.

Sokrates ist der eigentliche Urheber der Dialektik geworden, welche die Seele aller späteren großen Gebäude hellenischer Philosophie blieb, und durch deren bestimmtes Hervortreten sich am meisten die spätere Periode von der früheren unterscheidet, so daß man den geschichtlichen Instinkt nur billigen kann, der den Mann immer so hoch gestellt hat. Dabei soll nicht geläugnet werden, daß Eukleides und Platon auch diese Wissenschaft erst weiter ausgebildet haben, aber in ihren ersten Grundzügen hat Sokrates sie offenbar auf eine besonnene Weise als Wissenschaft besessen und als Kunst ausgeübt.

Wenn Sokrates im Dienste des Gottes umherging um das bekannte Orakel zu rechtfertigen, so war doch hiebei das Letzte unmöglich, daß er nur wußte, er wisse nichts: sondern es lag nothwendig dahinter, daß er wisse, was Wissen sei.

Platon — muß man sagen — hat den Sokrates durch lebendige Theilnahme an der Fortbildung des von ihm ausgegangenen philosophischen Bestrebens auf die schönste Weise, wie nur ein Schüler den Meister verherrlichen kann, unsterblich gemacht, schöner nicht nur sondern auch in Wahrheit gerechter als durch eine buchstäbliche Erzählung würde geschehen sein.

Ueber den Werth des Sokrates als Philosophen.

33.

Platon ist von Anfang an von der Ahndung ausgegangen, für die Wissenschaft des Wahren und des Guten, für die Physik und Ethik, einen gemeinschaftlichen Grund zu suchen, und hat diesen, ihrem Ursprunge sich je länger je mehr annähernd, beständig aufgesucht. Ja man kann sagen, daß es keine bedeutende giebt unter seinen Darstellungen, worin nicht dieses Bestreben die Stelle wäre, von welcher aus sich Licht über das Ganze verbreitete. Ihm nun erscheint das unendliche Wesen nicht nur als seiend und hervorbringend, sondern auch als dichtend, und die Welt als ein werdendes, aus Kunstwerken ins Unendliche zusammengesetztes Kunstwerk der Gottheit.

Kritik der Sittenlehre.

34.

Dem Platon sind die allgemeinen Begriffe nicht etwa nur Schein und Wahn der Menschen, sondern die lebendigen Gedanken der Gottheit, welche in den Dingen sollen dargestellt werden, die ewigen Ideale, in welchen und zu welchen Alles ist.

Da er nun allen endlichen Dingen einen Anfang setzt ihres Werdens, und ein Fortschreiten desselben in der Zeit, so entsteht auch nothwendig in allen, denen eine Verwandtschaft mit dem höchsten Wesen gegeben ist, die Forderung dem Ideale desselben sich anzunähern, für welche es keinen andern erschöpfenden Ausdruck geben kann, als den der Gottheit ähnlich zu werden.

Kritik der Sittenlehre.

35.

Platon war der Erste, der die Dialektik als Kunstlehre des Denkens zugleich mit den Prinzipien über den Umfang des menschlichen Denkens aufstellte, jedoch ohne die vollständige Anwendung auf alle Gebiete des Wissens zu geben. Aristoteles führte die Trennung ein zwischen beiden Aufgaben.

Dialektik.

36.

Viele Zeugnisse lassen nicht daran zweifeln, daß Aristoteles mehrere Jahre Platon's unmittelbarer Schüler gewesen. Aus seinen Schriften kann man es nicht merken. Durchgehende Mißverständnisse platonischer Lehren, sind aus Mißverstand der Schriften zu erklären, nicht zu begreifen aber, wie ein lebendiger Schüler ihn sollte beibehalten haben. —

Geschichte der Philosophie.

37.

Großen Mangel an speculativem Geist kann man bei Aristoteles nicht verkennen. Doch beherrschte ihn innerlich die Idee, nur zurückgedrängt durch die Gewalt des Empirischen. Große Verdienste in Naturbeschreibung und als erster Gelehrter. Composition bei einem Schein von Klarheit, wie ihn die logische Gesetzmäßigkeit geben muß, so innerlich verworren, wie es sein muß, wenn Einer nicht fest ist in den Prinzipien. In der Sprache — bei so wenigem Sinn für platonische Schönheit, daß ich an die dem Platon ähnlichen Exoterika nicht glauben möchte — einförmige Härte, schlechte Bildung neuer Wörter, also auch von dieser Seite ein Rückschritt. —

Geschichte der Philosophie.

38.

Scholastik — wunderbares Gemisch hoher Speculation und kleinlicher Sprachdialektik!

Kirchengeschichte.

39.

Zur Ausführung eines solchen (systematischen) Werkes, in welchem alles Einzelne nur aus dem Ganzen, alles Aeußere nur aus dem Inneren muß verstanden werden, und dessen Werth nur auf diesem innigsten Zusammenhange beruht, und auf der Nothwendigkeit, mit der das Ganze aus dem innersten Gemüth seines Urhebers hervorgegangen ist, dazu gehört nothwendig jener ächte Künstlersinn, der, nur auf Vollendung bedacht, auf genaueste Uebereinstimmung der Erscheinung mit dem inneren Urbilde, von dessen Werthe er mit Begeisterung erfüllt ist, auf nichts außer sich sieht, auf keinen Beifall Anderer bedacht nur sich selbst genügen will, unbekümmert ob das Werk zweien oder keinem genügen wird. Diesen besaß Spinoza in einem hohen Grade.

Rede zur Charakteristik von Leibnitz 1815.

40.

Unter allen neuern Völkern haben unläugbar wir Deutsche den höchsten Begriff von Philosophie, die tiefste Ehrfurcht für sie, richten deshalb aber auch am strengsten über Alles, was sich unter diesem Namen will geltend machen. Werke, die unter andern Nationen zu einem klassischen Ansehen gelangt sind und ihren Urhebern den Ruf ausgezeichneter Philosophen erworben haben, vermögen wir Deutsche nicht eben so anzusehen; seien sie auch voll richtigen Urtheils über die wichtigsten Gegenstände, offenbaren sie auch auf jedem Blatt einen seltenen Scharfsinn und ein nachdenkliches Gemüth, welches an höheren Betrachtungen mit Liebe hängt: wir können daran noch immer das vermissen, was uns den Philosophen macht; und nichts erscheint uns wunderlicher, als wenn Voltaire und Rousseau gleich sehr als Descartes und Shaftesbury, oder Hume gleich sehr als Baco Philosophen sein sollen. —

So daß nach unserer Schätzung als Meisterwerke nur die übrig bleiben werden, welche uns eine neue Betrachtungsweise jener geheimnißvollen Operation, des Erkennens, in einem lebendigen schon die Grundzüge seiner kräftigeren entwickelteren Gestalt in sich tragenden Keim offenbaren, oder eine früher und unvollkommen mitgetheilte auf die großen Massen des Erkennens, die Natur und die Geschichte, zuerst lichtvoll und eigenthümlich anwenden, oder endlich eine nicht in einem Einzelnen erzeugte, sondern aus dem gemeinsamen Charakter einer Nation oder einer Zeit hervorragende Ansicht auf eine ursprüngliche Weise wissenschaftlich auffassen und geltend machen.

Rede, beim Eintritt in die Akademie der Wissenschaften, 1810.

## 41.

Man kann annehmen, daß fast allgemein die Voraussetzung gemacht wird, es solle unter den Menschen nicht nur Kenntnisse aller Art geben, sondern auch eine Wissenschaft.

Alle wissenschaftlichen Bemühungen ziehen einander an, und wollen in Eines zusammen gehen, und schwerlich giebt es auch auf irgend einem andern Gebiete des menschlichen Thuns eine so ausgebreitete Gemeinschaft, eine so ununterbrochen fortlaufende Ueberlieferung von den ersten Anfängen an, als auf dem der Wissenschaft.

Gedanken über Universitäten.

42.

Worauf ist es bei einer Akademie abgesehen, als daß entweder gemeinschaftliche Werke unternommen werden, oder daß wenigstens durch Rath, Urtheil, Beitrag der Andern, jeder sein eignes besser vollende, das mangelnde ergänzend, das irrige berichtigend? Die Speculation aber ist ein ganz einsames Geschäft, welches jeder im Innern seines Geistes vollenden muß, und wobei dem der nicht mehr ganz ein Anfänger ist, Rath und Unterstützung eben so wenig fruchten kann, als einem Dichter mitten in seinem Werke auch kaum der vertrauteste Freund Rath zu geben vermöchte, wie er es hinausführen oder wie er dies und jenes hineinbringen könnte, ohne ihn zu verirren. Auch wird der Philosoph inmitten seiner tiefsinnigen Betrachtung solche Hülfe eben so wenig suchen, als der Dichter in seiner Begeisterung; und hat er seine Betrachtung vollendet, so würden wir auch fast nur gering von ihm denken, wenn er durch Tadel und Zureden Anderer vermocht werden könnte etwas an dem Werke zu ändern; denn es muß viel zu sehr der Abdruck seines innersten Geistes sein, als daß er das dürfte.

Ueber Diogenes von Apollonia.

43.

Jede Gesinnung, die wissenschaftliche wie die religiöse, bildet und vervollkommt sich nur im Leben, in der Gemeinschaft Mehrerer. Durch Ausströmung aus den Gebildeteren, Vollkommenern, wird sie zuerst aufgeregt und aus ihrem Schlummer erweckt in den Neulingen; durch gegenseitige Mittheilung wächst sie und stärkt sich in Denen die einander gleich sind. Wie nun die ganze Universität ein solches wissenschaftliches Zusammenleben ist, so sind die Vorlesungen insbesondere das Heiligthum desselben.

Gedanken über Universitäten.

44.

Die Idee der Wissenschaft in den edlern, mit Kenntnissen mancher Art schon ausgerüsteten Jünglingen zu erwecken, ihr zur Herrschaft über sie zu verhelfen auf demjenigen Gebiet der Erkenntniß, dem jeder sich besonders widmen will, so daß es ihnen zur Natur werde, Alles aus dem Gesichtspunkt der Wissenschaft zu betrachten, alles Einzelne nicht für sich, sondern in seinen nächsten wissenschaftlichen Verbindungen anzuschauen, und in einen großen Zusammenhang einzutragen in beständiger Beziehung auf die Einheit und Allheit der Erkenntniß, daß sie lernen in jedem Denken sich der Grundgesetze der Wissenschaft bewußt zu werden, und eben dadurch das Vermögen selbst zu forschen, zu erfinden, und darzustellen, allmählig in sich herauszuarbeiten, dies ist das Geschäft der Universität.

Gedanken über Universitäten.

45.

In den Akademien kommt Alles darauf an, daß das Einzelne vollkommen richtig und genau herausgearbeitet werde im Gebiet aller realen Wissenschaften: dagegen die reine Philosophie, die Speculation, die Beschäftigung mit der Einheit und dem Zusammenhang aller Erkenntnisse und mit der Natur des Erkennens selbst durchaus zurücktritt. Gewiß nicht als etwas für das reale Wissen Geringfügiges, oder gar an sich Verwerfliches und Nichtiges. Denn, wie man sich auch anstelle, alles einzelne Wissen ruht doch immer auf jenem Allgemeinen, es giebt kein wissenschaftlich hervorbringendes Vermögen ohne speculativen Geist, und Beides hängt so zusammen, daß wer keine bestimmte philosophische Denkungsart sich gebildet hat, auch nichts Tüchtiges und Merkwürdiges wissenschaftlich selbstständig hervorbringen wird, sondern er wird immer, bewußt oder unbewußt, auch da, wo er durch einen wunderbaren Instinkt erfindet, von einer spekulativen Richtung der Vernunft abhängen, die sich vielleicht nur in Andern deutlich offenbart.

Dagegen ist für die Universität allgemein anerkannt der philosophische Unterricht die Grundlage von Allem was dort getrieben wird; und weil eben diese höchsten Ansichten vorzüglich mitgetheilt werden sollen, und zwar auf die individuellste Weise, so müssen sie auch in ihrer Differenz von Allem, was Gleichartiges neben ihnen besteht, dargestellt werden, daher auf und zwischen Universitäten vorzüglich die philosophischen Streitigkeiten ihren Platz haben, und auf ihnen vornehmlich die philosophischen Schulen sich bilden.

Gedanken über Universitäten.

46.

Man hat schon oft und viel gesagt, unsere vier Facultäten, die theologische, juridische, medicinische und philosophische, und noch in dieser Ordnung obenein, gäben den Universitäten ein gar groteskes Ansehen. Und das ist auch gewiß unläugbar. Wenn man es aber als einen großen Vortheil ansieht, den Umschaffungen oder bedeutende Veränderungen solcher Anstalten gewähren können, daß man dabei zugleich dieser Formen sich entledigen und bessere dafür einführen werde: so übereile man sich doch ja nicht, damit man nicht etwas ganz Willkührliches an die Stelle dessen setze, was sich auf eine natürliche Weise gebildet, und eben seiner Natürlichkeit wegen so lange erhalten hat; sondern suche doch erst die Bedeutung dieser bisherigen Formen recht zu verstehen.

Offenbar ist die eigentliche Universität, wie sie der wissenschaftliche Verein bilden würde, lediglich in der philosophischen Facultät enthalten, und die drei anderen dagegen sind die Specialschulen, welche der Staat entweder gestiftet, oder wenigstens, weil sie sich unmittelbar auf seine wesentlichen Bedürfnisse beziehen, früher und vorzüglicher in seinen Schutz genommen hat. Die philosophische hingegen ist für ihn ursprünglich ein bloßes Privatunternehmen, wie der wissenschaftliche Verein überhaupt ihm eine Privatperson ist, und nur durch die innere Nothwendigkeit, und durch den rein wissenschaftlichen Sinn der in jenen Facultäten Angestellten subsidiarisch herbeigeholt worden, weshalb sie denn die letzte ist von allen. In der ganzen Form also spiegelt sich die Geschichte der Universitäten in ihren Grundzügen ab. —

In der philosophischen Facultät ist allein die ganze natürliche Organisation der Wissenschaft enthalten, die reine transcendentale Philosophie und die ganze naturwissenschaftliche und geschichtliche Seite, beide vorzüglich mit denen Disciplinen, welche sich am meisten jenem Mittelpunkt der Erkenntniß nähern; aber doch auch die mehr ins Besondere gehenden schließen sich so lange an die philosophische Facultät an, als sie nicht zum Behuf eines bestimmten Zweckes pragmatisch behandelt werden. Jene drei (übrigen) Facultäten hingegen haben ihre Einheit nicht in der Erkenntniß unmittelbar, sondern in einem äußern Geschäft, und verbinden, was zu diesem erfordert wird, aus den verschiedenen Disciplinen. Die Ordnung, welche sie unter sich beobachten, beweiset offenbar das dominirende Verhältniß des Staats auch in den öffentlichen wissenschaftlichen Anstalten; und genauer angesehen zeigt sich darin theils das geschichtliche Vorantreten der Kirche vor den Staat, theils die alte löbliche Weise, die Seele dem Leibe voranzustellen.

Entsteht je eine Universität durch eine freie Vereinigung von Gelehrten, dann wird von selbst das, was jetzt in der philosophischen Facultät vereinigt ist, die erste Stelle finden, und die Institute, welche Staat und Kirche bitten werden damit zu verknüpfen, werden ihre untergeordnete Stellen einnehmen. So lange dies nicht geschieht, sondert sie sich am besten dadurch von den übrigen ab, daß sie die letzte ist, besser als wenn sie sich zwischen die andern stellt und sich dadurch mit ihnen vermischt. —

Gedanken über Universitäten.

47.

Das wahre Bestehen der Wissenschaft, die lebendige geistige Entwickelung, die Zuversicht daß jeder Zwiespalt ausgeglichen werden könne, beruht darauf, daß die Regierung die Wissenschaft frei läßt, zwar Anstalten zur Tradition der Wissenschaft begründet und erhält, aber sich der Leitung, alles Einflusses auf die Methode, jedes partheiischen Antheils enthält.

Dasselbe was vom Staate gilt, wird auch von der Kirche gelten. Entweder bedarf die Kirche nicht der Wissenschaft: dann geht sie die Wissenschaft auch nichts an; oder sie bedarf der Wissenschaft: dann muß sie die Wissenschaft frei lassen.

Erziehungslehre.

48.

Wenn wir es uns in einem Staate als allgemein anerkannt denken, daß Denen die zum Herrschen geboren sind, keine schriftstellerische Thätigkeit, keine öffentliche Mittheilung künstlerischer Werke anständig ist: was wird die natürliche Folge sein? Daß dieselbe Regel auch gelten wird für den Kreis, der den Thron zunächst umgiebt, und dann so weit sich verbreiten als noch irgend ein Vorzug der Geburt anerkannt ist, so daß zuletzt dieses ganze Gebiet geistiger Thätigkeit den unedlen Beschäftigungen beigezählt wird, durch welche man, wie bedeutende Dienste sie auch leisten, unvermeidlich der untergeordneten Masse anheimfällt. Das ist der Zustand der Gesellschaft, wir dürfen ihn Barbarei nennen, welchem Friedrich auf alle Weise entgegen arbeiten wollte. Deshalb verschmähte er es nicht, wenn gleich auf eine Meisterschaft der ersten Klasse in den meisten Gebieten, die er bearbeitete, keinen Anspruch machend, außer den kriegerischen auch mit dichterischen und geschichtlichen Werken, mit ernsten würdig ausgedrückten Gedanken über die wichtigsten Momente des Lebens ungenannt zwar aber allgemein erkannt öffentlich hervorzutreten.

Wünschen wir, daß keine Abtheilung der Gesellschaft sich für zu edel halten möge wissenschaftliche Beschäftigungen zu theilen: so dürfen wir uns nicht verschweigen, daß es gegenüber jener unwillkommnen Absonderung noch ein anderes Uebel giebt, zu welchem wir Deutsche, sei es nun aus Schuld unserer Natur oder vermöge der Geschichte unserer Bildung, lieber aber glauben wir das Letzte, uns mehr als Andere hinneigen, ein Uebel welches bisweilen auch an Barbarei gränzen kann, nemlich das einer nicht immer unpersönlichen, nicht immer schonenden Kritik, welche ohne der Wissenschaft zu nützen nicht unbillig Diejenigen von dem Verkehr mit derselben zurückschreckt, welche da nicht weilen mögen, wo die feineren Formen des Lebens nur zu leicht verletzt werden.

Rede am Geburtstage Friedrichs des Großen 1828.

49.

Lob und Tadel sind die nothwendig verbundenen Bestandtheil der Kritik; und soll von Wahrheit die Rede sein, so muß auch der strengste Tadler zugleich loben, auch der liebevollste Lobredner zugleich tadeln.

Rede am 3ten August 1819.

# II. Sprache.

## Auslegung. Uebersetzung.

50.

Die Sprache ist die Art und Weise des Gedankens wirklich zu sein. Denn es giebt keinen Gedanken ohne Rede. Das Aussprechen der Worte bezieht sich blos auf die Gegenwart eines andern, und ist insofern zufällig. Aber Niemand kann denken ohne Worte. Ohne Worte ist der Gedanke noch nicht fertig und klar.

Hermeneutik.

51.

Das Denken wird (erst) durch innere Rede fertig und insofern ist die Rede nur der gewordene Gedanke selbst.

Hermeneutik.

52.

Die genaue Correspondenz zwischen Denken und Sprechen drückt auch die Sprache selbst aus. Denken — Reden, Satz — Gedanke, ist überall Dasselbe.

Ethik.

53.

Denken ist die Geistesthätigkeit, welche sich durch die Rede vollendet. —

Wollen und Empfinden treten erst in Verbindung mit der Rede, wenn sie Gedanken werden, nicht aber unmittelbar. Keine Wollung wird durch Rede vollendet, sondern durch die That; und keine Empfindung wird durch die Rede vollendet, sondern nur beschrieben. —

Denken und Sprechen ist so eins, daß man es nur als Inneres und Aeußeres unterscheiden kann, ja auch innerlich ist jeder Gedanke schon Wort.

Dialektik.

54.

Das Denken wird nur vermittelst der Sprache verrichtet, und alles Gedachte hat seinen natürlichen Ort nur in der Sprache, worin es gedacht ist; es theilt sich nur in dieser auf ursprüngliche Weise mit und kann auch nur in dieser in demselben Grade fruchtbar sein. Denn jede Sprache ist eine eigenthümliche Weise des Denkens, und das in Einer Sprache Gedachte kann nicht in einer andern auf dieselbige Art wiedergegeben werden. — In der Sprache ist also eben so gewiß ein eigenthümliches Leben, das Innehaben und Fortpflanzen gemeinsamer Erkenntniß, wie in der Kirche und im Staate.

Erziehungslehre.

55.

Hermeneutik ist die Kunst die Rede eines Andern richtig zu verstehen.

Hermeneutik.

56.

Alles Verstehen einer Rede oder Schrift ist, weil dazu eine selbstthätige Production gehört nach Gesetzen, deren Anwendung nicht wieder auf Gesetze zu bringen ist, eine Kunst.

Darstellung des theolog. Studiums. 1. Ausg.

57.

Das Auslegen ist Kunst. Die glückliche Ausübung derselben beruht auf dem Sprachtalent und dem Talent der einzelnen Menschenkenntniß. Hermeneutik.

58.

Die Auslegungskunst hat die Aufgabe, die Rede zuerst eben so gut und dann besser zu verstehen als ihr Urheber. Denn weil wir keine unmittelbare Kenntniß dessen haben, was in ihm ist, so müssen wir vieles zum Bewußtsein zu bringen suchen, was ihm unbewußt bleiben kann, außer sofern er selbst reflektirend sein eigner Leser wird.

Hermeneutik.

59.

Jeder Mensch ist auf der einen Seite ein Ort in welchem sich eine gegebene Sprache auf eine eigenthümliche Weise gestaltet, und seine Rede ist nur zu verstehen aus der Totalität der Sprache. Dann aber ist er auch ein sich stetig entwickelnder Geist, und seine Rede ist nur als eine Thatsache von diesem im Zusammenhange mit den Uebrigen.

Hermeneutik.

60.

Wie jede Rede eine zwiefache Beziehung hat, auf die Gesammtheit der Sprache und auf das gesammte Denken ihres Urhebers: so besteht auch alles Verstehen aus den zwei Momenten, die Rede zu verstehen als herausgenommen aus der Sprache, und sie zu verstehen als Thatsache im Denkenden. — Das Verstehen ist nur ein Ineinandersein dieser beiden Momente — des grammatischen und psychologischen. Hermeneutik.

61.

Die Aufgabe der psychologischen Auslegung ist im Allgemeinen die, jeden gegebenen Gedankencomplexus als Lebensmoment eines bestimmten Menschen aufzufassen.

Hermeneutik.

62.

In dem Maaße als das menschliche Leben ein und dasselbe ist, unterliegt jede Rede als Lebensakt des Einzelnen den allgemeinen hermeneutischen Regeln. In dem Maaße aber als das menschliche Leben sich individualisirt, ist auch jeder Lebensakt und somit auch jeder Sprechakt, worin jener sich darstellt, bei Andern anderswie beschaffen und anderswie mit seinen übrigen Lebensmomenten zusammenhängend. Hier tritt das Gebiet des Speciellen ein.

Hermeneutik.

63.

Jede Rede ist immer nur zu verstehen aus dem ganzen Leben dem sie angehört, d. h. da jede Rede nur als Lebensmoment des Redenden in der Bedingtheit aller seiner Lebensmomente erkennbar ist, und dies nur aus der Gesammtheit seiner Umgebungen, wodurch seine Entwickelung und sein Fortbestehen bestimmt werden, so ist jeder Redende nur verstehbar durch seine Nationalität und sein Zeitalter.

Hermeneutik.

64.

Denkt man sich einen fruchtbaren Schriftsteller und stellt sich seine Werke zusammen, so wird die richtige Betrachtung darauf ausgehen, eine gewisse Nothwendigkeit in denselben nachzuweisen, den innern Fortschritt in der Zeitfolge, wie der Verfasser unter den gegebenen Zeitverhältnissen angefangen, wie er gestiegen, seine Höhe erreicht habe, dann wieder gesunken sei. Ohne eine solche Anschauung der Zeitfolge in den Werken versteht man keine Schriftsteller.

Hermeneutik.

65.

Jeder Mensch ist auf der einen Seite in der Gewalt der Sprache, die er redet; er und sein ganzes Denken ist ein Erzeugniß derselben. Er kann nichts mit völliger Bestimmtheit denken, was außerhalb der Gränzen derselben läge — Verstand und Fantasie sind durch sie gebunden.

Auf der andern Seite aber bildet jeder freidenkende geistig selbstthätige Mensch auch seinerseits die Sprache. — Es ist die lebendige Kraft des Einzelnen, welche in dem bildsamen Stoff der Sprache neue Formen hervorbringt. — Jede Rede verhallt nothwendig bald, welche durch tausend Organe immer wieder eben so kann hervorgebracht werden; nur die kann und darf länger bleiben, welche einen neuen Moment im Leben der Sprache selbst bildet. Daher nun will jede freie und höhere Rede auf zwiefache Weise gefaßt sein, theils aus dem Geist der Sprache, aus deren Elementen sie zusammengesetzt ist, als eine durch diesen Geist gebundene und bedingte, aus ihm in dem Redenden lebendig erzeugte Darstellung; sie will auf der andern Seite gefaßt sein aus dem Gemüth des Redenden als seine That, als nur aus seinem Wesen gerade so hervorgegangen und erklärbar. Ja, jegliche Rede von dieser Art ist nur verstanden im höheren Sinne des Wortes, wenn diese beiden Beziehungen derselben zusammen und in ihrem wahren Verhältniß gegen einander aufgefaßt sind.

Ueber die verschiedenen Methoden des Uebersetzens.

66.

Nicht alles Reden ist gleich sehr Gegenstand der Auslegekunst. Einige Reden haben für dieselbe einen Nullwerth — Wettergespräche! — andere einen absoluten; das Meiste liegt zwischen diesen beiden Punkten.

Ein Maximum ist auf der grammatischen Seite was am meisten produktiv ist und am wenigsten wiederholend, das klassische. Auf der psychologischen Seite was am meisten eigenthümlich ist und am wenigsten gemein, das originelle. Absolut ist aber nur die Identität von beiden, das genialische oder urbildliche für die Sprache in der Gedankenproduktion.

Cicero ist klassisch, aber nicht originell; der deutsche Hamann originell aber nicht klassisch. Hermeneutik.

67.

Keine Rede kann vollständig verstanden werden, als in der Ursprache. Auch die vollkommenste Uebersetzung hebt die Irrationalität der Sprache nicht auf.

Darstellung des theolog. Studiums. 1. Ausg.

68.

Jede Schrift kann nur vollkommen verstanden werden durch die Kenntniß der Literatur, der sie angehört, des Zeitalters und besonders des Publicums, für welches sie geschrieben wurde, und der besondern Beziehungen aus denen sie hervorgegangen ist.

Darstellung des theolog. Studiums. 1. Ausg.

69.

Das Schreiben ist eine That. Wie man nun, wenn man das ganze Leben eines Menschen genau kennt, mit einer gewissen Wahrscheinlichkeit beurtheilen kann, ob er eine That, die ihm zugeschrieben wird, begangen haben kann: so ist es auch mit dem Schreiben.

Einleitung ins Neue Testament.

70.

Die Behauptung der historischen Interpretation (des Neuen Testamentes) ist nur die richtige Behauptung vom Zusammenhange der neutestamentlichen Schriftsteller mit ihrem Zeitalter. Aber sie wird falsch, wenn sie die neue begriffsbildende Kraft des Christenthums läugnen und Alles aus dem schon Vorhandenen erklären will. Die ganze Sache kommt aber auf das Verhältniß der grammatischen und psychologischen Interpretation hinaus, denn die neuen Begriffe gingen aus der eigenthümlichen Gemüthserregung hervor.

Hermeneutik.

71.

Es dringt sich uns die Frage auf: ob die heiligen Bücher (des Neuen Testaments) des heiligen Geistes wegen anders müßten behandelt werden? — Wir müssen erstlich einen Unterschied zwischen Reden und Schreiben der Apostel nicht statuiren. Denn die künftige Kirche mußte auf die erste gebauet werden. Eben deshalb aber auch zweitens nicht glauben, daß bei den Schriften die ganze Christenheit unmittelbarer Gegenstand gewesen. Denn sie sind ja alle an bestimmte Menschen gerichtet und konnten auch in Zukunft nicht richtig verstanden werden, wenn sie von diesen nicht waren richtig verstanden worden. Diese konnten aber nichts Anderes als das bestimmte Einzelne darin suchen wollen, weil sich für sie die Totalität aus der Menge der Einzelheiten ergeben mußte. Also müssen wir sie eben so auslegen und deshalb annehmen, daß wenn auch die Verfasser todte Werkzenge gewesen wären, der heilige Geist durch sie doch nur könne geredet haben, so wie sie selbst würden geredet haben. Hermeneutik.

72.

Dogmatische und allegorische Interpretation haben als Jagd auf Inhaltreiches und Bedeutsames den gemeinsamen Grund, daß die Ausbeute so reich als möglich sein soll für die christliche Lehre, und daß in den heiligen Büchern nichts vorübergehend und geringfügig sein soll.

Hermeneutik.

73.

Bei der großen Mannigfaltigkeit von Vorstellungsarten über die Inspiration (in Bezug auf das Verständniß der neutestamentlichen Schriften) ist das Beste, erst zu versuchen auf was für Folgerungen die strengste Vorstellung führt. Also Wirksamkeit des heiligen Geistes vom Entstehen der Gedanken bis auf den Akt des Schreibens. Diese hilft uns nichts mehr wegen der Varianten. Diese waren aber gewiß vorhanden schon vor Sammlung der Schrift. Hier wird also schon Kritik erfordert. Aber auch die ersten Leser der apostolischen Briefe hätten müssen von dem Gedanken an die Verfasser und von Anwendung ihrer Kenntniß derselben abstrahiren und wären mithin in die tiefste Verwirrung versunken. Fragt man nun noch dazu, weshalb entstand nicht die Schrift ganz wunderbarer Weise ohne Menschen anzuwenden, so muß man sagen, der göttliche Geist kann diese Methode (durch Menschen) nur gewählt haben, wenn er wollte, daß Alles sollte auf die angegebenen Verfasser zurückgeführt werden. Darum kann auch dies nur die richtige Auslegung sein. Von der grammatischen Seite gilt dasselbe. Dann aber muß auch alles Einzelne rein menschlich behandelt werden und die Wirksamkeit (des heil. Geistes) bleibt nur der innerliche Impuls. — Also grammatisch und psychologisch bleibt alles bei den allgemeinen (hermeneutischen) Regeln.

Hermeneutik.

## 74.

Das Mißverstehen ist entweder Folge der Uebereilung oder der Befangenheit. Jene ist ein einzelner Moment. Diese ist ein Fehler der tiefer steckt. Es ist die einseitige Vorliebe für das was dem einzelnen Ideenkreise nahe liegt und das Abstoßen dessen was außer demselben liegt. So erklärt man hinein oder heraus was nicht im Schriftsteller liegt.

Hermeneutik.

## 75.

Ich möchte dem Ausleger schriftlicher Werke dringend anrathen die Auslegung des bedeutsameren Gesprächs fleißig zu üben. Denn die unmittelbare Gegenwart des Redenden, der lebendige Ausdruck, welcher die Theilnahme seines ganzen geistigen Wesens verkündigt, die Art wie sich hier die Gedanken aus dem gemeinsamen Leben entwickeln, dies Alles reizt weit mehr als die einsame Betrachtung einer ganz isolirten Schrift dazu, eine Reihe von Gedanken zugleich als einen hervorbrechenden Lebensmoment, als eine mit vielen anderen auch anderer Art zusammenhangende That zu verstehen, und eben diese Seite ist es, welche bei Erklärung der Schriftsteller am meisten hintenangestellt ja großentheils ganz vernachlässigt wird.

Ueber den Begriff der Hermeneutik.

76.

In Allem, was von der Sprache nicht nur, sondern auch irgend von dem geschichtlichen Zustande des Volks und der Zeit abhängt, kann und soll sich der Ausleger, wenn ihm der gehörige Umfang von Kenntnissen zu Gebote steht, überall gleich trefflich zeigen. Was hingegen von richtiger Auffassung des inneren Herganges, als der Schriftsteller entwarf und componirte, abhängt, was das Produkt seiner persönlichen Eigenthümlichkeit in die Sprache und in die Gesammtheit seiner Verhältnisse ist, das wird auch dem gewandtesten Ausleger nur bei den ihm verwandtesten Schriftstellern, nur bei den Lieblingen, in die er sich am meisten hineingelebt hat, am besten gelingen, wie es uns auch im Leben nur mit den genauesten Freunden am besten von Statten geht; bei andern Schriftstellern aber wird er sich auf diesem Gebiet weniger genügen, und sich auch gar nicht schämen bei andern Kunstverwandten, die diesen näher stehen, sich Raths zu erholen. Ja man könnte versucht sein zu behaupten, die ganze Praxis der Auslegung müsse sich auf diese Weise theilen, daß die eine Klasse von Auslegern, mehr der Sprache und der Geschichte zugewendet als den Personen, durch alle Schriftsteller einer Sprache ziemlich gleichmäßig durchginge, wenn gleich auch unter ihnen der eine mehr in dieser, der andere in einer andern Region hervorragt; die andere Klasse aber, mehr der Beobachtung der Personen zugewendet, die Sprache nur als das Medium, durch welches sie sich äußern, die Geschichte nur als die Modalitäten, unter denen sie existirten, betrachtend, sich nur Jeder auf diejenigen Schriftsteller beschränkte, die sich ihm am willigsten aufschließen. Und es mag sich wohl auch wirklich so verhalten, nur daß die Letzten, weil ihre Kunst weniger durch Auseinandersetzungen mitgetheilt werden kann, auch weniger öffentlich hervortreten, sondern sich der Früchte derselben im stillen Genuß erfreuen.

Ueber den Begriff der Hermeneutik.

77.

Viele, ja vielleicht die meisten von den Thätigkeiten, aus denen das menschliche Leben besteht, vertragen eine dreifache Abstufung der Art wie sie verrichtet werden, eine fast geistlose und ganz mechanische, eine die auf einem Reichthum von Erfahrungen und Beobachtungen beruht, und endlich eine im eigentlichen Sinne des Wortes kunstmäßige. Unter diese nun scheint mir auch das Auslegen zu gehören, sofern ich nehmlich unter diesem Ausdruck alles Verstehen fremder Rede zusammenfasse. Jene erste und niedrigste finden wir täglich auf dem Markt und in den Straßen nicht nur, sondern auch in manchen Gesellschaftskreisen, wo man Redensarten über gemeine Gegenstände wechselt, so daß der jedesmal Sprechende fast schon mit Gewißheit weiß was sein Mitunterredner erwiedern werde, und die Rede regelmäßig wie ein Ball abgefangen und wiedergegeben wird. Die zweite ist der Punkt, auf welchem wir im Allgemeinen zu stehen scheinen. So wird das Auslegen geübt auf unsern Schulen und Hochschulen, und die erklärenden Commentare der Philologen und Theologen, denn diese beiden haben das Feld vorzüglich angebaut, enthalten einen Schatz von lehrreichen Beobachtungen und Nachweisen, welche hinreichend beurkunden, wie Viele unter ihnen wahre Künstler sind im Auslegen, während freilich dicht neben ihnen auf demselben Gebiet theils die wildeste Willkühr auftaucht bei schwierigen Stellen, theils pedantische Stumpfheit das Schönste entweder gleichgültig übersieht oder thöricht verdreht.

Ueber den Begriff der Hermeneutik.

78.

Wie die Sprache ein geschichtliches Ding ist, so giebt es auch keinen rechten Sinn für sie, ohne Sinn für ihre Geschichte. Sprachen werden nicht erfunden, und auch alles rein willkührliche Arbeiten an ihnen und in ihnen ist Thorheit; aber sie werden allmählig entdeckt, und Wissenschaft und Kunst sind die Kräfte, durch welche diese Entdeckung gefördert und vollendet wird. Jeder ausgezeichnete Geist, in welchem sich unter einer von beiden Formen (Wissenschaft und Kunst) ein Theil von den Anschauungen des Volks eigenthümlich gestaltet, arbeitet und wirkt hiezu in der Sprache, und seine Werke müssen also auch einen Theil ihrer Geschichte enthalten.

Ueber die verschiedenen Methoden des Uebersetzens.

79.

Die Thatsache, daß eine Rede aus einer Sprache in die andere übertragen wird, kommt uns unter den mannigfaltigsten Gestalten überall entgegen. Wenn auf der einen Seite dadurch Menschen in Berührung kommen können, welche ursprünglich vielleicht um den Durchmesser der Erde von einander entfernt sind; wenn in eine Sprache aufgenommen werden können die Erzeugnisse einer andern schon seit vielen Jahrhunderten erstorbenen: so dürfen wir auf der andern Seite nicht einmal über das Gebiet Einer Sprache hinausgehen, um dieselbe Erscheinung anzutreffen. Denn nicht nur daß die Mundarten verschiedener Stämme Eines Volkes und die verschiedenen Entwickelungen derselben Sprache oder Mundart in verschiedenen Jahrhunderten schon in einem engern Sinne verschiedene Sprachen sind, und nicht selten einer vollständigen Dolmetschung unter einander bedürfen; selbst Zeitgenossen, nicht durch die Mundart getrennte, nur aus verschiedenen Volksklassen, welche durch den Umgang wenig verbunden in ihrer Bildung weit auseinander gehen, können sich öfters nur durch eine ähnliche Vermittlung verstehen. Ja sind wir nicht häufig genöthigt, uns die Rede eines Andern, der ganz unseres gleichen ist, aber von anderer Sinn- und Gemüthsart, erst zu übersetzen? wenn wir nemlich fühlen, daß dieselben Worte in unserm Munde einen ganz andern Sinn oder wenigstens hier einen stärkeren dort einen schwächeren Gehalt haben würden als in dem seinigen, und daß, wenn wir dasselbe was er meint ausdrücken wollten, wir nach unserer Art uns ganz anderer Wörter und Wendungen bedienen würden: so scheint, indem wir uns dies Gefühl näher bestimmen, und es uns zum Gedanken wird, daß wir übersetzen. Ja unsere eigene Reden müssen wir bisweilen nach einiger Zeit übersetzen, wenn wir sie uns recht wieder aneignen wollen.

Ueber die verschiedenen Methoden des Uebersetzens.

80.

In der Philosophie mehr als irgendwo, enthält jede Sprache, trotz der verschiedenen gleichzeitigen und auf einander folgenden Ansichten, doch Ein System von Begriffen in sich, die eben dadurch daß sie sich in derselben Sprache berühren, verbinden, ergänzen, Ein Ganzes sind, dessen einzelnen Theilen aber keine aus dem System anderer Sprachen entsprechen, kaum Gott und Sein, das Urhauptwort und das Urzeitwort abgerechnet. Denn auch das schlechthin Allgemeine, wiewohl außerhalb des Gebietes der Eigenthümlichkeit liegend, ist doch von ihr beleuchtet und gefärbt. In diesem System der Sprache muß die Weisheit eines Jeden aufgehn. Jeder schöpft aus dem Vorhandenen, jeder hilft das nicht Vorhandene aber Vorgebildete ans Licht bringen. Nur so ist die Weisheit des Einzelnen lebendig, und kann sein Dasein wirklich beherrschen, welches er ja ganz in dieser Sprache zusammenfaßt.

Ueber die verschiedenen Methoden des Uebersetzens.

81.

Der Uebersetzer, der die beiden ganz getrennten Personen, seinen Schriftsteller und seinen Leser, wirklich einander zuführen, und dem Letzten, ohne ihn jedoch aus dem Kreise seiner Muttersprache heraus zu nöthigen, zu einem möglichst richtigen und vollständigen Verständniß und Genuß des ersten verhelfen will, was für Wege kann er hiezu einschlagen? Meines Erachtens giebt es deren nur zwei. Entweder der Uebersetzer läßt den Schriftsteller möglichst in Ruhe, und bewegt den Leser ihm entgegen; oder er läßt den Leser möglichst in Ruhe und bewegt den Schriftsteller ihm entgegen. Im ersten Falle ist der Uebersetzer bemüht, durch seine Arbeit dem Leser das Verstehen der Ursprache, das ihm fehlt, zu ersetzen. Das nemliche Bild, den nemlichen Eindruck, welchen er selbst durch die Kenntniß der Ursprache von dem Werke, wie es ist, gewonnen, sucht er den Lesern mitzutheilen, und sie also an seine ihnen eigentlich fremde Stelle hinzubewegen. Wenn aber die Uebersetzung ihren römischen Autor zum Beispiel reden lassen will wie er als Deutscher zu Deutschen würde geredet und geschrieben haben: so bewegt sie den Autor nicht etwa nur eben so bis an die Stelle des Uebersetzers, denn auch dem redet er nicht deutsch, sondern römisch, vielmehr rückt sie ihn unmittelbar in die Welt der deutschen Leser hinein, und verwandelt ihn in ihres gleichen; und dieses eben ist der andere Fall. Die erste Uebersetzung wird vollkommen sein in ihrer Art, wenn man sagen kann, hätte der Autor eben so gut deutsch gelernt, wie der Uebersetzer römisch, so würde er sein ursprünglich römisch abgefaßtes Werk nicht anders übersetzt haben, als der Uebersetzer wirklich gethan. Die andere aber, indem sie den Verfasser nicht zeigt, wie er selbst würde übersetzt, sondern wie er ursprünglich als Deutscher deutsch würde geschrieben haben, hat wohl schwerlich einen andern Maaßstab der Vollendung, als wenn man versichern könnte, wenn die deutschen Leser insgesammt sich in Kenner und Zeitgenossen des Verfassers verwandeln ließen, so würde ihnen das Werk selbst ganz dasselbe geworden sein, was ihnen jetzt, da der Verfasser sich in einen Deutschen verwandelt hat, die Uebersetzung ist. Diese Methode haben offenbar alle diejenigen im Auge, welche sich der Formel bedienen, man solle einen Autor so übersetzen, wie er selbst würde deutsch geschrieben haben.

Ueber die verschiedenen Methoden des Uebersetzens.

82.

Ein Verstehen (der Geisteswerke in fremden Sprachen) giebt es, welches kein Uebersetzer nachzubilden vermag. Denken wir uns nemlich solche wunderbare Männer, wie sie die Natur bisweilen hervorzubringen pflegt, gleichsam um zu zeigen, daß sie auch die Schranken der Volksthümlichkeit in einzelnen Fällen vernichten kann, Männer die solche eigenthümliche Verwandtschaft fühlen zu einem fremden Dasein, daß sie sich in eine fremde Sprache und deren Erzeugnisse ganz hineinleben und denken, und indem sie sich ganz mit einer ausländischen Welt beschäftigen, sich die heimische Welt und heimische Sprache ganz fremd werden lassen; oder auch solche Männer, die gleichsam das Vermögen der Sprache in seinem ganzen Umfang darzustellen bestimmt sind, und denen alle Sprachen, die sie irgend erreichen können, völlig gleich gelten, und sie wie angegossen kleiden: diese stehen auf einem Punkt, wo der Werth des Uebersetzens null wird; denn da bei ihrem Auffassen fremder Werke auch nicht der mindeste Einfluß der Muttersprache mehr statt findet, und sie sich ihres Verstehens auf keine Weise in der Muttersprache, sondern ganz heimisch in der Ursprache selbst unmittelbar bewußt werden, auch gar keine Incommensurabilität fühlen zwischen ihrem Denken und der Sprache worin sie lesen: so kann auch keine Uebersetzung ihr Verstehen erreichen oder darstellen.

Ueber die verschiedenen Methoden des Uebersetzens.

83.

Wie vielleicht erst durch vielfältiges Hineinverpflanzen fremder Gewächse unser (Deutscher) Boden selbst reicher und fruchtbarer geworden ist, und unser Klima anmuthiger und milder: so fühlen wir auch, daß unsere Sprache, weil wir sie der nordischen Trägheit wegen weniger selbst bewegen, nur durch die vielseitigste Berührung mit dem Fremden recht frisch gedeihen, und ihre eigne Kraft vollkommen entwickeln kann. Uud damit scheint zusammenzutreffen, daß wegen seiner Achtung für das Fremde und seiner vermittelnden Natur unser Volk bestimmt sein mag, alle Schätze fremder Wissenschaft und Kunst mit seinen eignen zugleich in seiner Sprache gleichsam zu einem großen geschichtlichen Ganzen zu vereinigen, das im Mittelpunkt und Herzen von Europa verwahrt werde, damit nun durch Hülfe unserer Sprache, was die verschiedensten Zeiten Schönes gebracht haben, Jeder so rein und vollkommen genießen könne, als es dem Fremdling nur möglich ist.

Ueber die verschiedenen Methoden des Uebersetzens.

84.

In der Sphäre der Wissenschaft ist das Gefährliche die bestimmte Terminologie; man gewöhnt sich an ein Verkehr mit Worten ohne Anschauung. — Wenn producirende Philosophen eine Terminologie aus sich bilden, stellen sie sich in ein falsches Verhältniß; denn wie das höhere Erkennen sich allmählig aus dem gemeinen Vorstellen entwickelt, so wird sich auch der höhere Geist der Sprache, wenn sie nur aus ihrem Gebiet nicht herausgeht, entwickeln. Philosophie und Philologie sind also innig verbunden, und es ist ein grober Mißverstand wenn sie sich hassen.

Ethik.

# III. Religion.

85.

Die Frömmigkeit — die Basis aller kirchlichen Gemeinschaften — ist rein für sich betrachtet weder ein Wissen noch ein Thun, sondern eine Bestimmtheit des Gefühls oder des unmittelbaren Selbstbewußtseins.

Wissen und Thun gehören der Frömmigkeit nur sofern an, als das erregte Gefühl dann in einem es fixirenden Denken zur Ruhe kommt, dann in ein es aussprechendes Handeln sich ergießt.

Dogmatik.

86.

Das Gemeinsame aller Aeußerungen der Frömmigkeit, wodurch sich diese zugleich von allen andern Gefühlen unterscheidet, ist dieses, daß wir uns unserer selbst als schlechthin (absolut) abhängig, oder, was Dasselbe sagen will, als in Beziehung mit Gott bewußt sind.*)

---

*) Anm. von Schl. Für das Wort schlechthinig bedanke ich mich bei Herrn Prof. Delbrück. Ich wollte es nicht wagen, und habe keine Kunde, daß es schon anderwärts vorhanden gewesen. Nun er es aber gegeben, finde ich es sehr bequem, ihm im Gebrauch desselben zu folgen. —

In der ersten Bearbeitung der Glaubenslehre hatte Schleiermacher sich des Ausdrucks: ursprüngliches Abhängigkeitsgefühl statt des obigen bedient.

Der Herausg.

Dies bildet die höchste Stufe des menschlichen Selbstbewußtseins, welche jedoch in ihrem wirklichen Vorkommen von der niederen niemals getrennt ist, und durch die Verbindung mit derselben zu einer Einheit des Momentes auch Antheil bekommt an dem Gegensatz des Angenehmen und Unangenehmen.

Es giebt von diesem sich schlechthin abhängig finden auch eine unfromme Erklärung, nemlich als sage es eigentlich nur die Abhängigkeit des endlichen Einzelnen von der Ganzheit und Gesammtheit alles Endlichen aus, und das was darin mitgesetzt und worauf bezogen wird, sei mithin nicht Gott sondern die Welt. Allein wir können nicht anders als diese Erklärung für ein Mißverständniß ansehen. Nemlich wir kennen auch ein Mitgesetztsein der Welt in unserem Selbstbewußtsein, aber es ist ein anderes als das Mitgesetztsein Gottes in demselben. Denn die Welt, wenn man sie auch als Einheit setzt, ist sie doch die in sich selbst getheilte und zerspaltete Einheit, welche zugleich die Gesammtheit aller Gegensätze und Differenzen und alles durch diese bestimmten Mannigfaltigen ist, wovon jeder Mensch auch Eines ist und an allen jenen Gegensätzen Theil hat. Das Einssein mit der Welt im Selbstbewußtsein ist also nichts Anderes, als daß wir uns unserer selbst als eines in diesem Ganzen mitlebenden Theiles bewußt sind; und dies kann unmöglich ein Bewußtsein schlechthiniger Abhängigkeit sein. Vielmehr da alle mitlebenden Theile in Wechselwirkung unter einander stehen: so ist dieses mit dem Ganzen Einssein in jedem solchen Theile wesentlich ein zwiefaches, ein Gefühl der Abhängigkeit freilich, sofern die andern Theile selbstthätig auf ihn einwirken, aber eben so auch ein Gefühl der Freiheit, sofern er selbst ebenfalls selbstthätig auf die andern Theile einwirkt, und das Eine ist von dem Andern nicht zu trennen. Das schlechthinige Abhängigkeitsgefühl also ist nicht als ein Mitgesetztsein der Welt zu erklären, sondern nur als ein Mitgesetztsein Gottes als der absoluten ungetheilten Einheit. Denn weder giebt es in Beziehung auf Gott unmittelbar ein Freiheitsgefühl, noch auch kann das Abhängigkeitsgefühl in Beziehung auf ihn ein solches sein, dem ein Freiheitsgefühl als Gegenstück zukommen kann; sondern auch auf der höchsten Stufe der christlichen Frömmigkeit und beim klarsten Bewußtsein der ungehemmtesten Selbstthätigkeit bleibt doch die Schlechthinigkeit des Abhängigkeitsgefühls in Bezug auf ihn unverringert. Und dies soll der Ausdruck bezeichnen, das sich schlechthin abhängig finden sei die einzige Weise, wie Gott und Ich im Selbstbewußtsein zusammensein kann. Dogmatik.

87.

Wenn der Mensch nicht in der unmittelbaren Einheit der Anschauung und des Gefühls Eins wird mit dem Ewigen, bleibt er in der abgeleiteten des Bewußtseins ewig getrennt von ihm. Reden über die Religion. 3. Ausg.

Anm. Unmittelbar ist nur was noch nicht durch den Begriff hindurch gegangen ist, sondern rein im Gefühl erwachsen.
Ebendaselbst.

88.

Das Gefühl ist ein höheres und niederes.

Das Gemeinsame (beider) ist die Unmittelbarkeit des als Zustand bestimmten Bewußtseins, welches außer seiner Bestimmtheit zugleich als Förderung oder Minderung des Lebens in Lust und Unlust erscheint. Der Gegensatz beruht auf der Beziehung des einen auf das sinnliche, des andern auf das intellektuelle Dasein.

Das höhere Gefühl ist nur Eins. Das sittliche und religiöse sind nur zwei verschiedene Ansichten eines und desselbigen.

Entweder: Religiös ist die Beziehung auf Gott, und sittlich die Beziehung auf die Welt —

Oder: Sittlich ist das Sein der Vernunft in der Sinnlichkeit, religiös das Sein des göttlichen Geistes.

Zu 1: Die Welt läßt sich nicht vollkommen denken (als Totalität und Einheit) außer in und mit Gott, und von Gott giebt es keine andere Offenbarung als die Welt.

Zu 2: Wenn man die Vernunft ganz anerkennt, als das Absolute in uns: so muß sie auch als göttlicher Geist erscheinen.

Christliche Sitte.

89.

Das Leben ist nur wechselndes Sich verlieren (in dem Ganzen) und Sich herstellen aus dem Ganzen. In jedem Akte ist Bestimmtheit des Einzelnen durch das Ganze, und Bestimmtheit des Ganzen durch das Einzelne. Jenes Leiden, dieses Handeln.

Jedes Gefühl ist das unmittelbare Zusammensein des Einzelnen und Ganzen. Es setzt also auf der einen Seite eine Bestimmtheit des Ganzen voraus und endigt auf der anderen in eine Handlung des Einzelnen, weil keine Einwirkung ohne Rückwirkung ist.

Das Centrum des Gefühls ist das Unaussprechliche; die beiden Enden allein sind das für die Anschauung Wahrnehmbare.

Die Dogmatik ergreift das Gefühl bei dem ersten Ende, die christliche Sittenlehre bei dem letzten.

Christliche Sitte.

90.

Herr Dr. Brettschneider meint, auf demjenigen Gebiet, wohin die Frömmigkeit gehört, hänge eben diese Bestimmtheit des Seins selbst, und also auch das Wissen um dieselbe, erst ab von der Auffassung der Ideen, weil das Gefühl sich nur auf das Gedachte beziehen könne. Ich kann dieses nur so verstehen, man müsse erst die Idee Gott gefaßt haben, ehe man zu dem Wissen von jener Bestimmtheit des Seins gelangen könne. Freilich muß ich dies gänzlich verneinen; ich brauchte aber zunächst nur zu sagen, ich rechnete ein früheres Auffassen der Idee Gottes nicht mit zur Frömmigkeit, weil es weder ein Wissen um die Art der Bestimmtheit meines Seins ist, noch sich aus diesem erst entwickelt.

Und wenn es so viele Tausende giebt, deren Vorstellungen von Gott, noch höchst unvollkommen sind, deren Frömmigkeit aber schlicht und rein ist: soll ich nicht glauben dürfen, die Frömmigkeit als Bestimmtheit des Selbstbewußtseins könne vorhanden sein, auch ehe es noch zu einer Auffassung der Idee Gottes gekommen? Und wenn ich mich nun auf das Bewußtsein der Freiheit, nemlich auch als Selbstbewußtsein, berufe: wird man sagen, auch dieses könne nicht anders vorhanden sein, als nachdem die Idee der Freiheit aufgefaßt worden, und wer diese Idee nicht aufgefaßt habe, der könne auch nicht als ein sich seiner so bewußter handeln? Und wenn ich eine Menge von raisonnirenden Menschen aufstelle, welche die Idee Gottes aufgefaßt haben, und mit derselben, wie mit allen andern leitenden Gedanken, rechnen und folgern, aber das Gefühlte, wozu sie das Gedachte haben, kommt gar nicht nach und läßt sich nirgend in ihrem Leben spüren: soll ich dennoch nicht sagen dürfen, daß die Auffassung der Idee Gottes, an und für sich betrachtet, nicht zur Frömmigkeit gehöre und nicht nothwendig das Erste darin sei? — Zwischen dieser Ansicht und der meinigen sind die Akten meines Erachtens so weit geschlossen, daß jeder für sich prüfen und entscheiden muß.

Ich weiß nicht, ob Ihnen in die Hände gefallen ist, was Aehnliches in des sel. Tzschirner's Briefen eines Deutschen steht; es hat damit ziemlich dieselbe Bewandniß wie mit dem Obigen. Wenn er sagt, das Ursprünglichste in der Frömmigkeit sei eben so wenig Gefühl als Wissen und Thun, sondern die Gesinnung: so scheint er jene Drei einander zu coordiniren, die letztere aber als ein Innerlicheres und Höheres bezeichnen zu wollen. Ich aber stelle, was ich Gefühl nenne, nicht ganz so wie er, sondern eher so wie er die Gesinnung stellt, und bediene mich nur des letzteren Ausdrucks nicht, weil er dem Sprachgebrauch nach eine Färbung überwiegend nach dem Praktischen hin an sich trägt. Wenn ich mir aber denke die Neigung eines frommen Menschen alle seine Affectionen mit dem Gottesbewußtsein zu verbinden, und darin gleichsam aufzulösen: so constituirt diese eigenthümliche Gefühlsweise, aus der sich übereinstimmende Denkweisen und Handlungsweisen entwickeln, offenbar seine Gesinnung.

Erstes Sendschreiben an Dr. Lücke über die „Glaubenslehre."

## 91.

Wenn man auch jetzt nicht mehr im Allgemeinen sagen kann, daß es (das Evangelium) den Weisen verborgen bleibe, haben wir nicht alle Ursache Gott zu danken, daß er es vorzüglich den Unmündigen offenbart hat, das heißt Denen, deren Frömmigkeit gar nicht weit her sein müßte, wenn sie auf einem Complexus von Ideen beruhen sollte? War nicht auch unser Luther ein solcher, und fing erst an über seine

Frömmigkeit nachzudenken, als es galt ihren Besitz festzuhalten, so daß seine Theologie offenbar eine Tochter seiner Religion war?

Und wie möchte es um unsere evangelische Kirche stehen, wenn nicht das lebendige evangelische Christenthum so tiefe Wurzeln geschlagen hätte in dem unspeculativen unphilosophischen Volk, dessen Frömmigkeit so entfernt ist auf dem Gedachten zu beruhen und in einem eingesehenen Zusammenhang von Ideen gegründet zu sein, daß es großentheils erst eben an ihr allmählig denken lernt. Ich bin nun mit, Gott sei Dank, vielen Anderen überzeugt, daß dennoch unsere Frömmigkeit und die jenes Volks gar nicht verschieden sind von einander; wogegen jene Voraussetzung denen, welche nicht fähig sind erst durch das Gedachte innerlich aufgeregt zu werden, und zumal — wie es doch hier sein müßte — vor allem eignen Interesse her einen Kreis von Ideen zu fassen, die Frömmigkeit entweder ganz abspricht, oder ihnen nur eine von der Frömmigkeit der Denkenden abgeleitete, in ihnen selbst nicht begründete, gestattet, woraus uns dann eine Hierarchie der intellektuellen Bildung, ein Priesterthum der Speculation entstehen würde, welches ich meines Theils nicht allzu protestantisch finden kann, und welches mir auch, wo immer ich das Geschick gehabt habe demselben zu begegnen, niemals ohne einen gewissen papistischen Anstrich erschienen ist.

Erstes Sendschreiben an Dr. Lücke über die „Glaubenslehre.“

92.

In dem religiösen Bewußtsein ist allerdings das Absolute, aber nicht an und für sich, wie wir es in der Speculation suchen, sondern immer nur an einem andern, an einem Bewußtsein des Menschen von sich selbst, von bestimmten menschlichen Verhältnissen u. s. w. Wollen wir das Bewußtsein Gottes isoliren: so gerathen wir in ein bewußtloses Brüten, und wir müssen immer sagen, das Bewußtsein Gottes sei um so lebendiger, je lebendiger ein anderes dabei ist. Dabei tritt aber beides ins Gleichgewicht. Im religiösen Bewußtsein, wenn es in seiner Natur bleibt und nicht damit experimentirt wird, ist das Bestreben das Bewußtsein Gottes zu isoliren gar nicht; der religiöse Mensch hat kein Arg daraus, das Bewußtsein Gottes nur zu haben an dem frischen und lebendigen Bewußtsein eines Irdischen. Das philosophische Bestreben will es aber rein für sich haben, und es genügt ihm, sich desselben an und für sich als einer nothwendigen Voraussetzung bewußt zu sein, so daß es jedem nachweisen kann, so gewiß man wissen wolle, so gewiß bedürfe man dieser Voraussetzung des Absoluten, in welcher allein das Wissen begründet und aus welcher allein die Regeln für das Wissen abzuleiten seien. Deshalb aber bleibt nun doch der Philosoph nicht zurück, weil er will, was ein Anderer nicht hat.

Dialektik.

93.

Wie das *speculative Bewußtsein* die höchste objektive Function des menschlichen Geistes ist, das *fromme Selbstbewußtsein* aber die höchste *subjective*: so würde ein Widerspruch zwischen beiden das Wesen des Menschen treffen, und ein solcher kann also immer nur ein Mißverständniß sein. — Für den Wissenden entsteht die Aufgabe sich der Zusammenstimmung Beider positiv bewußt zu werden.

Dogmatik.

94.

So denke ich kann auch Niemand zweifeln, wie ich Religion und Philosophie zu einander stelle. Ich glaube wirklich, und hoffe auch immer zu glauben, und daß es auch noch lange nach mir und dann vielleicht noch mehr geglaubt werden wird als jetzt, daß beides sehr gut in demselben Subjekt bestehen kann, daß die Philosophie nicht nothwendig dahin führt, sich über Christum, und Sie verstehen, ich meine hier wieder den wirklichen geschichtlichen Christus, zu erheben, als ob alle Frömmigkeit nur unreife Philosophie und alle Philosophie erst zum Bewußtsein gekommene Frömmigkeit wäre; sondern daß ein wahrer Philosoph auch ein wahrer Gläubiger sein und bleiben kann, und eben so, daß man von Herzen fromm sein kann und doch den Muth haben und behalten, sich in die tiefsten Tiefen der Speculation hineinzugraben. Aber ich weiß freilich auch daß Eines sein kann ohne das Andere, also auch daß in Manchem die Frömmigkeit auf ihre Weise zum vollständigsten Bewußtsein kommen kann, auch in der strengsten Form, und das ist eben die dogmatische, ohne daß je ein Körnchen Philosophie in ihn hineinkommt, und daß Mancher den Becher der Speculation ganz kann geleert haben, ohne daß er die Frömmigkeit auf dem Boden gefunden. Aber weil ganz dasselbige auch zwischen der Frömmigkeit und einer Menge anderer Geistesthätigkeiten statt findet: wie sollte ich dazu gekommen sein, grade dieses Verhältniß zu behandeln, die andern aber nicht? Was aber nun das Verhältniß zwischen Dogmatik und Philosophie anbelangt: so gestehe ich, es geschieht mit einer gewissen Vorliebe, daß ich so wenig als möglich davon rede. Haben nicht die Philosophen lange genug darüber geklagt, daß in der scholastischen Periode die Philosophie sei theils im Dienste theils unter dem Druck des Kirchenglaubens gewesen? Mag dem gewesen sein wie ihm wolle: so ist wenigstens seitdem die Philosophie frei genug geworden, weil der zu seiner ursprünglichen Quelle zurückgekehrte Glaube ihres Dienstes auch für die dogmatische Form der Kirchenlehre nicht weiter bedurfte, und die über ihr wahres Interesse besser verständigte Kirche keinen Druck ausüben wollte. Hat die Philosophie diese Freiheit seitdem oft gebraucht, um feindselig gegen die Kirchenlehre aufzutreten: wohl, so steht dieser zu nach dem Ihrigen zu sehen; und sie soll das können, ohne ihrerseits weder Angriffe auf die Philosophie zu machen, noch um ihre Gunst zu buhlen.

Zweites Sendschreiben an Dr. Lücke über die Glaubenslehre.

95.

Die Religion behauptet ihr eignes Gebiet und ihren eignen Charakter nur dadurch, daß sie aus dem der Wissenschaft sowohl als aus dem der Praxis gänzlich herausgeht, und indem sie sich neben Beide hinstellt, wird erst das gemeinschaftliche Feld vollkommen ausgefüllt, und die menschliche Natur von dieser Seite vollendet. Sie zeigt sich als das nothwendige und unentbehrliche Dritte zu jenen Beiden, als ihr natürliches Gegenstück, nicht geringer an Würde und Herrlichkeit, als welches von jenen Ihr wollt.

Reden über die Religion. 3. Ausg.

96.

Wahre Wissenschaft ist vollendete Anschauung; wahre Praxis ist selbsterzeugte Bildung und Kunst; wahre Religion ist Sinn und Geschmack für das Unendliche. Eine von jenen haben zu wollen ohne diese, oder sich dünken lassen man habe sie so, das ist verwegene übermüthige Täuschung, frevelnder Irrthum, hervorgegangen aus dem unheiligen Sinn, der, was er in sicherer Ruhe fordern und erwarten konnte, lieber feigherzig frech entwendet, um es dann doch nur scheinbar zu besitzen. Was kann wohl der Mensch bilden wollen der Rede werthes im Leben und in der Kunst, als was durch die Aufregungen jenes Sinnes in ihm selbst geworden ist? oder wie kann Einer die Welt wissenschaftlich umfassen wollen, oder wenn sich auch die Erkenntniß ihm aufdrängte in einem bestimmten Talent, selbst dieses üben ohne jenen? Denn was ist alle Wissenschaft als das Sein der Dinge in Euch, in Eurer Vernunft? was ist alle Kunst und Bildung, als Euer Sein in den Dingen, denen ihr Maaß, Gestalt und Ordnung gebet? Und wie kann Beides in Euch zum Leben gedeihen als nur sofern die ewige Einheit der Vernunft und Natur, sofern das allgemeine Sein alles Endlichen im Unendlichen unmittelbar in Euch lebt? Reden über die Religion. 3. Ausg.

97.

Was irgendwo sei es unter Vielen oder Wenigen als eine eigne Weise und Bestimmtheit des Gefühls auftritt, das ist auch ein in sich Geschlossenes und Nothwendiges durch seine Natur, und nicht etwa könnte eben so gut unter den Christen vorkommen, was Ihr als religiöse Erregung bei den Türken findet oder bei den Indiern. Aber in einer großen Mannichfaltigkeit von Kreisen dehnt sich diese innere Einheit der Religiosität aus und zieht sich zusammen, deren jeder je enger und kleiner um desto mehr Besonderes als nothwendig in sich aufnimmt, und aus sich ausscheidet als unverträglich. Denn wie zum Beispiel das Christenthum in sich ein Ganzes ist, so ist auch jeder von den Gegensätzen, die zu verschiedenen Zeiten darin aufgetreten sind, bis auf die neuesten des Protestantismus und

Katholicismus, ein Abgeschlossenes für sich. Und so ist zuletzt die Frömmigkeit jedes Einzelnen, mit der er ganz in jener größeren Einheit gewurzelt ist, wieder in sich Eins und als ein Ganzes gerundet und gegründet in dem was Ihr seine Eigenthümlichkeit nennt oder seinen Charakter, dessen eine Seite sie eben ausmacht. Und so giebt es in der Religion ein unendliches sich Bilden und Gestalten bis in die einzelne Persönlichkeit hinein, und jede von diesen ist wieder ein Ganzes und einer Unendlichkeit eigenthümlicher Aeußerungen fähig. — Wenn ich die Religion in dieser Beziehung vergleichen soll, so weiß ich sie mit nichts schöner zusammenzustellen als mit einem ihr ohnedies innig Verbundenen, die Tonkunst meine ich. Denn wie diese gewiß ein großes Ganze bildet, eine besondere in sich geschlossene Offenbarung der Welt, und doch wiederum die Musik eines jeden Volkes ein Ganzes für sich ist, und dies wiederum in verschiedene ihm eigenthümliche Gestalten sich gliedernd, bis zu dem Genie und Styl des Einzelnen herab, und dann doch jedes lebendige Hervortreten dieser innern Offenbarung in dem Einzelnen, zwar alle jene Einheiten in sich hat, und eben in ihnen und durch sie, doch aber mit aller Lust und Fröhlichkeit der ungehemmten Willkühr, wie eben sein Leben sich regt und die Welt ihn berührt, in dem Zauber der Töne darstellt: so ist auch die Religion, ohnerachtet jenes nothwendigen in ihrer lebendigen Gestaltung dennoch in ihren einzelnen Aeußerungen, wie sie unmittelbar im Leben heraustritt, von nichts weiter entfernt als von jedem Scheine des Zwanges und der Gebundenheit. Denn in das Leben ist alles Nothwendige aufgenommen, und somit auch in die Freiheit, und jede einzelne Regung tritt auf als eine freie Selbstbestimmung gerade dieses Gemüths, in der sich ein vorübergehender Moment der Welt abspiegelt. Ein Unheiliger wäre, wer hier ein im Zwange gehaltenes, ein äußerlich gebundenes und bestimmtes fordern wollte; und wenn so etwas liegt in euerm Begriff von System, so müßt Ihr ihn hier gänzlich entfernen. — Darum ist es nun offenbar ein Irrthum, daß es zur Religion gehöre, sich dieses Zusammenhanges ihrer einzelnen Aeußerungen auch noch bewußt zu sein, und ihn nicht nur in sich zu haben und aus sich zu entwickeln, sondern auch noch beschrieben vor sich zu sehen, und so von außen aufzufassen, und es ist eine Anmaßung wenn man die für eine mangelhafte Frömmigkeit halten will, der es daran fehlt. Auch lassen sich die wahren Frommen nicht stören in ihrem einfachen Gange, und nehmen wenig Kenntniß von allen so sich nennenden Religionssystemen, die von dieser Ansicht aus sind aufgeführt worden. — So sehr jede Gestaltung der Religion innerlich durch sich selbst begründet ist, so hängt doch gerade die Bezeichnung immer vom Aeußerlichen ab. — Jeder mag seine eigne Anordnung haben und seine eigene Rubriken, das Wesentliche kann dadurch weder gewinnen noch verlieren, und wer wahrhaft um seine Religion und ihr Wesen weiß, wird jeden scheinbaren Zusammenhang dem Einzelnen tief unterordnen, und jenem nicht das Kleinste von diesem aufopfern.

Reden über die Religion. 3. Ausg.

98.

Das Universum ist in einer ununterbrochenen Thätigkeit, und offenbart sich uns jeden Augenblick. Jede Form die es hervorbringt, jedes Wesen dem es nach der Fülle des Lebens ein abgesondertes Dasein giebt, jede Begebenheit, die es aus seinem reichen immer fruchtbaren Schooße herausschüttet, ist ein Handeln desselben auf Uns; und in diesen Einwirkungen und dem was dadurch in uns wird, alles

Einzelne nicht für sich sondern als einen Theil des Ganzen, alles Beschränkte nicht in seinem Gegensatz gegen Anderes, sondern als eine Darstellung des Unendlichen in unser Leben aufnehmen, und uns davon bewegen lassen, das ist Religion; was aber hierüber hinaus will, und tiefer eindringen in die Natur und Substanz der Dinge ist nicht mehr Religion, sondern will irgendwie Wissenschaft werden; und widerum wenn, was nur unsere Gefühle bezeichnen und in Worten darstellen soll, für Wissenschaft von dem Gegenstande, für geoffenbarte etwa und aus der Religion hervorgegangene, oder auch für Wissenschaft und Religion zugleich will angesehen sein, dann sinkt es unvermeidlich zurück in Mysticismus und leere Mythologie.

Reden über die Religion. 3. Ausg.

99.

Die Betrachtung des Frommen ist das unmittelbare Bewußtsein von dem allgemeinen Sein alles Endlichen im Unendlichen und durch das Unendliche, alles Zeitlichen im Ewigen und durch das Ewige. Dieses suchen und finden in Allem was lebt und sich regt, in allem Werden und Wechsel, in allem Thun und Leiden, und das Leben selbst im unmittelbaren Gefühl nur haben und kennen als dieses Sein, das ist Religion. Reden über die Religion. 3. Ausg.

100.

Es ist allerdings das Ein und Alles der Religion, alles im Gefühl uns Bewegende in seiner höchsten Einheit als Eins und Dasselbe zu fühlen, und alles Einzelne und Besondere nur hiedurch vermittelt, also unser Sein und Leben als ein Sein und Leben in und durch Gott.

Reden über die Religion. 3. Ausg.

101.

Die frommen Erregungen entstehen eben dann, wenn der Mensch sich dem Weltall hingiebt, und sind also auch nur habituell in einem Gemüth, in welchem diese Hingebung habituell ist. Denn nicht nur überhaupt, sondern jedesmal nehmen wir Gott und seine ewige Kraft und Gottheit wahr an den Werken der Schöpfung, und zwar nicht nur an diesem oder jenem einzelnen an und für sich, sondern nur sofern es in die Einheit und Allheit aufgenommen ist, in welcher allein sich Gott unmittelbar offenbart.

Reden über die Religion. 3. Ausg.

102.

In jenem Augenblick, in welchem in irgend einem einzelnen Menschen ein bestimmtes Bewußtsein von seinem Verhältniß zum höchsten Wesen gleichsam ursprünglich anhebt, entsteht ein eignes religiöses Leben. Eigen, nicht etwa durch unwiderrufliche Beschränkung auf eine besondere Anzahl und Auswahl von Anschauungen und Gefühlen, nicht etwa durch die Beschaffenheit des darin vorkommenden religiösen Stoffs, den vielmehr Jeder mit Allen gemein hat, welche mit ihm zu derselben Zeit und in derselben Gegend der Religion geistig geboren sind; sondern durch das, was er mit Keinem gemein haben kann, durch den immerwährenden Einfluß der besonderen Art und Weise des Zustandes, in welchem sein Gemüth zuerst vom Universum begrüßt und umarmt worden ist: durch die eigne Art wie er die Betrachtung desselben und die Reflexion darüber verarbeitet; durch den Charakter und Ton, in welchen die ganze folgende Reihe seiner religiösen Ansichten und Gefühle sich hineinstimmt, und welcher sich nie verliert, wie weit er auch hernach in der Gemeinschaft mit dem ewigen Urquell fortschreite über das hinaus, was die erste Kindheit seiner Religion ihm darbot Wie jedes intellektuelle endliche Wesen seine geistige Natur und seine Individualität dadurch beurkundet, daß es Euch auf jene, daß ich so sage, in ihm vorgegangene Vermählung des Unendlichen mit dem Endlichen zurückführt, wobei Eure Phantasie Euch versagt, wenn Ihr sie aus irgend etwas Einzelnem oder Früherem, sei es Willkühr oder Natur, erklären wollt: eben so müßt Ihr Jeden, der so den Geburtstag seines geistigen Lebens angeben, und eine Wundergeschichte erzählen kann vom Ursprung seiner Religion, die als eine unmittelbare Einwirkung der Gottheit und als eine Regung ihres Geistes erscheint, auch dafür ansehen, daß er etwas Eigenes sein, u d daß etwas Besonderes mit ihm gesagt sein soll; denn so etwas geschieht nicht um eine leere Wiederholung hervorzubringen im Reich der Religion.

Reden über die Religion. 3. Ausg.

103.

Wenn der Mensch nicht in der unmittelbaren Einheit der Anschauung und des Gefühls Eins wird mit dem Ewigen, bleibt er in der abgeleiteten des Bewußtseins ewig getrennt von ihm. Darum wie soll es werden mit der höchsten Aeußerung der Speculation unserer Tage, dem vollendeten gerundeten Idealismus, wenn er sich nicht wieder in diese Einheit versenkt, daß die Demuth der Religion seinen Stolz einen andern Realismus ahnden lasse, als den, welchen er so kühn und mit vollem Rechte sich unterordnet? — Opfert mit mir ehrerbietig eine Locke den Manen des heiligen verstoßenen Spinoza! Ihn durchdrang der hohe Weltgeist, das Unendliche war sein Anfang und sein Ende, das Universum seine einzige und ewige Liebe; in heiliger Unschuld und tiefer Demuth spiegelte Er sich in der ewigen Welt, und sah zu wie auch Er ihr liebenswürdigster Spiegel war; voller Religion war Er und voll heiligen Geistes; und darum steht Er auch da allein und unerreicht, Meister in seiner Kunst, aber erhaben über die profane Zunft, ohne Jünger und ohne Bürgerrecht.

Warum soll ich Euch erst zeigen wie dasselbe gilt auch von der Kunst? Wie Ihr auch hier tausend Schatten und Blendwerke und Irrthümer habt aus derselben Ursache? Nur schweigend, denn der neue und tiefe Schmerz hat keine Worte, will ich Euch statt alles anderen hinweisen auf ein herrliches Beispiel das Ihr Alle kennen solltet eben so gut als jenes, auf den zu früh entschlafenen göttlichen Jüngling, dem Alles Kunst ward was sein Geist berührte, seine ganze Weltbetrachtung unmittelbar zu Einem großen Gedicht, den Ihr, wiewohl er kaum mehr als die ersten Laute wirklich ausgesprochen hat, den reichsten Dichtern beigesellen müßt, jenen seltenen, die eben so tiefsinnig sind als klar und lebendig. An ihm schauet die Kraft und die Begeisterung eines frommen Gemüths, und bekennt, wenn die Philosophen werden religiös sein und Gott suchen wie Spinoza, und die Künstler fromm sein und Christum lieben wie Novalis, dann wird die große Auferstehung gefeiert werden für beide Welten. Reden über die Religion. 3. Ausg.

104.

Ihr wollt überall auf Euren eignen Füßen stehen, und Euren eignen Weg gehen, und dieser würdige Wille schrecke Euch nicht zurück von der Religion. Sie ist kein Sklavendienst und keine Gefangenschaft am wenigsten für Eure Vernunft, sondern auch hier sollt Ihr Euch selbst angehören, ja dies ist sogar eine unerkaßliche Bedingung um ihrer theilhaftig zu werden. Jeder Mensch, wenige Auserwählte ausgenommen, bedarf allerdings eines leitenden und aufregenden Anführers, der seinen Sinn für Religion aus dem ersten Schlummer wecke, und ihm seine erste Richtung gebe, aber dies gebt Ihr ja zu für alle andern Kräfte und Verrichtungen der menschlichen Seele, warum nicht auch für diese? Und, zu Eurer Beruhigung sei es gesagt, wenn irgend wo, so vorzüglich hier, soll diese Vormundschaft nur ein vorübergehender Zustand sein; mit eignen Augen soll dann jeder sehen und selbst einen Beitrag zu Tage fördern zu den Schätzen der Religion, sonst verdient er keinen Platz in ihrem Reich, und erhält auch keinen. Ihr habt Recht die dürftigen Nachbeter gering zu achten, die ihre Religion ganz von einem Andern ableiten, oder an einer todten Schrift hängen, auf diese schwören und aus ihr beweisen. Jede heilige Schrift ist an sich ein herrliches Erzeugniß, ein redendes Denkmal aus der heroischen Zeit der Religion; aber durch knechtische Verehrung wird sie nur ein Mausoleum, ein Denkmal daß ein großer Geist da war, der nicht mehr da ist; denn wenn er noch lebte und wirkte, so würde er mehr mit Liebe und mit dem Gefühl der Gleichheit auf sein früheres Werk sehen, welches doch immer nur ein schwacher Abdruck von ihm sein kann. Nicht Jeder hat Religion, der an eine heilige Schrift glaubt, sondern nur der, welcher sie lebendig und unmittelbar versteht, und ihrer daher für sich allein auch am leichtesten entbehren könnte.

Reden über die Religion. 3. Ausg.

105.

Die Philosophie wohl strebt Diejenigen, welche wissen wollen, unter ein gemeinschaftliches Wissen zu bringen, wie Ihr das täglich sehet, wiewohl auch sie, je besser sie sich versteht, um so leichter auch Raum gewinnt für die Mannichfaltigkeit; die Religion begehrt aber auch so nicht einmal Diejenigen, welche glauben und fühlen, unter Einen Glauben zu bringen und Ein Gefühl. Sie strebt wohl Denen, welche religiöser Erregungen noch nicht fähig sind, den Sinn für die ewige Einheit des ursprünglichen Lebensquelles zu öffnen, denn jeder Sehende ist ein neuer Priester, ein neuer Mittler, ein neues Organ; aber eben deswegen flieht sie mit Widerwillen die kahle Einförmigkeit, welche diesen göttlichen Ueberfluß wieder zerstören würde.

Reden über die Religion. 3. Ausg.

## 106.

Warum habe ich angenommen, daß die Religion nicht anders als in einer großen Mannichfaltigkeit möglichst bestimmter Formen vollständig gegeben werden kann? Nur aus Gründen, welche sich aus dem von dem Wesen der Religion gesagten von selbst ergeben. Nemlich die ganze Religion ist freilich nichts anderes als die Gesamtheit aller Verhältnisse des Menschen zur Gottheit in allen möglichen Auffassungsweisen, wie Jeder sie als sein unmittelbares Leben inne werden kann; und in diesem Sinne giebt es freilich Eine allgemeine Religion, weil es wirklich nur ein armseliges und verkrüppeltes Leben wäre, wenn nicht überall wo Religion sein soll, auch alle jene Verhältnisse vorkämen. Aber keinesweges werden Alle sie auf dieselbe Weise auffassen, sondern auf ganz verschiedene, und eben weil nur diese Verschiedenheit das unmittelbar Gefühlte sein wird, und das allein Darstellbare, jene Zusammenfassung aller Verschiedenheiten aber nur das Gedachte; so habt Ihr Unrecht mit eurer Einen allgemeinen Religion, die Allen natürlich sein soll, sondern Keiner wird seine wahre und rechte Religion haben, wenn sie dieselbe sein soll für Alle.

Denn schon weil wir Wo sind, giebt es unter diesen Verhältnissen des Menschen zum Ganzen ein Näher und Weiter, und durch diese Relation zu den übrigen wird nothwendig jedes Gefühl Jedem im Leben ein anders bestimmtes. Dann aber auch, weil wir Wer sind, ist in Jedem eine größere Empfänglichkeit für einige religiöse Wahrnehmungen und Gefühle vor andern, und auch auf diese Weise ist jedes überall ein anderes.

Reden über die Religion. 3. Ausg.

107.

Die Religion ist unendlich nach allen Seiten. Dieses Bewußtsein ist eben so unmittelbar mit der Religion zugleich gegeben, wie mit dem Wissen zugleich auch das Wissen um seine ewige Wahrheit und Untrüglichkeit gegeben ist; es ist das Gefühl der Religion selbst, und muß daher Jeden begleiten der wirklich Religion hat. Jeder muß sich bewußt sein, daß die seinige nur ein Theil des Ganzen ist, daß es über dieselben Verhältnisse, die ihn religiös afficiren, Ansichten und Empfindungen giebt, die eben so fromm sind und doch von den seinigen gänzlich verschieden, und daß andern Gestaltungen der Religion Wahrnehmungen und Gefühle angehören, für die ihm vielleicht gänzlich der Sinn fehlt. Ihr seht wie unmittelbar diese schöne Bescheidenheit, diese freundliche einladende Duldsamkeit aus dem Wesen der Religion entspringt, und wie wenig sie sich von ihr trennen läßt. Wie unrecht wendet Ihr euch also an die Religion mit euern Vorwürfen, daß sie verfolgungssüchtig sei und gehässig, daß sie die Gesellschaft zerrütte, und Blut fließen lasse wie Wasser. Klaget dessen Diejenigen an, welche die Religion verderben, welche sie mit einem Heer von Formeln und Begriffsbestimmungen überschwemmen und sie in die

Fesseln eines sogenannten Systems schlagen wollen. Worüber denn in der Religion hat man gestritten, Parthei gemacht und Kriege entzündet? Ueber Begriffsbestimmungen, die praktischen bisweilen, die theoretischen immer, und beide gehören nicht hinein. Reden über die Religion. 3. Ausg.

108.

Die Menschheit ist Euch eigentlich das Universum, und Ihr rechnet alles Andere nur insofern zu diesem, als es mit jener in Beziehung kommt oder sie umgiebt. Ueber diesen Gesichtspunkt will auch ich Euch nicht hinausführen; aber es hat mich oft innig geschmerzt, daß Ihr bei allem Interesse an der Menschheit und allem Eifer für sie doch immer mit ihr verwickelt und uneins seid, und die reine Liebe nicht recht heraustreten kann in Euch. Ihr quält Euch, an ihr zu bessern und zu bilden, Jeder nach seiner Weise, und am Ende laßt Ihr unmuthsvoll liegen, was zu keinem Ziele kommen will. Ich darf sagen, auch das kommt von Eurem Mangel an Religion. Auf die Menschheit wollt Ihr wirken, und die Menschen die Einzelnen wählt Ihr zur Betrachtung. Diese mißfallen Euch höchlich; und unter den tausend Ursachen die das haben kann, ist unstreitig die schönste und die den besseren angehört, die, daß Ihr gar zu moralisch seid nach Eurer Art. Ihr nehmt die Menschen einzeln, und so habt Ihr auch ein Ideal von einem Einzelnen, dem aber Niemand entsprechen kann. Dies Alles zusammen ist ein verkehrtes Beginnen, und mit der Religion werdet Ihr Euch weit besser befinden. Möchtet Ihr nur versuchen die Gegenstände Eures Wirkens und Eurer Betrachtung zu wechseln! Wirkt auf die Einzelnen; aber mit Eurer Betrachtung hebt Euch auf den Flügeln der Religion höher zu der unendlichen ungetheilten Menschheit; nur sie suchet in jedem Einzelnen, sehet das Dasein eines Jeden an als eine Offenbarung von ihr an Euch, und es kann von Allem was Euch jetzt drückt keine Spur zurückbleiben.

Reden über die Religion. 3. Ausg.

109.

Erinnert Euch, daß uns jedes Gefühl nur insofern für eine Regung der Frömmigkeit galt, als in demselben nicht irgend ein Einzelnes als solches, sondern in und mit diesem das Ganze als die Offenbarung Gottes uns berührt, und also nicht Einzelnes und Endliches, sondern eben Gott, in welchem ja allein auch das Besondere Ein und Alles ist, in unser Leben eingeht, und so auch in uns selbst nicht etwa diese oder jene einzelne Funktion, sondern unser ganzes Wesen, wie wir damit der Welt gegenübertreten, und zugleich in ihr sind, also unmittelbar das Göttliche in uns, durch das Gefühl erregt wird und hervortritt. Wie könnte also Jemand sagen, ich habe Euch eine Religion geschildert ohne Gott, da ich ja nichts Anderes dargestellt als eben das unmittelbare und ursprüngliche Sein Gottes in uns durch das Gefühl. Oder ist nicht Gott die einzige und höchste Einheit? Ist es nicht Gott allein vor dem und in dem alles Einzelne verschwindet? Und wenn Ihr die Welt als ein Ganzes und eine Allheit sehet, könnt Ihr dies anders als in Gott? Sonst sagt mir doch irgend etwas Anderes, wenn es dieses nicht sein soll, wodurch sich das höchste Wesen, das ursprüngliche und ewige Sein unterscheiden soll von dem Einzelnen, Zeitlichen und Abgeleiteten! Aber auf eine andere Weise als durch diese Erregungen, welche die Welt in uns hervorbringt, maßen wir uns nicht an Gott zu haben im Gefühl, und darum ist nicht anders als so von ihm geredet worden.

Reden über die Religion. 3. Ausg.

110.

Euer Gefühl insofern es Euer und des All gemeinschaftliches Sein und Leben ausdrückt, insofern ihr die einzelnen Momente desselben habt als ein Wirken Gottes in Euch, vermittelt durch das Wirken der Welt auf Euch, dies ist Eure Frömmigkeit, und was einzeln als in diese Reihe gehörig hervortritt, das sind nicht eure Erkenntnisse oder die Gegenstände eurer Erkenntniß, auch nicht eure Werke und Handlungen oder die verschiedenen Gebiete eures Handelns, sondern lediglich eure Empfindungen sind es, und die mit ihnen zusammenhängenden und sie bedingenden Einwirkungen alles Lebendigen und Beweglichen um Euch her auf Euch. Dies sind ausschließend die Elemente der Religion, aber diese gehören auch alle hinein; es giebt keine Empfindung, die nicht fromm wäre, außer sie deute auf einen krankhaften verderbten Zustand des Lebens, der sich dann auch den andern Gebieten mittheilen muß. Woraus denn von selbst folgt, daß im Gegentheil Begriffe und Grundsätze, alle und jede durchaus, der Religion an sich fremd sind. Denn diese, wenn sie etwas sein sollen, gehören ja wohl dem Erkennen zu, und was diesem angehört liegt doch in einem andern Gebiete des Lebens, als das religiöse ist. Reden über die Religion. 3. Ausg.

111.

Aus zwei Elementen besteht das ganze religiöse Leben; daß der Mensch sich hingebe dem Universum und sich erregen lasse von der Seite desselben, die es ihm eben zuwendet, und dann daß er diese Berührung, die als solche und in ihrer Bestimmtheit ein einzelnes Gefühl ist, nach innen zu fortpflanze, und in die innere Einheit seines Lebens und Seins aufnehme; und das religiöse Leben ist nichts anderes als die beständige Erneuerung dieses Verfahrens. Wenn also Einer erregt worden ist auf eine bestimmte Weise von der Welt, ist es etwa seine Frömmigkeit, die ihn mit dieser Erregung gleich wieder nach außen treibt in ein Wirken und Handeln, welches dann freilich die Spuren der Erschütterung tragen, und den reinen Zusammenhang des sittlichen Lebens trüben muß? Ohnmöglich; sondern im Gegentheil seine Frömmigkeit lud ihn ein nach innen zum Genuß des Erworbenen, es in das Innerste seines Geistes aufzunehmen und damit in Eins zu verschmelzen, daß es sich des Zeitlichen entkleide, und ihm nicht mehr als ein Einzelnes, nicht als eine Erschütterung einwohne, sondern als ein Ewiges, reines und ruhiges. Und aus dieser inneren Einheit entspringt dann für sich als ein eigner Zweig des Lebens auch das Handeln, und freilich als eine Rückwirkung des Gefühls; aber nur das gesammte Handeln soll eine Rückwirkung sein an der Gesammtheit des Gefühls; die einzelnen Handlungen aber müssen von ganz etwas anderem abhängen in ihrem Zusammenhang und ihrer Folge als vom augenblicklichen Gefühl; nur so stellen sie jede in ihrem Zusammenhang und an ihrer Stelle auf eine freie und eigne Weise die ganze innere Einheit des Geistes dar, nicht aber wenn sie abhängig und knechtisch irgend einer einzelnen Erregung entsprechen. Reden über die Religion. 3. Ausg.

112.

Das Gemüth ist für uns wie der Sitz so auch die nächste Welt der Religion. Im innern Leben bildet sich das Universum ab, und nur durch die geistige Natur, das Innere, wird erst die körperliche verständlich. Aber auch das Gemüth muß, wenn es Religion erzeugen und nähren soll, als Welt und in einer Welt auf uns wirken.

Umsonst ist Alles für Denjenigen da, der sich selbst allein stellt; denn um des Weltgeistes Leben in sich aufzunehmen und um Religion zu haben muß der Mensch erst die Menschheit gefunden haben, und er findet sie nur in Liebe und durch Liebe. Darum sind beide so innig und unzertrennlich verknüpft; Sehnsucht nach Liebe, immer erfüllte und immer wieder sich erneuernde, wird ihm zugleich Religion. Den umfängt Jeder am heißesten, in dem die Welt sich am klarsten und reinsten ihm abspiegelt; den liebt Jeder am zärtlichsten, in dem er Alles zusammengedrängt zu finden glaubt, was ihm selbst fehlt um die Menschheit auszumachen, so wie auch die frommen Gefühle Jedem die heiligsten sind, welche das Sein im Ganzen der Menschheit, sei es als Seligkeit oder als Bedürfniß, ihm ausdrücken.

Reden über die Religion. 3. Ausg.

113.

Was ergreift Euch, wo Ihr das Heilige mit dem Profanen, das Erhabene mit dem Geringen und Nichtigen aufs innigste gemischt findet? Und wie nennt Ihr die Stimmung, die Euch bisweilen nöthiget, diese Mischung überall vorauszusetzen und überall nach ihr zu forschen? Nicht bisweilen ergreift sie den Christen, sondern sie ist der herrschende Ton aller seiner religiösen Gefühle, diese heilige Wehmuth, denn das ist der einzige Name, den die Sprache mir darbietet; jede Freude und jeden Schmerz, jede Liebe und jede Furcht begleitet sie; ja in seinem Stolz wie in seiner Demuth ist sie der Grundton auf den sich Alles bezieht. Wenn Ihr Euch darauf versteht aus einzelnen Zügen das Innere eines Gemüths nachzubilden, und Euch durch das fremdartige nicht stören zu lassen, das ihnen, Gott weiß woher, beigemischt ist: so werdet Ihr in dem Stifter des Christenthums durchaus diese Empfindung herrschend finden.

Reden über die Religion. 3. Ausg.

114.

Nur die freie Lust des Schauens und des Lebens, wenn sie ins Unendliche geht und auf's Unendliche gerichtet ist, setzt das Gemüth in unbeschränkte Freiheit, nur die Religion rettet es aus den drückendsten Fesseln der Meinung und der Begierde. Alles was ist, ist für sie nothwendig, und Alles was sein kann, ist ihr ein wahres unentbehrliches Bild des Unendlichen; wer nur den Punkt findet, woraus seine Beziehung auf dasselbe sich entdecken läßt. Wie verwerflich auch etwas in andern Beziehungen oder an sich selbst sei, in dieser Rücksicht ist es immer werth zu seyn, und aufbewahrt und betrachtet zu werden. Einem frommen Gemüthe macht die Religion Alles heilig und werth, sogar die Unheiligkeit und die Gemeinheit selbst, Alles was es faßt und nicht faßt, was in dem System seiner eignen Gedanken liegt und mit seiner eigenthümlichen Handelsweise übereinstimmt und was nicht; sie ist die ursprüngliche und geschworne Feindin aller Kleinsinnigkeit und aller Einseitigkeit.

Reden über die Religion. 3. Ausg.

115.

Den Weltgeist zu lieben und freudig seinem Wirken zuzuschauen, das ist das Ziel aller Religion, und Furcht ist nicht in der Liebe.

Anmerkung (von Schleiermacher): Kaum sollte es wohl nöthig sein, den Ausdruck Weltgeist zu rechtfertigen, wo es darauf ankam, den für alle Menschen selbigen Gegenstand der frommen Verehrung auf eine Weise zu bezeichnen, welche allen verschiedenen Formen und Stufen der Religion genehm sein kann. Und besonders glaube ich nicht, daß mit Recht geklagt werden könnte, ich hätte bei der Wahl dieses Ausdrucks das Interesse der vollkommensten Religionsform dem der untergeordneten aufgeopfert; sondern ich glaube, daß auch wir Christen uns diesen Ausdruck für das höchste Wesen vollkommen aneignen können.

Reden über die Religion. 3. Ausg.

116.

Schon von Alters her ist der Glaube nicht Jedermanns Ding gewesen; und immer haben nur Wenige die Religion erkannt, indeß Millionen auf mancherlei Art mit den Umhüllungen gaukelten, welche sie sich lächelnd gefallen läßt. Reden über die Religion. 3. Ausg.

117.

Wir warten am Ende unserer künstlichen Bildung einer Zeit, wo es keiner andern vorbereitenden Gesellschaft für die Religion bedürfen wird, als der frommen Häuslichkeit. Jetzt seufzen Millionen von Menschen beider Geschlechter aller Stände unter dem Druck mechanischer und unwürdiger Arbeiten. Die ältere Generation erliegt unmuthig, und überläßt mit verzeihlicher Trägheit in allen Dingen fast die jüngere dem Zufall, nur darin nicht, daß sie gleich nachahmen und lernen muß dieselbe Erniedrigung. Das ist die Ursache, warum die Jugend des Volkes den freien und offenen Blick nicht gewinnt mit dem allein der Gegenstand der Frömmigkeit gefunden wird. Es giebt kein größeres Hinderniß der Religion als dieses, daß wir unsere eignen Sklaven sein müssen, denn ein Sklave ist ein Jeder, der etwas verrichten muß, was durch todte Kräfte sollte können bewirkt werden. Das hoffen wir von der Vollendung der Wissenschaften und Künste, daß sie uns diese todten Kräfte werde dienstbar machen, daß sie die körperliche Welt, und Alles von der geistigen was sich regieren läßt, in ein Zauberschloß verwandeln werde, wo der Gott der Erde nur ein magisches Wort auszusprechen, nur eine Feder zu drücken braucht, wenn geschehen soll was er gebeut. Dann erst wird jeder Mensch ein Freigeborner sein, dann ist jedes Leben praktisch und beschaulich zugleich; über Keinem hebt sich der Stecken des Treibers, und Jeder hat Ruhe und Muße in sich die Welt zu betrachten. Nur für die Unglücklichen, denen es hieran fehlte, deren geistigen Organen alle nährenden Kräfte entzogen wurden, weil das ganze Dasein unermüdet verwendet werden mußte in mechanischem Dienst, nur für diese war es nöthig, daß einzelne Glückliche auftraten, und sie um sich her versammelten, um ihr Auge zu sein, und ihnen in wenig flüchtigen Minuten den höchsten Gehalt eines Lebens mitzutheilen. Kommt die glückliche Zeit, da Jeder seinen Sinn frei üben und brauchen kann, dann wird gleich beim ersten Erwachen der höheren Kräfte, in der heiligen Jugend unter der Pflege väterlicher Weisheit Jeder der Religion theilhaftig, der ihrer fähig ist; alle einseitige Mittheilung hört dann auf, und der belohnte Vater geleitet den kräftigen Sohn nicht nur in eine fröhlichere Welt und in ein leichteres Leben, sondern auch unmittelbar in die heilige, nun zahlreichere und geschäftigere Versammlung der Anbeter des Ewigen.

Reden über die Religion. 3. Ausg.

## 118.

Es ist gewiß, daß im gesunden Zustande, in wiefern wir Frömmigkeit und Sittlichkeit abgesondert betrachten wollen, der Mensch nicht angesehen werden kann als aus

Religion handelnd, und von der Religion zum Handeln getrieben; sondern dieses bildet seine Reihe für sich, und jene auch, als zwei verschiedene Functionen Eines und desselben Lebens. Darum wie nichts aus Religion, so soll Alles mit Religion der Mensch handeln und verrichten, ununterbrochen sollen wie eine heilige Musik die religiösen Gefühle sein thätiges Leben begleiten, und er soll nie und nirgend erfunden werden ohne sie. Reden über die Religion. 3. Ausg.

119.

Der bestimmte Beruf eines Menschen ist nur gleichsam die Melodie seines Lebens, und es bleibt bei einer einfachen dürftigen Reihe von Tönen, wenn nicht die Religion jene in unendlich reicher Abwechselung begleitet mit allen Tönen, die ihr nur nicht ganz widerstreben, und so den einfachen Gesang zu einer vollstimmigen und prächtigen Harmonie erhebt. Reden über die Religion. 3. Ausg.

120.

Jede Gestaltung der Religion, wo in Beziehung auf Ein alle anderen gleichsam vermittelndes oder in sich aufnehmendes Verhältniß zur Gottheit Alles gesehen und gefühlt wird, wo und wie sie sich auch bilde, und welches immer dieses vorgezogene Verhältniß sei, ist eine eigne positive Religion. Reden über die Religion. 3. Ausg.

121.

Unter Mythologie verstehe ich im Allgemeinen, wenn ein rein ideeller Gegenstand in geschichtlicher Form vorgetragen wird; und so dünkt mich, haben wir ganz nach der Analogie der polytheistischen auch eine monotheistische und christliche Mythologie. Und zwar bedarf es dazu nicht einmal der Gespräche göttlicher Personen miteinander, wie sie in dem Klopstockischen Gedicht und sonst vorkommen; sondern auch in der strengeren Lehrform, wo irgend etwas dargestellt wird als in dem göttlichen Wesen geschehend, göttliche Rathschlüsse, welche gefaßt werden in Bezug auf etwas in der Welt Vorgegangenes, oder auch um andere göttliche Rathschlüsse, also gleichsam frühere, zu modificiren; nichts zu sagen von den einzelnen göttlichen Rathschlüssen, welche dem Begriff der Gebetserhörung seine Realität geben. Ja auch die Darstellungen vieler göttlichen Eigenschaften haben eben diese geschichtliche Form, und sind also mythologisch. Die göttliche Barmherzigkeit z. B., wie der Begriff größtentheils gefaßt wird, ist nur etwas, wenn man den göttlichen Willen, welcher das Uebel lindert, von demjenigen trennt, welcher es verfügt hat; denn sieht man Beide als Eines an, so ist der eine nicht einmal die Gränze des andern, sondern der das Uebel verhängende göttliche Wille verhängt es nur in einem bestimmten Maaß, und dann ist der Begriff der Barmherzigkeit ganz aufgehoben.

Reden über die Religion. 3. Ausg.

122.

Daß Religion im Allgemeinen dem Menschen angeboren ist, wird Niemand läugnen; schwer wird man gestehen, daß ihm z. B. das Christenthum angeboren sei. Geht man aber nur auf das Wesen, auf die bestimmte Modifikation des menschlichen Gefühls: so bewährt sich's doch. Kein Heidenthum wird unsern Kindern lebendig; keine Mythologie wird ihnen religiös: aber unsern religiösen Styl haben sie oft angenommen ohne alles Zuthun.

Erziehungslehre.

123.

Entgegengesetzte Maximen über die Bildung zur Religion. Die eine bringt zeitig asketische Elemente in das Leben, aus der alten superstitiösen Zeit entsprossen, will die Religiosität aus der Gewöhnung entstehen lassen und ist gleichgültig, wenn etwas zurückhaltend wirkt, wie tief es gehe. Die andere, aus dem neuen Libertinismus entsprossen, will die Kinder von aller Religion entfernt halten, damit sie ihnen nicht durch Gewöhnung mechanisch werde, bis sie sie hernach verstehen können. Allein wenn das Nichtverstehen ausschließen sollte, so bliebe am Ende Niemand in der Kirche als die speculativen Menschen, und was sie trieben wäre doch etwas anderes als was in der Kirche getrieben werden soll.

Um der Sache recht auf den Grund zu kommen, muß man unterscheiden die Entwickelung der Religion als inneren Prinzips im Leben überhaupt, und das Heraustreten desselben für sich allein.

In der ersten Form ist die Religion dem Menschen angeboren und die Bedingung alles anderen menschlichen Erkennens und Handelns.

Die andere Form ist wesentliches Element der vollendeten menschlichen Bildung; die Begriffe sind darin, da sie immer inadäquat bleiben, nicht die Hauptsache sondern nur Mittel. Zweck ist die gegenseitige Mittheilung und Anregung, welche stattfinden kann trotz des irrationalen Elements in den Begriffen. Erziehungslehre.

124.

Das Christenthum hat zuerst und wesentlich die Forderung gemacht, daß die Frömmigkeit ein beharrlicher Zustand sein soll im Menschen, und verschmäht auch mit den stärksten Aeußerungen derselben zufrieden zu sein, sobald sie nur gewissen Theilen des Lebens angehören, und nur diese beherrschen soll. Nie soll sie ruhen, und nichts soll ihr so schlechthin entgegengesetzt sein, daß es nicht mit ihr bestehen könne; von allem Endlichen sollen wir aufs Unendliche sehen, allen Empfindungen des Gemüthes, woher sie auch entstanden seien, allen Handlungen, auf welche Gegenstände sie sich auch beziehen mögen, sollen wir im Stande sein religiöse Gefühle und Ansichten beizugesellen. Das ist das eigentliche höchste Ziel der Virtuosität im Christenthum.

Reden über die Religion.

125.

Die Grundidee jeder positiven Religion an sich ist ewig und allgemein, weil sie ein ergänzender Theil des unendlichen Ganzen ist, in dem Alles ewig sein muß; aber ihre ganze Bildung und ihr zeitliches Dasein ist nicht in demselben Sinne allgemein, noch ewig; denn in jene Idee gerade den Mittelpunkt der Religion zu legen, dazu gehört nicht nur eine bestimmte Richtung des Gemüths, sondern auch eine bestimmte Lage der Menschheit. Ist diese in dem freien Spiel des allgemeinen Lebens untergegangen, und hat sich dieses so weiter gestaltet, daß sie nicht mehr wiederkehren kann: so vermag auch jenes Verhältniß seine Würde, vermöge deren es alle anderen von sich abhängig macht, im Gefühl nicht länger zu behaupten; und diese Gestalt der Religion kann dann nicht mehr fortdauern. Mit allen kindischen Religionen aus jener Zeit, wo es der Menschheit am Bewußtsein ihrer wesentlichen Kräfte fehlte, ist dies längst schon der Fall; es thut Noth sie zu samlen als Denkmäler der Vorwelt und niederzulegen im Magazin der Geschichte; ihr Leben ist vorüber und kehrt nimmer zurück. Das Chri=

stenthum, über sie alle erhaben, historischer und demüthiger in seiner Herrlichkeit, hat diese Vergänglichkeit seines zeitlichen Daseins ausdrücklich anerkannt. Es wird eine Zeit kommen, spricht es, wo von keinem Mittler mehr die Rede sein wird, sondern der Vater Alles in Allem sein. Aber wann soll diese Zeit kommen? Ich wenigstens kann nur glauben, sie liegt außer aller Zeit. Die Verderblichkeit alles Großen und Göttlichen in den menschlichen Dingen ist die eine Hälfte von der ursprünglichen Anschauung des Christenthums; sollte wirklich eine Zeit kommen wo diese — ich will nicht sagen gar nicht mehr wahrgenommen würde, sondern nur — sich nicht mehr aufdränge? wo die Menschheit so gleichförmig und ruhig fortschritte, daß kaum zu merken wäre, wie sie bisweilen durch einen vorübergehenden widrigen Wind etwas zurückgetrieben wird auf dem großen Ocean den sie durchfährt, daß nur der Künstler, der ihren Lauf an den Gestirnen berechnet, es wissen könne, die Uebrigen aber, welche unbewaffneten Auges nur auf die Ereignisse selbst sehen, den Rückgang der menschlichen Dinge nicht mehr unmittelbar bemerken würden? Ich wollte es, und gern stände ich unter dieser Bedingung auf den Ruinen der Religion, die ich verehre. Daß gewisse glänzende und göttliche Punkte der ursprüngliche Sitz jeder Verbesserung dieses Verderbnisses sind, und jeder neuen und näheren Vereinigung des Endlichen mit der Gottheit, dies ist die andere Hälfte des ursprünglichen christlichen Glaubens: und sollte je eine Zeit kommen, wo die Kraft, die uns zum höchsten Wesen emporzieht, so gleich vertheilt wäre unter die große Masse der Menschheit, daß Diejenigen, welche sie stärker bewegt, aufhörten vermittlend zu sein für die Anderen? Ich wollte es, und gern hülfe ich jede Größe ebnen, die sich also erhebt: aber diese Gleichheit ist wohl weniger möglich als irgend sonst eine.

Zeiten des Verderbens stehen allem Irdischen bevor, sei es auch göttlichen Ursprungs; neue Gottesgesendete werden nöthig um mit erhöhter Kraft das Zurückgewichene an sich zu ziehen und das Verderbte zu reinigen mit himmlischem Feuer; und jede solche Epoche der Menschheit wird die Palingenesie des Christenthums, und erweckt seinen Geist in einer neuern und schöneren Gestalt.

Reden über die Religion. 3. Ausg.

126.

Das höhere Gefühl unter der christlichen Form besteht wesentlich aus zwei Elementen, Bewußtsein der noch nicht gewordenen Einigung = Demüthigung vor Gott, niederschlagendes Element, und Bewußtsein der gewordenen (Einigung), Antheil an Gott, erhebendes Element.

Keines fehlet je, wenn auch das andere noch so sehr überwiegt. Christliche Sitte.

127.

Das Eigenthümliche in dem Leben des Frommen, sein Grundzustand, ist Gemeinschaft mit Gott.

Die Gemeinschaft mit Gott findet nur statt auf der höheren Potenz des Lebens, wo das Absolute auf eine besondere Weise in die Selbstthätigkeit des Einzelnen aufgenommen ist.

Das Eigenthümliche in dem Leben des Christen, sein Grundzustand, ist Gemeinschaft mit Gott durch Christum.

Das Bewußtsein dieses Grundzustandes als Gefühl ist Seligkeit.

Seligkeit nemlich ist das absolute Sein als Bewußtsein gedacht, also auch das Sein des göttlichen Prinzips in dem Menschen. Christliche Sitte.

128.

Die reine Seligkeit kann nicht als Lust gesetzt werden.

Denn Lust nimmt das Mehr und Weniger auf; das höhere Leben an sich aber ist nicht Quantität sondern Potenz schlechthin.

Im Vergleich mit dem Bewußtsein der niederen Lebenspotenz für sich ist die Seligkeit Freude, die des Christen Freude am Herrn.

Das wirkliche Leben des Frommen ist fortschreitende Einigung im Schwanken; also spaltet sich die Seligkeit in Lust und Unlust.

Wo nemlich die Einigung der Natur mit dem göttlichen Prinzip als werdend ins Bewußtsein tritt, muß Lust sein; wo als nichtwerdend, also im Fortschritte gehemmt, partiell verneint, da Unlust.

Der Freude am Herrn an sich, abgesehen von aller Differenz als Lust oder Unlust, entspricht das rein darstellende Handeln, dessen allgemeiner Typus der Gottesdienst ist.

Der Mensch hat offenbar die Fähigkeit, auch im unmittelbaren Bewußtsein, im Gefühl, von der zeitlichen Bestimmtheit seines Daseins zu abstrahiren und sich desselben in seiner ewigen Natur, der Potenz nach, bewußt zu werden. Das Handeln aber, in welches dieses Gefühl ausgeht, kann nicht ein solches sein, wodurch etwas in der Welt eigentlich verändert wird, denn zu einer solchen Veränderung muß der Mensch durch Lust oder Unlust die Indication bekommen haben.

Das als Unlust bestimmte religiöse Gefühl geht aus in ein reinigendes Handeln.

Das Subjekt des Gefühls ist die Seele, die innere Einheit des Menschen, das Ineinandersein der höheren und niederen Potenz. Das religiöse Gefühl kann nur als Unlust bestimmt sein, in wiefern dieses Ineinander als gehemmt erscheint.

Das als Lust bestimmte religiöse Gefühl geht aus in ein verbreitendes Handeln.

Im Gegensatze gegen das vorige ist das religiöse Gefühl als Lust bestimmt, wenn die Natur in ihrer Receptivität für die höhere Kraft als sich zu ihr hinneigend vorgestellt wird.

Alles Dieses ist unter der besonderen Bestimmtheit des Christenthums und also unter der Form der Kirche zu verstehen.

Das (universelle oder) Gemeingefühl geht aus in ein Handeln, worin der Einzelne sich ganz als Repräsentant der Kirche, wie sie ist, verhält.

Das (individuelle oder) persönliche Gefühl geht aus in ein Handeln, wodurch der Einzelne das Ganze nach sich zu ziehen sucht.

Kein wirkliches Handeln enthält Ein Glied eines dieser Gegensätze ausschließend.

Das Trennen ist nur Abstraction; das Leben ist ein Ineinandersein der Glieder des Gegensatzes (aber eins überwiegend); und so auch die wahre Anschauung. Jedes darstellende Handeln muß zugleich ein wirksames Element haben als Minimum und umgekehrt. Auch im Gemeingefühl ein Minimum von persönlichem, und eben so im Handeln von da aus. Das Individualisiren ist etwas nirgend ganz fehlendes und nirgend ganz vollendetes.

Die aufgestellten Gegensätze können also nur zum Gerüste der Darstellung (der christl. Sittenlehre) dienen, indem man sie auf den dominirenden Charakter in jedem Handeln bezieht.

129.

Die sittliche Schönheit in den Versuchungen der persönlichen Lust ist Keuschheit.

Keine Apathie, sondern Wohlgefallen wird vorausgesetzt, aber Begehren soll nicht daraus entstehen, sondern nur vom Geiste aus, wenn sittliche Aufgabe erkannt ist.

Sittliche Schönheit in den Versuchungen der persönlichen Unlust ist Geduld.

So daß die unangenehme Empfindung zwar aufgefaßt wird, aber die innere Heiterkeit sich dabei doch ausdrückt. Es gehört auch dahin die Sanftmuth als dem Zorne entgegengesetzt.

Sittliche Schönheit bei Unlust im Gemeingefühl ist Langmuth.

Bei Lust ist der Anmaßung die Demuth entgegengesetzt.

In dieser Quadruplizität ist die darstellende Tugend eingeschlossen. —

Die obigen vier Tugenden müssen überall im geselligen Leben sein. Wo in diesem andere Anforderungen gemacht werden, ist die Sitte noch nicht christianisirt, und der Einzelne muß den künftigen bessern Zustand antizipiren und eben dadurch auch herbeiführen.

Allein in jenen Tugenden wird keine Einrichtung des Lebens vorausgesetzt, welche die Stelle der natürlichen Antipathie vertritt durch Vermeidung alles Reizes. Daher keine Trennung der Geschlechter wie bei Herrnhutern; kein asketisches Leben; eben so wenig ein anachoretisches, um den Streit zu vermeiden.

130.

Das Wesen des darstellenden Handelns besteht in einer solchen Aeußerung des Innerlichen, daß dieses als das, was es ist, erkannt werden kann; das Innerliche aber, welches dargestellt werden soll, ist für unser besonderes Gebiet (die christl. Sitte) der Zustand der freien Herrschaft des Geistes über das Fleisch, das Bewußtsein der Seligkeit, der ungetrübte Zustand in der schwebenden Mitte zwischen Lust und Unlust.

Christliche Sitte.

131.

In der religiösen Sphäre entspricht die unmittelbare Darstellung dem universellen Gefühle, die kunstmäßige dem individuellen.

Die Unmittelbarkeit deutet schon darauf, daß das Ganze durch den Prozeß der Individualisation nicht durchgegangen ist. Dagegen das Uebergehen des Gefühls in die Anschauung, welche der Typus des Kunstwerks ist, nicht nur ein Durchgegangensein durch das Centrum beweist, sondern auch ein Zusammenfassen aller Seiten und ein Ausströmen nach der durchgebildetsten, denn diese ist eines jeden Menschen Kunstseite.

Christliche Sitte.

132.

Das darstellende Handeln, worauf die individuelle Erregtheit ausgeht, ist Kunst.

Nemlich der Tendenz nach, aber nicht immer der äußern Erscheinung nach; denn dazwischen liegt noch das Darstellungsvermögen.

Die Kunst hat das Maaß ihrer Sittlichkeit in ihrer Einheit mit der universellen Basis.

Christliche Sitte.

133.

Die absolute Erfüllung der Idee des darstellenden Handelns ist freilich nur in dem Leben Christi; so daß in ihm alles rein darstellend war. Aber relativ müssen wir dieses Handeln auch jedem Christen zuschreiben als ein allmählich sich erweiterndes und vervollkommnendes, wenn gleich Christum nie erreichendes, und je vollkommner der Christ schon geworden ist, desto größer wird auch das Gebiet, wo er die erworbene Vollkommenheit darstellen und ausdrükken kann.

Christliche Sitte.

134.

Jedes Innere will ein Aeußeres werden, sich darstellen in allem Lebendigen. Alle menschlichen Darstellungsmittel sind Kunst. Ton, Geberde, Bild.

Im Menschen ist Alles, je mehr es ihm eigenthümlich ist, um so mehr ein gemeinschaftliches. Auch das religiöse Prinzip will sich als gemeinschaftliches äußern.

Dies ist das Wesen des Cultus.

Praktische Theologie.

135.

Da der Cultus in das Gebiet der Kunst fällt, und aus Kunstelementen zusammengesetzt ist: so ist die Theorie des Cultus im Allgemeinen die religiöse Kunstlehre. Sie hat theils den religiösen Styl in jeder Kunst zu bestimmen, theils die Art wie aus ihnen insgesammt das religiöse Kunstwerk, der Cultus, zu bilden ist.

Darstellung des theolog. Studiums. 1. Ausg.

136.

Alles darstellende Handeln ist ein Zusammengesetztes von Kunstelementen.

Alle Kunst im höheren Sinne ist Darstellung und geht unmittelbar von einem Gefühle aus, welches nicht als Lust oder Unlust gesetzt wird. Alle Kunst im Großen angesehen ist immer mit der Religion in Verbindung. Aller Cultus sucht sich zur Kunst auszubilden. Auch alles darstellende Handeln des Einzelnen wird künstlerisch, wenn auch nur mimisch.

Im Christenthume zeigt sich ein Uebergewicht der tönenden Künste über die bildenden. Christliche Sitte.

137.

Die erbauende Wirksamkeit im christlichen Cultus beruht überwiegend auf der Mittheilung des zum Gedanken gewordenen frommen Selbstbewußtseins, und es kann eine Theorie darüber nur geben, sofern diese Mittheilung als Kunst kann angesehen werden.

Gedanke ist hier im weiteren Sinne zu nehmen, in welchem auch die Elemente der Poesie Gedanken sind.

Kunst in gewissem Sinne muß in jeder zusammenhangenden Folge von Gedanken sein.

Darstellung des theolog. Studiums. 2. Ausg.

138.

Wenn der Zweck des Cultus Belebung ist durch Mittheilung und das Mitzutheilende in seiner Ursprünglichkeit Stoff ist = Gefühlszustand im Verhältniß zu Gott: so fragt sich, wie wird dieses mitgetheilt? Unmittelbarer Ausdruck des Gefühls ist Ton und Geberde; und so erkennt man auch den frommen Zustand, aber immer im Allgemeinen; alle nähere Darstellung ist vermittelt durch die Rede.

Praktische Theologie.

139.

Es giebt einen Cultus nur sofern in der Mittheilung des religiösen Lebens etwas vorkommen kann was seiner Natur nach Kunst ist, und wieder nur sofern es im Gebiet der Kunst einen religiösen Styl giebt. Der Cultus ist also eine eigenthümliche Organisation, sofern er aus Kunstelementen besteht.

Praktische Theologie.

140.

Wenn Cultus gemeinsames religiöses Leben ist und aus Kunstelementen besteht: so muß sein Begriff durch die beiden Begriffe Kunst und Religion bestimmt werden.

Er muß aus dem ganzen Gebiet des Religiösen das sein, was seiner Natur nach Kunst ist, und aus dem ganzen Gebiete der Kunst, das, was den religiösen Stoff annimmt.

Praktische Theologie.

141.

Die organischen Theile des Cultus differenziiren sich so, daß in einigen das Individuell-Christliche das dominirende ist, in andern das zurücktretende.

Die überall das Christliche haben wollen und jede Darstellung, worin dieses zurücktritt verwerfen, werden am Ende separatistisch. Die das Universelle vertheidigen, aber das eigenthümlich Symbolische und Historische zurückdrängen wollen, werden indifferentistisch und lösen dadurch die Kirche auf.

Christliche Sitte.

142.

Fragen wir: Was sind die wesentlichen Bestandtheile des Cultus: so können wir uns die Frage nur faktisch beantworten, religiöse Rede, Gesang und Gebet.

Praktische Theologie.

143.

Der Gottesdienst wird in einen mehr öffentlichen und in einen der mehr Privatsache ist, oder in den kirchlichen und häuslichen vertheilt. Zu dem letzteren gehören aber auch alle stillen und einsamen Momente, wo der Einzelne ursprünglich nur für sich selbst darstellt.

Christliche Sitte.

144.

Wo der öffentliche Gottesdienst nur an Sonn- und Festtage gebunden ist, da ist Raum für den häuslichen Gottesdienst. Doch ist hier ein sehr verschiedenes Maaß. Je mehr in einer christlichen Familie das wirksame Handeln auch darstellend ist und je inniger ihre Gemeinschaft in Christo ist, desto geschickter wird sie einerseits sein zu einem organisirten Hausgottesdienste, und desto eher wird sie andererseits desselben entbehren können. Hier ist also nichts sittlich, als absolute Freiheit zu constituiren.

Christliche Sitte.

145.

Es gehört zu dem Eigenthümlichen des Christenthums daß die Religiosität in demselben ganz geistig ist und ausgedrückt werden muß weit mehr in Worten als in symbolischen Handlungen; wie wir überhaupt sehen daß alle eigentliche Kraft im Christenthum überall in das Wort gelegt ist.

Die Abweichung hievon in der katholischen Confession ist uns als ein fremdes beseitigt, und erkennen wir es als eine verringerte Christlichkeit.

Praktische Theologie.

146.

So sehr es auch dem Geist der evangelischen Kirche gemäß ist, die religiöse Rede als den eigentlichen Kern des Cultus anzusehen: so ist doch die gegenwärtig unter uns herrschende Form derselben, wie wir sie eigentlich durch den Ausdruck Predigt bezeichnen, in dieser Bestimmtheit nur etwas zufälliges.

Darstellung des theolog. Studiums. 2. Ausg.

147.

Die wissenschaftliche Behandlung des Christlichen kann in den Cultus nicht eingehen, und alle Elemente der Sprache die rein wissenschaftlicher Natur sind, sollen in der religiösen Darstellung nicht vorkommen. Wenn wir die religiöse Poesie betrachten, und da dogmatische Ausdrücke finden: so ist das nicht an seinem Platz.

Praktische Theologie.

148.

Im Cultus kann die Mimik als Kunstwerk, d. h. als Tanz nicht auftreten; diese Darstellung ist für den Charakter der religiösen Geschichte des Christenthums zu leiblich. Selbst in den heiligen Comödien ist es nicht eigentlich geschehen, und auch diese waren nie eigentlich Theile des Cultus.

Praktische Theologie.

# IV. Theologie.

149.

Die Theologie ist eine positive Wissenschaft, deren Theile zu einem Ganzen nur verbunden sind durch ihre gemeinsame Beziehung auf eine bestimmte Glaubensweise, d. h. eine bestimmte Gestaltung des Gottesbewußtseins; die der christlichen also durch die Beziehung auf das Christenthum.

Darstellung des theolog. Studiums.

150.

Die christliche Theologie ist sonach der Inbegriff derjenigen wissenschaftlichen Kenntnisse und Kunstregeln, ohne deren Besitz und Gebrauch eine zusammenstimmende Leitung der christlichen Kirche, d. h. ein christliches Kirchenregiment nicht möglich ist.

Dieselben Kenntnisse, ohne jene Beziehung, hören auf theologische zu sein, und fallen jede der Wissenschaft anheim, der sie ihrem Inhalte nach angehören.

Darstellung des theolog. Studiums. 2. Ausg.

151.

Die Ethik ist die Wissenschaft der Prinzipien der Geschichte; diese wird bei jedem theologischen Studium vorausgesetzt, und es gründet sich auf sie.

Darstellung des theolog. Studiums. 1. Ausg.

152.

Die Theologie eignet nicht Allen, welche und sofern sie zu einer bestimmten Kirche gehören, sondern nur dann und sofern sie an der Kirchenleitung Theil haben.

Darstellung des theolog. Studiums. 2. Ausg.

153.

Denkt man sich religiöses Interesse und wissenschaftlichen Geist im höchsten Grade und im möglichsten Gleichgewicht für Theorie und Ausübung vereint: so ist dies die Idee eines Kirchenfürsten.

Diese Benennung für das theologische Ideal ist freilich nur angemessen, wenn die Ungleichheit unter den Mitgliedern der Kirche groß ist, und zugleich ein Einfluß auf eine große Region der Kirche möglich.

Darstellung des theolog. Studiums. 2. Ausg.

154.

Alles was dazu gehört um das Wesen des Christenthums, wodurch es eine eigenthümliche Glaubensweise ist, zur Darstellung zu bringen, als auch die Form der christlichen Gemeinschaft und zugleich die Art wie beides sich wieder theilt und differentiirt, dieses Alles zusammen bildet den Theil der christlichen Theologie, welchen wir die philosophische Theologie nennen.

Der Zweck der christlichen Kirchenleitung ist sowohl extensiv als intensiv zusammenhaltend und anbildend, und das Wissen um diese Thätigkeit bildet sich zu einer Technik, welche wir mit dem Namen der praktischen Theologie bezeichnen.

Die Kirchenleitung erfordert aber auch die Kenntniß des zu leitenden Ganzen in seinem jedesmaligen Zustande, welcher, da das Ganze ein geschichtliches ist, nur als Ergebniß der Vergangenheit begriffen werden kann; und diese Auffassung in ihrem ganzen Umfang ist die historische Theologie im weiteren Sinne des Wortes. Sie ist zugleich nicht nur die Begründung der praktischen, sondern auch die Bewährung der philosophischen Theologie.

In dieser Trilogie, philosophische, historische und praktische Theologie, ist das ganze theologische Studium beschlossen. Darstellung des theolog. Studiums. 2. Ausg.

155.

Wie die philosophische Theologie die Gefühle der Lust und Unlust an den Ereignissen in der Kirche zur klaren Erkenntniß bringt: so bringt die praktische Theologie die aus ihnen entstehenden Gemüthsbewegungen in die Ordnung einer besonnenen Thätigkeit. Das Bedürfniß der praktischen Theologie entsteht nur für den, in welchem religiöses Interesse und wissenschaftlicher Geist vereint sind.

Darstellung des theolog. Studiums. 1. Ausg.

156.

Da es auf dem kirchlichen Gebiet kein anderes Objekt des Einwirkens giebt als die Gemüther: so fallen alle Regeln der praktischen Theologie unter die Form der Seelenleitung. Darstellung des theolog. Studiums. 1. Ausg.

157.

Da die Kirche ein organisches Ganzes ist: so ist jede Einwirkung auf dieselbe entweder eine allgemeine oder eine lokale. Der kleinste organische Theil ist eine Gemeinde; in einer Periode worin ein Gegensatz dominirt, ist die höchste unmittelbare Einheit für eine reale Einwirkung die Kirchenpartei.

Die auf das Ganze (der Kirchenpartei) gerichtete Thätigkeit nennen wir das Kirchenregiment im engern Sinne, die auf das Einzelne (der Gemeinde) gerichtete lokale den Kirchendienst.

Die praktische Theologie ist erschöpft in der Theorie des Kirchenregiments im engern Sinne und des Kirchendienstes. Darstellung des theolog. Studiums. 1. Ausg.

158.

Alles was zur Darstellung der Idee des Christenthums in der Kirche gehört, mag es nun auf das innerste Wesen desselben oder auch nur auf seine natürlichen äußeren Verhältnisse sich beziehen, ist ein Gegenstand des Kirchenregiments. Darstellung des theolog. Studiums. 1. Ausg.

159.

Die leitende Thätigkeit im Kirchendienst ist theils die erbauende im Cultus, oder dem Zusammentreten der Gemeine zur Erweckung und Belebung des frommen Bewußtseins, theils die regierende, und zwar hier nicht nur durch Anordnung der Sitte, sondern auch durch Einfluß auf das Leben der Einzelnen.

Darstellung des theolog. Studiums. 2. Ausg.

160.

Wenn auch mit und aus dem Gegensatz zwischen Klerus und Laien sich in der Kirche eine äußere Autorität constituirt hat: so kann doch nicht alle zum Kirchenregiment gehörige Thätigkeit auch von ihr ausgehn; sondern es giebt dann eine Thätigkeit der Kirchengewalt und eine Thätigkeit Einzelner, welche oder sofern sie nicht zur Kirchengewalt gehören.

Die auf das Ganze gerichtete Thätigkeit der Einzelnen ist im gegenwärtigen Zustande der Kirche nur die des akademischen Lehrers und die des Schriftstellers.

Darstellung des theolog. Studiums. 1. Ausg.

161.

Die historische Theologie theilt sich in die Kenntniß von dem Anfang des Christenthums, von seinem weitern Verlauf, und von seinem Zustand in dem gegenwärtigen Augenblick.

Ihrem Inhalt nach ist die historische Theologie ein Theil der neuern Geschichte, vorzüglich der Sitten- und Bildungsgeschichte.

Darstellung des theolog. Studiums. 1. Ausg.

162.

Die Geschichte ist alles das, was die Wissenschaft enthält, in der Zeit angeschaut: also die Organisation der Natur als ein Werdendes, Naturgeschichte; die Organisation des Geistes als ein Werdendes, Sittengeschichte; die Identität von beiden als ein Werdendes, Weltgeschichte. Ihr Wesen ist das Aufgehen der Zeit in der Idee. Also in ihr aller Gegensatz zwischen Empirie und Spekulation aufgehoben, und volle Beruhigung überall nur in der historischen Ansicht.

Kirchengeschichte.

163.

Abhängigkeit der geschichtlichen Ansicht vom eignen Glauben?

Dieser entgeht auch der nicht, welcher sich den Glauben erst aus der geschichtlichen Ansicht bilden will, denn Sympathie und Antipathie wirken doch auf ihn.

Kirchengeschichte.

164.

Ein Ereigniß als solches ist nur in der Verbindung des Einzelnen mit dem Allgemeinen, und in der Einheit der Gegenwart und Vergangenheit gesetzt.

Darstellung des theolog. Studiums. 1. Ausg.

165.

Jede Thatsache als geschichtliche Einzelheit ist ein Aeußeres, die räumliche Veränderung, und ein Inneres, die Function der Kraft, welche betrachtet wird, (beides) identisch gedacht.

Die Aneinanderreihung der räumlichen Veränderungen für sich ist nicht Geschichte, sondern Chronik. Es giebt viele Veränderungen, die gar nicht als geschichtliche Elemente anzusehen sind. Darstellung des theolog. Studiums. 1. Ausg.

166.

Alles was als ein Einzelnes im Gebiet der Geschichte hervortritt, kann angesehen werden, entweder als plötzliches Entstehen oder als allmählige Fortbildung und Entwicklung. Der Verlauf eines geschichtlichen Ganzen ist ein vielfacher Wechsel beider Zustände.

Darstellung des theolog. Studiums. 1. Ausg.

167.

Das Wahrnehmen und im Gedächtniß Festhalten der räumlichen Veränderungen ist eine fast nur mechanische Verrichtung, wogegen die Construction einer Thatsache, die Verknüpfung des Aeußeren und Inneren zu einer geschichtlichen Anschauung, als eine freie geistige Thätigkeit anzusehen ist. Darstellung des theolog. Studiums. 2. Ausg.

168.

Es giebt eine zwiefache Art um das Geschichtliche zu wissen, aus den Quellen selbst und aus geschichtlichen Darstellungen. Quellen im engern Sinne für einzelne Thatsachen sind nur Monumente und Urkunden, welche selbst Theile der gesuchten Begebenheit sind, oder unmittelbar auf dieselbe zurückweisen. Geschichtliche Darstellungen, wenn auch von Zeitgenossen sind doch nur mittelbare Quellen.

Darstellung des theolog. Studiums. 1. Ausg.

169.

Jede geschichtliche Masse läßt sich auf der einen Seite ansehen als Ein untrennbares werdendes Sein und Thun, auf der andern als ein Zusammengesetztes aus unendlich vielen einzelnen Momenten. Die eigentlich geschichtliche Betrachtung ist das Ineinander von Beiden.

Das Eine ist nur der eigenthümliche Geist des Ganzen in seiner Beweglichkeit angeschaut, ohne daß sich bestimmte Thatsachen sondern; das Andere nur die Aufzählung der Zustände in ihrer Verschiedenheit, ohne daß sie in der Identität des Impulses zusammengefaßt werden. Die geschichtliche Betrachtung ist Beides, das Zusammenfassen eines Inbegriffs von Thatsachen in Ein Bild des Innern, und die Darstellung des Innern in dem Auseinandertreten der Thatsachen.

Darstellung des theolog. Studiums. 2. Ausg.

170.

Um das unendlich mannigfaltige Materiale der Geschichte zur Anschaulichkeit zusammenzufassen, giebt es ein zwiefaches Verfahren. Man theilt die Zeit, und faßt Alles zusammen, was in einer gewissen Zeiteinheit geschehen ist, oder man theilt den Inhalt, und faßt Alles zusammen, was in der gesammten Zeit je einen einzelnen Theil betrifft. Darstellung des theolog. Studiums. 1. Ausg.

171.

Ein Zeitraum, in welchem das ruhige Fortbilden überwiegt, stellt einen gesetzmäßigen Zustand dar, und bildet eine geschichtliche Periode. Ein solcher, in welchem das plötzliche Entstehen überwiegt, stellt einen Wechsel oder Umkehrung der Verhältnisse, eine Revolution dar, und bildet eine geschichtliche Epoche.

Darstellung des theolog. Studiums. 1. Ausg.

172.

Der gemeinsame Geist und Charakter eines Zeitalters kann nur fixirt werden in einem großen historischen Bilde. Wer sich nicht ein solches von jedem Zeitalter entwerfen kann, der lebt nicht in der Geschichte.

Darstellung des theolog. Studiums. 1. Ausg.

173.

Es scheint nur ein leeres aber keinesweges unverdächtiges Spiel der Fantasie zu sein, was so häufig gehört wird von großen Begebenheiten aus kleinen Ursachen, indem die Aufmerksamkeit dadurch nur von dem allgemeinen Zusammenhang, in welchem die wahren Ursachen doch eigentlich liegen, abgelenkt wird. Eine reine Berechnung kann immer nur angelegt werden auf den Grund der Gleichheit von Ursache und Wirkung, sei es auf dem geschichtlichen Gebiet oder auf dem der Natur, und nur in bestimmten Beziehungen dürfen jedesmal einzelne Veränderungen mit ihren Ursachen aus dem allgemeinen Zusammenhang herausgerissen für sich gesetzt werden. Dogmatik.

174.

Möget Ihr den eigentlichen Charakter aller Veränderungen und Fortschritte der Menschheit ergreifen, so zeigt Euch sichrer als Alles Euer in der Geschichte ruhendes Gefühl, wie lebendige Götter walten, welche nichts hassen als den Tod, wie nichts verfolgt und gestürzt werden soll als er, der erste und letzte Feind des Geistes. Das Rohe, das Barbarische, das Unförmliche soll verschlungen und in organische Bildung umgestaltet werden. Nichts soll todte Masse sein, die nur durch den äußern Stoß bewegt wird, und nur durch bewußtlose Reibung widersteht: Alles soll eigenes, zusammengesetztes, vielfach verschlungenes und erhöhtes Leben sein. Blinder Instinkt, gedankenlose Gewöhnung, todter Gehorsam, alles Träge und Leidentliche, alle diese traurigen Symptome des Todesschlummers der Freiheit und Menschheit sollen vernichtet werden. Dahin deutet das Geschäft des Augenblicks und der Jahrhunderte, das ist das große, immer fortgehende Erlösungswerk der ewigen Liebe. Reden über die Religion. 3. Ausg.

175.

Alle wahre Geschichte hat überall zuerst einen religiösen Zweck gehabt, und ist von religiösen Ideen ausgegangen; wie denn auch das Feinste und Zärteste in ihr nie wissenschaftlich mitgetheilt sondern nur im Gefühl von einem religiösen Gemüth kann aufgefaßt werden. Ein solches erkennt die Wanderung der Geister und der Seelen, die sonst nur eine zarte Dichtung scheint, in mehr als einem Sinn als eine wundervolle Veranstaltung des Universums, um die verschiedenen Perioden der Menschheit nach einem sichern Maaßstabe zu vergleichen. Bald kehrt nach einem langen Zwischenraum, in welchem die Natur nichts Aehnliches hervorbringen konnte, irgend ein ausgezeichnetes Individuum fast völlig dasselbe wieder zurück; aber nur die Seher erkennen es, und nur sie sollen aus den Wirkungen, die es nun hervorbringt, die Zeichen verschiedener Zeiten beurtheilen. Bald kommt ein einzelner Moment der Menschheit ganz so wieder, wie Euch eine ferne Vorzeit sein Bild zurückgelassen hat, und Ihr sollt aus den verschiedenen Ursachen durch die er jetzt erzeugt worden ist, den Gang der Entwickelung und die Formel Ihres Gesetzes erkennen. Bald erwacht der Genius irgend einer besondern menschlichen Anlage, der hie und da steigend und fallend schon seinen Lauf vollendet hatte, wie aus dem Schlummer, und erscheint an einem andern Ort und unter andern Umständen in einem neuen Leben, und sein schnelleres Gedeihen, sein tieferes Wirken, seine schönere kräftigere Gestalt soll andeuten, um wie vieles das Klima der Menschheit verbessert und der Boden zum Nähren edler Gewächse geschickter geworden ist.

Reden über die Religion. 3. Ausg.

176.

Diejenige theologische Disciplin, welche unter dem Namen der dogmatischen Theologie bekannt ist, hat es zu thun mit der zusammenhangenden Darstellung des in der Kirche jetzt gerade geltenden Lehrbegriffs.

Darstellung des theolog. Studiums. 1. Ausg.

177.

Christliche Glaubenssätze sind Auffassungen der christlich frommen Gemüthszustände in der Rede dargestellt.

Dogmatische Sätze sind Glaubenssätze von der darstellend belehrenden Art, bei welchen der höchst mögliche Grad der Bestimmtheit bezweckt wird — (wogegen) der dichterische Ausdruck ursprünglich immer auf einem rein von innen heraus erhöhten Lebensmoment, einem Moment der Begeisterung ruht, und der rednerische auf einem von außen erhöhten, einem Moment des bewegten Interesse, welches auf einen bestimmten Erfolg ausgeht. Dogmatik.

178.

Wer von der Dogmatik verlangt, sie solle mit Beiseitsetzung alles Positiven, als welches nur eine historische Einkleidung sei, nur nach der reinen Wahrheit eines allgemeinen Vernunftglaubens fragen, der gebraucht das Wort in einem andern Sinne als ich, und zwar für etwas, wogegen ich lange meinen Verdacht zu erkennen gegeben habe, ob es auch zu Stande kommen könne.

Wenn nun das Positive durch Philosophie construirt wird, und die Construirenden lange genug auf jene Armen, die gar nicht dahinter kommen können, wie es mit ihrer Frömmigkeit zusammenhängt, herabgesehen: so müssen sie sich am Ende doch unter einander gestehen, daß ihre Speculation das Positive nicht würde construirt haben, wenn sie es nicht schon gefunden hätte, und daß also die Frömmigkeit, so wie sie sich wirklich findet, das Unbegründete, Willkührliche, Zufällige, also Nichtige ist, womit die Philosophie Ehren halber gar nichts zu thun haben kann. Und kommt dann dieses unglücklicher Weise aus, daß die Philosophie in jenen kältesten Polarkreisen, wohin nur Wenige vordringen, allein thront, und daß sich die Frömmigkeit aus den Ideen gar nicht entwickelt: so ist leider zu besorgen daß gar viele edle, zumal junge Gemüther aus Ehrfurcht gegen die Philosophie sich der Frömmigkeit ebenfalls entschlagen und sie den Nichtwissenden überlassen werden. Für diese nun bleiben immer wir Andern, und suchen ihnen ohne Beweis und Ideen, mittelst des alten λόγος ἀναπόδεικτος,*) ihre Frömmigkeit klar zu machen und zu befestigen; aber für jene, die uns treffliche Hülfe hätten leisten können, wären sie nicht auf diesen Abweg geführt worden, ist es doch jammerschade.

Erstes Sendschreiben an Dr. Lücke über die „Glaubenslehre.“

179.

Diejenige systematische Behandlung religiöser Vorstellungen ist die vorzüglichste, welche auf der einen Seite die Vorstellung und den Begriff nicht für das Ursprüngliche und Constitutive ausgiebt auf diesem Gebiet, und auf der andern Seite, damit der Buchstabe nicht ersterbe, und den Geist mit sich in den Tod ziehe, die lebendige Beweglichkeit desselben sicher stellt, und innerhalb der großen Uebereinstimmung die eigenthümliche Verschiedenheit nicht etwa nur zu dulden versichert, sondern zu construiren versucht. Wenn nun Jedermann dieses für die Hauptrichtung meiner Darstellung des christlichen Glaubens anerkennen muß, so darf ich auch glauben, in vollkommner Uebereinstimmung mit mir selbst zu sein.

Reden über die Religion. 3. Ausg.

180.

Jedes Element des Lehrbegriffs, welches in dem Sinne construirt ist, das bereits Bestehende und Fixirte zu-

*) Des sich selbst bezeugenden Wortes.

sammt seinen natürlichen Folgerungen fest zu halten, ist orthodox. Jedes Element, welches in dem Sinne construirt ist, den Lehrbegriff beweglich zu erhalten und neue Darstellungen von dem Wesen des Christenthums zu eröffnen, ist heterodox.

Jede treue und den Zustand der Kirche wirklich umfassende Darstellung des Lehrbegriffs muß in ihrem Fundament und Hauptgebäude orthodox sein, eben so nothwendig aber auch in einzelnen Theilen einzelnes Heterodoxe enthalten.

Auch dasjenige festhalten wollen im Lehrbegriff, was bereits antiquirt ist, und so die Fortschreitung hemmen, ist die falsche Orthodoxie.

Alles beweglich machen wollen, ohne selbst das Wesentliche des Christenthums und seiner laufenden Periode zu schonen, zerstört die Einheit der geschichtlichen Erscheinung und ist die falsche Heterodoxie.

Darstellung des theolog. Studiums. 1. Ausg.

181.

Man kann in der Entwicklung des Lehrbegriffs unterscheiden, die Bildung der theoretischen und der praktischen Dogmen. Je mehr man (aber) die geschichtlichen Functionen vereinzelt betrachtet, um desto öfter muß man auf Punkte kommen, wo man das Getrennte wieder vereinigen muß.

Darstellung des theolog. Studiums. 1. Ausg.

182.

Die Christliche Lehre ist und kann nichts anderes sein als einerseits Glaubenslehre und andererseits Sittenlehre. Jene stellt das christliche Selbstbewußtsein dar in seiner relativen Ruhe und diese in seiner relativen Bewegung.

Christliche Sitte.

183.

Für die christliche Glaubenslehre ist die Darstellung zugleich die Begründung; denn Alles in derselben läßt sich nur dadurch begründen, daß es als richtige Aussage des christlichen Selbstbewußtseins dargestellt wird. Wer aber Dasselbe in seinem Selbstbewußtsein nicht findet, für den ist auch keine Begründung möglich, sondern nur die Aufforderung, den Punkt aufzusuchen, wo sein persönliches frommes Bewußtsein von dem in dem Lehrgebäude dargestellten Gesammtbewußtsein abweicht. Die Einleitung nun mußte nothwendig den Versuch machen, für das in allen Modifikationen des christlichen Selbstbewußtseins Gültige, außer demselben aber nicht vorhandene, eine Formel aufzustellen; aber auch diese kann für Niemand eine Begründung sein. Und die Einleitung legt es nicht einmal darauf an, diese Formel auf das christliche Gesammtbewußtsein zurückzuführen, sondern wie sie hier in dem Gebiet sich bewegt, welches ich durch den Ausdruck Religionsphilosophie, ein Wort welches Andere anders brauchen, zu bezeichnen pflege: so will diese Formel auch von jedem Unchristen dafür gehalten sein, daß er durch dieselbe jede christliche fromme Erregung und einen sie aussagenden Glaubenssatz, von jeder nichtchristlichen unterscheiden könne.

Zweites Sendschreiben an Dr. Lücke über die „Glaubenslehre.“

184.

Meine systematische Kunst, wenn ich mich einer rühmen kann in der Dogmatik, ist nur ganz einfach das Geschick, solche Theilungsformeln aufzufinden, daß man dadurch eine Ueberzeugung von der Vollständigkeit der Darstellung gewinnt, und daß man, wenn nicht unmittelbar, doch mittelbar von jedem dogmatischen Satz auf das durch ihn repräsentirte unmittelbare Selbstbewußtsein zurückgeführt wird.

Zweites Sendschreiben an Dr. Lücke über die „Glaubenslehre.“

185.

Es ist auch gesagt worden, meine wahre Absicht sei, das Christenthum nach dem Pantheismus, einer mit demselben ganz unverträglichen Philosophie, umzudeuten und zu modeln. Wenn das nun Einem vorgeworfen wird, der so laut und wiederholt gesagt hat, die christliche Lehre müsse völlig unabhängig von jedem philosophischen System dargestellt werden: so müßte doch die Behauptung mit den stringentesten Beweisen versehen sein; und Niemand sollte es auch nur nachsagen, ohne sich auf diese Beweise zu berufen.

Ich aber bin in diese Verdammniß des Pantheismus gerathen durch meine Reden (über die Religion), lediglich deshalb weil ich den Verächtern der Frömmigkeit dieselbe gern überall und auch da zeigen wollte, wo sie sie am wenigsten suchten, und am liebsten an dem Mann, dessen Speculation damals anfing von Einigen auf eine höchst verkehrte Weise vergöttert zu werden, während Andere ihn auf das härteste verdammten, dessen ächt menschliche, von innen heraus milde, höchst ansprechende Persönlichkeit, dessen tiefe Gemüthsrichtung auf das höchste Wesen hingegen fast Niemand beachtete.

Erstes Sendschreiben an Dr. Lücke über die „Glaubenslehre.“

186.

Nichts hätte ich mir weniger versehen, als daß ich mit den spekulativen Dogmatikern so mannichfaltig zusammengestellt werden sollte, unter denen ich nicht einmal als

Dilettant aufzutreten vermöchte, indem ich auch gar nicht darauf eingerichtet bin, in der Dogmatik zu philosophiren. Das soll ich aber durchaus, wie wenig ich auch will. Und wie sonderbar wird es mir aufgedrungen! Man solle ja nicht mein Gottesbewußtsein mit Bewußtsein von Gott verwechseln. Und es findet sich hernach, das Gottesbewußtsein in dem Menschen solle Gott selbst sein. Ich Armer! Wenn ich glaube mich der größten grammatischen Schärfe zu befleißigen, schlägt es mir ganz entgegengesetzt aus. Wenn aber doch Selbstbewußtsein, Weltbewußtsein, Gottesbewußtsein im Zusammenhang mit einander vorkommen: kann wohl mit Recht die eine Zusammensetzung anders verstanden werden wie die andere? Ist das Weltbewußtsein in dem Menschen auch die Welt selbst? Und wenn ich auch sage, das Gottesbewußtsein sei das Sein Gottes in dem Menschen: muß nicht ein jeder, der mit dem Ausdruck Allgegenwart einen Begriff verbinden will, ein Sein Gottes in Anderem zugeben? Ist aber dieses deshalb Gott selbst? Eben so wenig, als ich mir aufbürden lasse, daß das Sein Christi in uns, wovon Er selbst redet, Er selbst sei.

Erstes Sendschreiben an Dr. Lücke über die „Glaubenslehre.“

187.

**Gegner** kenne ich im allgemeinen nur, wo es Absichten gilt und Thaten; der Denker hat nur **Mitarbeiter**, der Schriftsteller hat nur **Leser**, und ein anderes Verhältniß kenne ich bei Beiden nicht. Hätte ich nun die Absicht gehabt durch mein Buch (die „**Glaubenslehre**“) eine Sekte zu stiften oder eine Schule: so könnte ich Gegner haben. Davon weiß ich mich aber völlig frei; und wenn mir hier oder dort einer diese Absicht untergelegt hat, so ist er für mich doch immer nur ein Leser, auf den ich aber freilich einen Eindruck gemacht habe, der mir nicht ganz erwünscht sein kann, weil er nicht wahr ist.

Erstes Sendschreiben an Dr. Lücke über die „Glaubenslehre.“

188.

Wenn man die seit den letzten hundert Jahren übliche Behandlung der Lehre von den göttlichen Eigenschaften Kirchenlehre nennen will — wie ich denn hiegegen nach meinem eignen Sprachgebrauch nichts einwenden kann — so weiß ich auch in der Geschichte meiner Bildung von keiner Annäherung an dieselbe, sondern nur von immer bestimmterer Entfernung. Diese Sätze sind ein Gemisch von leibnitzisch-wolfischer rationaler Theologie und von sublimirten alttestamentischen Aussprüchen, unter welchen beiden sich das wahrhaft christliche fast nur verliert. Die Unhaltbarkeit derselben, wenn man die moralischen und metaphysischen Eigenschaften zusammenstellt, hat es am meisten verschuldet, daß der französische Atheismus unter uns Eingang fand; denn wo man unter uns von Gott nichts wissen wollte, war immer mehr die herrschende Darstellung gemeint, als die Idee selbst. Das ist die Erfahrung, die sich mir seit meinem Knabenalter immer tiefer eingeprägt hat. Ich nun habe niemals zu meiner Frömmigkeit, weder um sie zu nähren, noch um sie zu verstehen, einer rationalen Theologie bedurft, aber eben so wenig auch der sinnlich theokratischen des alten Testamentes. Darum bildete sich mir mein eignes Verständniß immer in der Polemik gegen jene Methode, wenn sie irgend diesen Namen verdient, weiter aus. —

Fragen Sie mich aber, ob nicht nach diesem eignen Bekenntniß der erste Abschnitt meiner Gotteslehre doch eigentlich zu demjenigen Individuellen gehöre, welches zwar in der Kirche sein möge, dem aber nach meiner eignen Theorie doch kein Platz in der Dogmatik gebühre: so verneine ich die Frage. Ist jene Behandlung wirklich Kirchenlehre: nun wohl, so sei die meinige immerhin heterodox; aber ich bin fest überzeugt, es ist jene divinatorische Heterodoxie, die schon noch zeitig genug, wenn auch gar nicht gerade durch mein Buch, und wenn auch erst lange nach meinem Tode, orthodox werden wird. Wie sehr es auch jetzt scheint, als wolle auf der einen Seite die Philosophie sich des Christenthums bemächtigen und es mit Gewalt an sich reißen: das gesunde Leben unserer Kirche wird doch immer mehr alle menschliche Speculation in ihr eigenthümliches Gebiet zurückweisen. Wie viele unserer wohlgesinntesten Geistlichen auch zur Sprache des alten Testaments und zum Predigen aus dem alten Testament zurückkehren: es wird sich doch auch auf diesem Gebiet immer mehr bewähren, daß in Christo das alte vergangen ist und Alles neu worden.

Erstes Sendschreiben an Dr. Lücke über die „Glaubenslehre."

189.

Alle Eigenschaften, welche wir Gott beilegen, sollen nicht etwas Besonderes in Gott bezeichnen, sondern nur etwas Besonderes in der Art, das schlechthinige Abhängigkeitsgefühl auf ihn zu beziehen. Dogmatik.

190.

In dem Begriff der göttlichen Allmacht ist sowohl Dieses enthalten, daß der gesammte alle Räume und Zeiten umfassende Naturzusammenhang in der göttlichen, als ewig und allgegenwärtig aller endlichen entgegengesetzten, Ursächlichkeit gegründet ist, als auch Dieses, daß die göttliche Ursächlichkeit, wie unser Abhängigkeitsgefühl sie aussagt, in der Gesammtheit des endlichen Seins vollkommen dargestellt wird, mithin auch Alles wirklich wird und geschieht, wozu es eine Ursächlichkeit in Gott giebt. Dogmatik.

191.

Die göttliche Ursächlichkeit stellt sich uns in der Weltregierung dar, als Liebe und als Weisheit.

Denn Liebe ist die Richtung, sich mit Anderem vereinigen und in Anderem sein zu wollen; ist daher der Angelpunkt der Weltregierung die Erlösung und die Stiftung des Reiches Gottes, wobei es auf Vereinigung des göttlichen Wesens mit der menschlichen Natur ankommt, so kann die dabei zum Grunde liegende Gesinnung nur als Liebe vorgestellt werden. Unter Weisheit aber versteht man die richtige Entwerfung der Zweckbegriffe, diese in ihrer mannigfaltigen Bestimmbarkeit und in der Gesammtheit ihrer Verhältnisse zu einander gedacht. Zeigt sich daher die göttliche Weltregierung in der zusammenstimmenden Anordnung des ganzen Gebietes der Erlösung: so nennen wir mit Recht neben der göttlichen Liebe die Weisheit als die Kunst gleichsam die göttliche Liebe vollkommen zu realisiren.

Dogmatik.

192.

Sabellius behauptet, die Dreiheit (die göttliche Trinität) sei nur etwas in Bezug auf verschiedene Wirkungsarten und Wirkungskreise der Gottheit, indem sie als weltregierend in ihrer allgemeinen Wirkung auf alles endliche Sein Vater sei, als erlösend aber in ihrer besonderen Wirkung in der Person Christi und durch sie sei sie Sohn, als heiligend aber in ihrer gleichfalls besonderen Wirkung in der Gesammtheit der Gläubigen und als Einheit derselben sei sie Geist. Wogegen nun die kirchlich gewordene

Lehrweise (des Athanasius) behauptet, die Dreiheit sei etwas in der Gottheit rein innerlich und ursprünglich gesondertes, auch abgesehen von diesen verschiedenen Wirkungen, und die Gottheit würde Vater Sohn und Geist gewesen sein an sich selbst auf ewige Weise, wenn sie auch nie geschaffen, nie sich mit einem einzelnen Menschen geeiniget und nie in der Gemeinschaft der Gläubigen gewohnt hätte. Fragt man nun, wenn dies die ganze Verschiedenheit ist, wie steht es denn um die Beschuldigung der Irreligiosität, welche der Lehre des Sabellius ist gemacht worden? Niemand wird behaupten können, daß der christlichen Frömmigkeit aus seiner Lehrweise irgend ein Nachtheil erwachse.

Ueber die sabellianische u. athanasianische Vorstellung von der Trinität.

193.

Hoffen Sie, daß die bisherige Behandlung der messianischen Weissagungen und nun gar der Vorbilder noch lange Zeit Glauben finden wird unter denen, in welchen sich eine gesunde und lebendige Anschauung geschichtlicher Dinge gebildet hat? Wenn ich die Zeichen der Zeit recht verstehe, kann ich es nicht glauben. — Der Glaube an eine bis zu einem gewissen Zeitpunkte fortgesetzte besondere Eingebung oder Offenbarung Gottes in dem jüdischen Volk ist schon bei dem gegenwärtigen Stande der Untersuchungen über die jüdische Geschichte so wenig jedem zuzumuthen, und es ist mir so wenig wahrscheinlich, daß er am Schluß dieser Untersuchungen mehr Stützen werde bekommen haben, daß es mir sehr wesentlich schien, auf das bestimmteste auszusprechen, wie ich es eben so deutlich einsehe wie lebendig fühle, daß der Glaube an die Offenbarung in Christo von jenem Glauben auf keine Weise irgend abhängig ist.

Zweites Sendschreiben an Dr. Lücke über die „Glaubenslehre.“

194.

Wenn einmal gesagt ist: alles Wirkliche müsse durch den schaffenden Willen Gottes gesetzt sein, und dann wiederum, Gott dürfe nicht Urheber des Bösen sein, so ist ja beides nur auf die eine Weise zu vereinigen, wenn man sagen kann daß in Bezug auf Gott das Böse gar nicht ist. Diese unvermeidliche Formel aber, wie das Böse für uns so sein könne, daß es weder durch Gott noch für Gott ist, indem nemlich dasjenige daran was wirklich ist, die frei wirkende sinnliche Kraft, nicht dasjenige ist wovon Gott nicht Urheber sein kann, dasjenige aber wovon Gott nicht Urheber sein konnte, nemlich das Gegentheil des Guten, nicht wirklich ist, doch aber die Nothwendigkeit der Erlösung auf demjenigen was davon wirklich ist beruht, und diese zugleich dasjenige wovon Gott nicht Urheber sein könnte, in dasjenige auflöset, wovon er allein Urheber sein kann, nemlich in das Gute; diese Formel kann auf keine Weise irgend in jene Differenz verflochten sein, und also müssen die Auflösung derselben, wenn sie nur erst gefunden wird, auch beide Lehrmeinungen sich aneignen können.

Ueber die Lehre von der Erwählung.

195.

Das Ziel und der Charakter eines religiösen Lebens ist nicht die Unsterblichkeit, wie Viele sie wünschen und an sie glauben, oder auch nur zu glauben vorgeben, denn ihr Verlangen, zu viel davon zu wissen, macht sie sehr des letzten verdächtig, nicht jene Unsterblichkeit außer der Zeit und hinter der Zeit, oder vielmehr nur nach dieser Zeit aber doch in der Zeit, sondern die Unsterblichkeit, die wir schon in diesem zeitlichen Leben unmittelbar haben können, und die eine Aufgabe ist, in deren Lösung wir immerfort begriffen sind. Mitten in der Endlichkeit Eins werden mit dem Unendlichen, und ewig sein in jedem Augenblick, das ist die Unsterblichkeit der Religion.

Reden über die Religion. 3. Ausg.

196.

Wunder ist nur der religiöse Name für Begebenheit: jede, auch die allernatürlichste und gewöhnlichste, sobald sie sich dazu eignet, daß die religiöse Ansicht von ihr die herrschende sein kann, ist ein Wunder. Mir ist Alles Wunder; und in Eurem Sinn ist mir nur das ein Wunder, nemlich etwas Unerklärliches und Fremdes, was keines ist in meinem. Je religiöser Ihr wäret, desto mehr Wunder würdet Ihr überall sehen, und jedes Streiten hin und her über einzelne Begebenheiten, ob sie so zu heißen verdienen, giebt mir nur den schmerzhaften Eindruck wie arm und dürftig der religiöse Sinn der Streitenden ist. Die Einen beweisen diesen Mangel dadurch, daß sie überall protestiren gegen Wunder, durch welche Protestation sie nur zeigen, daß sie von der unmittelbaren Beziehung auf das Unendliche und auf die Gottheit nichts sehen wollen; die Andern beweisen denselben Mangel dadurch, daß es ihnen auf dieses und jenes besonders ankommt, und daß eine Erscheinung gerade wunderlich gestaltet sein muß um ihnen ein Wunder zu sein, womit sie nur beurkunden, daß sie eben schlecht aufmerken.

Anmerkung (von Schleiermacher). Es bleibt allerdings wahr, daß alle Begebenheiten, die am meisten eine religiöse Aufmerksamkeit erregen, und in denen zugleich der Natur-Zusammenhang sich am meisten verbirgt, auch am meisten von Allen als Wunder angesehen werden, eben so wahr aber auch, daß an sich und gleichsam von der göttlichen Ursächlichkeit aus angesehen alle gleichsehr Wunder sind.

Reden über die Religion. 3. Ausg.

197.

Was heißt Gnadenwirkung? Nichts Anderes ist dies offenbar, als der gemeinschaftliche Ausdruck für Offenbarung und Eingebung, für jenes Spiel zwischen dem Hineingehen der Welt in den Menschen durch Anschauung und Gefühl und dem Eintreten des Menschen in die Welt durch Handlung und Bildung, beides in seiner Ursprünglichkeit und seinem göttlichen Charakter, so daß das ganze Leben des Frommen nur Eine Reihe von Gnadenwirkungen bildet.

Reden über die Religion. 3. Ausg.

198.

Sobald das Christenthum als thätiges Prinzip in die Welt eingetreten ist, kann man die Bildung der gemeinsamen Lehre und die Bildung des gemeinsamen Lebens als zwei Functionen desselben unterscheiden.

Keine von beiden ist ohne die andere zu verstehen, und jeder Moment ist nur in der ungetrennten Betrachtung lebendig und richtig aufzufassen.

In der Bildung des gemeinsamen Lebens unterscheiden sich wieder die Bildung der Sitte und die Bildung des Cultus. Jedes kann auf das Andere zurückgeführt werden. Jedes, wenn es sich isolirt, verliert seinen Charakter. Denn der Cultus ohne Sitte erscheint nur als Ceremonie oder Aberglauben, und die Sitte ohne Cultus nur als ein Resultat des geselligen Zustandes nicht des religiösen Prinzips. — Die kirchliche Verfassung fällt ganz unter das Gebiet der Sitten.

Darstellung des theolog. Studiums. 1. Ausg.

199.

Das specifisch Christliche ist, daß alle Gemeinschaft mit Gott angesehen wird als bedingt durch den Akt der Erlösung durch Christum.

Die christliche Sittenlehre wird die Darstellung der durch die Gemeinschaft mit Christo, dem Erlöser, bedingten Gemeinschaft mit Gott sein müssen, sofern dieselbe das Motiv aller Handlungen des Christen ist.

Christliche Sitte.

200.

Unter Christlicher Sittenlehre versteht man eine geordnete Zusammenfassung der Regeln, nach denen ein Mitglied der christlichen Kirche sein Leben gestalten soll.

Christliche Sitte.

201.

Die christliche Sittenlehre ist Sammlung der Aussprüche des christlichen Gefühls über das Rechte und Gute.

Christliche Sitte.

202.

Es giebt keine (christliche) Sittenlehre der ganzen Kirche der Zeit nach.

Die Fortentwicklung trifft auch diese Seite des Gefühls. Theils erscheint manches in späterer Zeit, was in früherer gar nicht da war, theils manches anders, und es giebt keine Verschiedenheit ohne Entgegensetzung.

Es giebt keine (christliche) Sittenlehre der ganzen Kirche dem Raume nach.

Die Kirche ist beständig in Gegensätze zerfallen, und wenn das Prinzip derselben auch dogmatisch wäre: so werden sie doch nur geschichtlich, in wiefern sie auch ein eignes Leben gestalten. — Offenbare Verschiedenheit der Lebensweise im Katholicismus und Protestantismus.

Christliche Sitte.

203.

Wir sind darüber einig, daß unsere (christlich-evangelische) Sittenlehre nicht ein Complexus allgemeiner mechanisch anzuwendender Formeln sein kann; denn der Geist unserer evangelischen Kirche fordert wesentlich, daß jeder Einzelne die Anwendung ihrer Regeln selbst mache nach seiner innersten Ueberzeugung und nach seinem Gewissen.

Christliche Sitte.

## V. Kirche.

204.

Das fromme Selbstbewußtsein wird, wie jedes wesentliche Element der menschlichen Natur, in seiner Entwicklung nothwendig auch Gemeinschaft, und zwar einerseits ungleichmäßige fließende, andrerseits bestimmt begränzte, d. h. Kirche. Dogmatik.

205.

Das Gefühl, die eine Form unter der sich die Vernunft in dem Organischen offenbart, durchbricht zufolge seiner Natur die Schranken der Persönlichkeit, um sich als Eins in Allen darzustellen, durch Bildung eines gemeinsamen Lebens. Dies ist die Kirche. Jede Erregung wird eine gemeinsame, jeder Einzelne verhält sich im Empfinden und im Darstellen als Organ des Ganzen.

In der Kirche selbst, auch wie sie erscheint, ist nichts Anderes gegeben als Dies. Denn ihr ostensibles Thun ist Erregung des Gefühls, in welchem sich das Verhältniß des Menschen zu Gott ausspricht. Dies ist aber die Totalität aller andern Verhältnisse, und ist auch wieder nichts Anderes als diese Totalität. Jede Empfindung, die ursprünglich auf ein einzelnes Verhältniß sich bezieht, ist und wird dadurch fromm, daß dieses in die Totalität aufgenommen ist.

Kirchengeschichte.

206.

In der Geschichte ist eigentlich Alles Eins und nur insofern etwas abzusondern, als man bei der Betrachtung eines Organismus ein System der Lebensaction von den übrigen absondern kann. Denn so verhalten sich die einzelnen organischen Theile der ethischen Construction gegen einander. Die Kirche gehört unter diese, und zwar als eine dem Christenthum eigenthümliche Formation, denn sie ist vorher nie besonders herausgetreten, in ihm aber ganz bestimmt, indem die Einheit der Kirche zusammenhaltend gewesen ist, als die Staaten sich spalteten, und auch überall ihre Form unter ganz anderen Gesetzen herausgetreten ist. In dieser Beziehung gehörte die Kirchengeschichte den theologischen Disciplinen an; sie mußte die eigentliche Vollendung derselben sein und die historische Ansicht sich auch hier als die Einheit zwischen Speculation und Empirie bewähren.

Kirchengeschichte.

207.

Abschnitte (in der Kirchengeschichte) müssen gemacht werden, weil sich sonst Alles verwirrt. Abschnittspunkte aber sind schwer zu bestimmen. Die mechanische Periode nach Jahrhunderten, nach denen sich die Geschichte nicht richtet, hat man bald verlassen; aber nicht genug beachtet, daß vermöge desselben Grundes an feste Punkte wenig zu denken ist. Denn ein rechter Abschnitt muß es in mehrerer Hinsicht sein, und da tritt nicht Alles in einen Punkt zusammen, und die Epochen sind zum Theil selbst wieder kleine Zeiträume (z. B. Reformation).

Kirchengeschichte.

208.

Die Kirche strebt nach allgemeiner Verbreitung und hat eine demokratische Tendenz.

Diese Gleichheit ist eigenthümlich christlich und beruht auf dem Erhabensein Christi über Alle, wobei alle andere Ungleichheit verschwindet und nur secundär wieder aus der Gleichheit entstehen kann.

Dieser Grundcharakter ist so in unsere ganze Bildung verwebt, daß wir Alle wesentlich in die christliche Kirche gehören.

Wer sich bis zum Heidenthum in die Alten einstudirt, der hat doch ein verbildetes Gefühl.

Christliche Sitte.

209.

In den amtlichen Handlungen in der Kirche außer dem Cultus läuft alles auf bestimmtes Belehren und bestimmtes Bessern hinaus. Daher hat man dies als allgemeinen Zweck der Kirche angesehen, und auch den Cultus darunter gebracht.

Allein die Kirche ist keine Lehranstalt. Das Lehren wird nur an Denen geübt, die noch nicht darin sind, oder die aus der Harmonie herausgekommen sind.

Die Kirche ist auch keine Besserungsanstalt. Hierauf ist das Verhältniß von Geistlichen und Laien nicht angelegt. Die Laien, am Heiligsten gleichermaaßen theilnehmend, können und sollen auch eben so heilig sein. Der Cultus kann diesen Zweck nicht haben, wiewohl das Besserwerden sein Erfolg ist.

Die Kirche ist also ohne eigentlichen Zweck das gemeinsame religiöse Leben, lebendiges Verhältniß des Einzelnen und Ganzen in Einströmung und Ausströmung.

Praktische Theologie.

210.

Zur Eigenthümlichkeit der protestantischen Ansicht von der christlichen Kirche gehört es wesentlich, daß wir uns diese als ein bewegliches Ganze denken, das der Fortschreitung und Entwicklung fähig ist, nur mit der Restriction, ohne welche das Christenthum zusammenfallen würde, daß wir niemals zu denken vermögen, es könnte in der christlichen Kirche eine Vollkommenheit angestrebt oder dargestellt werden, die über die in Christo gegebene hinausginge, sondern daß jede Fortschreitung nichts sein kann, als ein richtigeres Verstehen und vollkommneres Aneignen des in Christo Gesetzten.

Christliche Sitte.

211.

Jede Kirche ist veränderlich in Absicht auf die Reinheit des Gefühls und in Absicht auf die Angemessenheit der Darstellung.

Als besondere Einheit gelangt sie in der Erscheinung erst allmählig zum vollen Bewußtsein ihres Charakters. Die gewöhnlichste Form ist das Entwickeln einer späteren Einheit aus einer früheren, wie Christenthum aus Judenthum. Dann ist anfangs noch die spätere in einzelnen Einheiten mit der früheren vermischt. Eben so überträgt sie auch Darstellungsmittel und eignet sich erst allmählig alle rechten an.

Christliche Sitte.

212.

Jede kirchliche Einheit spaltet sich wieder in sich, und daraus entstehen Abstufungen in der brüderlichen Liebe.

Wenn das Hervorheben dieses relativen Gegensatzes die größere Einheit aufhebt: so artet die brüderliche Liebe aus in falschen Religionseifer.

Wenn eine Richtung feindselig gegen die andere auftritt: so hat sie selbst das rechte Prinzip verloren. Die Häuslichkeit wird dann separatistisch, die Kirchlichkeit erstarrend, die absolute Gemeinschaftlichkeit auflösend.

Christliche Sitte.

213.

Zu allen Zeiten Drei Momente in der Kirche:

a. Das ruhende, die Unveränderlichkeit darstellende;
b. Das neuernde, die Entwicklung darstellende;
c. Das altgläubige, welches nichts von Einzelnen ausgehende für kirchlich annehmen will.

Diesen stehen immer drei nur scheinbar zur Kirche gehörende gegenüber, die aber von jenen nicht leicht zu unterscheiden sind:

a. Die Gleichgültigkeit;
b. Die unchristliche oder irreligiöse Neuerungssucht;
c. Das superstitiöse Halten an abgestorbenen Formen.

Christliche Sitte.

214.

Die höchste Tendenz der Kirche ist die Bildung eines Kunstschatzes, an welchem sich das Gefühl eines Jeden bildet, und in welchem Jeder seine ausgezeichneten Gefühle niederlegt und die freien Darstellungen seiner Gefühlsweise, so wie sich auch Jeder, dessen darstellende Production mit seinem Gefühle nicht Schritt hält, Darstellungen aneignen kann. Die Totalität ist hier nicht möglich auch nur anzustreben, wenn nicht beide Kunstformen da sind, die welche bleibende und die welche vergehende Werke erzeugen. Insofern der Kunstschatz eine reale Masse bildet, hat Jeder jeden Augenblick Zutritt dazu. Für die Darstellung unter den vergänglichen

Formen aber muß ein Zusammentreten um das gemeinsame Leben auszusprechen und zu nähren da sein, weshalb sich an jede Kirche ein Kultus anbildet. Ethik.

215.

Ihr könntet leicht verleitet werden zu glauben, daß in meinem Urtheil über die Vielheit der Kirche zugleich auch das über die Vielheit der Religion ausgesprochen sei; Ihr würdet aber darin meine Meinung gänzlich mißverstehen. Ich habe die Vielheit der Kirche verdammt: aber eben indem ich aus der Natur der Sache gezeigt habe, daß hier alle streng und gänzlich trennenden Umrisse sich verlieren, alle bestimmte Abtheilungen verschwinden, und Alles nicht nur dem Geist und der Theilnahme nach Ein ungetrenntes Ganze sein, sondern auch der wirkliche Zusammenhang sich immer größer ausbilden und immer mehr jener höchsten allgemeinen Einheit nähern soll, so habe ich überall die Vielheit der Religion und ihre bestimmteste Verschiedenheit als etwas Nothwendiges und Unvermeidliches vorausgesetzt. Denn warum sollte die innere wahre Kirche Eins sein? Nicht auch darum, damit Jeder anschauen und sich mittheilen lassen könnte die Religion des Andern, die er nicht als seine eigne anschauen kann, weil sie als in allen einzelnen Regungen von der seinigen verschieden gedacht wurde? Reden über die Religion. 3. Ausg.

216.

Es giebt von der Kirche eine negative Ansicht, analog der vom Staat, als sei sie nur ein Institut, um die Leidenschaften zu reprimiren. Allein theils kann dieses nur geleistet werden, wiefern in Jemandem das religiöse Prinzip ist, theils bedarf es dann dazu nicht der Kirche. Es giebt aber auch eine überschätzende Ansicht, welche die Kirche als die absolute ethische Gemeinschaft setzt, und ihr Staat und Wissen unterordnet. Eine solche kann ihre geschichtliche Bewährung nur in einer Zeit finden, wo die Tendenz zur Völkergemeinschaft, welche mit von der Religion ausgeht, ein großes Uebergewicht hat über die zur Beschränkung auf die Nationalität.

Ethik.

217.

Es ist vollkommen unchristlich, die Kirche nur als ein Staatsinstitut zu fassen. Aber eben so unchristlich ist die entgegengesetzte Ansicht, nach welcher der Staat von der Kirche als eins ihrer Institute regiert werden soll, wogegen unsere evangelische Kirche wenigstens von jeher protestirt hat. Es soll sich freilich im Staate Alles auf die christliche Gesinnung beziehen, aber das regierende Prinzip in ihm kann kein anderes sein als der von Christo ausgehende und allgemein in ihr verbreitete heilige Geist. Der Christ im Staate kann also kein regierendes Prinzip wünschen, als jenes; der Bürger in der Kirche kein anderes als dieses.

Christliche Sitte.

218.

Es ist aber noch jetzt (1821) vollkommen meine Ueberzeugung, daß es eine der wesentlichsten Tendenzen des Christenthums ist, Staat und Kirche völlig zu trennen, und ich kann eben so wenig als jener Verherrlichung der Theokratie der entgegengesetzten Ansicht beitreten, daß die Kirche je länger je mehr im Staate aufgehen solle.

Reden über die Religion. 3. Ausg.

219.

Die verschiednen in der Geschichte hervortretenden, bestimmt begrenzten, frommen Gemeinschaften verhalten sich zu einander theils als verschiedene Entwicklungsstufen, theils als verschiedene Arten.

Diejenigen Gestaltungen der Frömmigkeit, in welchen alle frommen Gemüthszustände die Abhängigkeit alles Endlichen von Einem Höchsten und Unendlichen aussprechen, d. i. die monotheistischen nehmen die höchste Stufe ein, und alle Anderen verhalten sich zu ihnen wie untergeordnete, von welchen den Menschen bestimmt ist, zu jenen höheren überzugehen.

Als solche untergeordnete Stufen setzen wir im Allgemeinen den eigentlichen Götzendienst, auch Fetischismus genannt, und die Vielgötterei.

Auf der höchsten Stufe, des Monotheismus, zeigt uns die Geschichte nur drei große Gemeinschaften, die Jüdische, die Christliche, die Muhamedanische, die erste fast im Erlöschen, die andern um die Herrschaft in dem menschlichen Geschlecht sich streitend. —

Diese Darstellung stimmt nicht mit einer Ansicht überein, welche in den Religionen der untergeordneten Stufen gar keine Frömmigkeit anerkennen will, sondern nur Aberglauben. Allein die Ehre des Christenthums erfordert eine solche Behauptung keinesweges. Wir dürfen in allen diesen Erzeugnissen des menschlichen Geistes die Gleichartigkeit nicht in Abrede stellen, und müssen auch für die niederen Potenzen doch dieselbe Wurzel anerkennen.

Als verschiedenartig entfernen sich am meisten von einander diejenigen Gestaltungen der Frömmigkeit, welche in Bezug auf die frommen Erregungen entgegengesetzt die Einen das Natürliche in den menschlichen Zuständen dem Sittlichen, die Andern das Sittliche dem Natürlichen unterordnen.

Jene (erste) Unterordnung bezeichnen wir mit dem Ausdruck teleologische Frömmigkeit, der hier bedeuten soll, daß die vorherrschende Beziehung auf die sittliche Aufgabe den Grundtypus der frommen Gemüthszustände bildet.

Diese (zweite) Gestaltung der Frömmigkeit, wenn jeder Moment der Selbstthätigkeit nur als ein Bestimmtsein des Einzelnen durch das gesammte endliche Sein, also auf die leidentliche Seite bezogen, in das schlechthinige Abhängigkeitsgefühl aufgenommen wird, wollen wir die ästhetische Frömmigkeit nennen.

Dogmatik.

220.

Das Christenthum ist eine der teleologischen Richtung der Frömmigkeit angehörige monotheistische Glaubensweise, und unterscheidet sich von andern solchen wesentlich dadurch, daß Alles in derselben bezogen wird auf die durch Jesum von Nazareth vollbrachte Erlösung.

Dies kann nicht so verstanden werden, als ob alles christliche fromme Bewußtsein keinen andern Inhalt haben könne als nur Jesum und die Erlösung, sondern nur daß alle frommen Momente, soweit das schlechthinige Abhängigkeitsgefühl sich darin frei äußert, als durch jene Erlösung geworden, und sofern es darin noch gebunden erscheint, als jener Erlösung bedürftig gesetzt werden. Eben so versteht sich auch, daß dieses überall Mitgesetzte kann und wird in verschiedenen frommen Momenten auch in verschiedenem Grade stärker oder schwächer mitgesetzt sein, ohne daß dadurch der christliche Charakter verloren ginge.

Dogmatik.

221.

Das Bewußtsein Christi von der Einzigkeit seines Wissens um Gott und Seins in Gott, von der Ursprünglichkeit der Art wie es in ihm war, und von der Kraft derselben sich mitzutheilen und Religion aufzuregen, war zugleich das Bewußtsein seines Mittleramtes und seiner Gottheit. Als Er, ich will nicht sagen der rohen Gewalt seiner Feinde, ohne Hoffnung länger leben zu können, gegenüber gestellt ward, das ist unaussprechlich gering; aber als Er verlassen, im Begriff auf immer zu verstummen, ohne irgend eine äußere Anstalt zur Gemeinschaft unter den Seinigen wirklich errichtet zu sehen, gegenüber der feierlichen Pracht der alten verderbten Verfassung, die ihm stark und mächtig entgegen trat, umgeben von Allem was Ehrfurcht einflößen und Unterwerfung heischen kann, von Allem was Er selbst zu ehren von Kindheit an war gelehrt worden, selbst allein von nichts als diesem Gefühl unterstützt, dennoch ohne zu warten jenes Ja aussprach, das größte Wort was je ein Sterblicher gesagt hat: so war dies die herrlichste Apotheose, und keine Gottheit kann gewisser sein als die, welche sich so selbst verkündiget. Reden über die Religion. 3. Ausg.

222.

Christus war der Einzelne, von dem der Gemeingeist ausging. Das Ziel soll sein παντες διδακτοι θεου,*) also Ende aller Auszeichnung. Daher muß sie auch abnehmen: Apostel, Kirchenväter, Zeugen, Reformatoren. Ausgezeichnete müssen wiederkehren in allen Entwicklungsknoten, aber diese müssen seltner werden und die Masse muß sich schneller à la hauteur heben. Das Heben der Masse er-

*) Alle gelehrt von Gott!

kennt man am besten in der ruhigsten Zeit. Fortgesetztes Heben der rohen Völker zur Gleichheit mit den geschichtlichen; eben so der niedern Stände zur Bildungsstufe der höheren; und durch die allgemeine eigne Benutzung der Schrift Erhebung der Laien zur Gleichheit mit dem Clerus.

Kirchengeschichte.

223.

Wenn (von mir) gesagt ist: Christus sei Mittler geworden für Viele: so erinnere man sich, daß Christus selbst einmal sagt, Er lasse sein Leben zum Lösegeld für Viele, und mache aus meinen Worten keinen particularistischen Schluß, wenigstens nicht anders als nach meiner schon anderwärts dargelegten Ansicht, nach welcher die wirklich erfahrne Beziehung der Menschen auf Christum immer etwas Beschränktes ist, und auch bleiben wird, selbst wenn das Christenthum sich über die ganze Erde verbreitet, wogegen ich eine rein innere und mysteriöse Beziehung Christi auf die menschliche Natur überhaupt anerkenne, welche schlechthin allgemein ist und unbegränzt.

Reden über die Religion. 3. Ausg.

224.

Braniß*) kann mit Recht von mir verlangen, daß die geschichtliche Form der Erlösung schon mit Christo selbst anfangen, also auch, daß sie in ihm zuerst als minimum gesetzt sein soll; aber er kann es doch nur von mir verlangen, so wie es mit der Voraussetzung stimmt, die ich einmal als die christliche Grundvoraussetzung angenommen, nemlich der Kraft nach ist sie ganz und ausschließend in ihm

*) Ueber Schleiermachers Glaubenslehre. Ein kritischer Versuch 1824.

gesetzt, und in seiner Person keine Spur von Erlösungsbedürftigkeit. Diese Voraussetzung halte ich aber auch so fest, daß ich mich durch keine einzelne biblische Stelle, die etwas Entgegengesetztes zu enthalten scheint, irre machen lasse. Der Unterschied zwischen Entwickelung und Kampf läßt sich sehr fest halten. Aber Kampf mit sich selbst, um eine Ergebung in den Willen Gottes zu erkämpfen, diesen für Sünde zu achten, ist eine Strenge, von der ich mich nicht dispensiren kann, und einen solchen kann ich daher Christo nicht zuschreiben, ohne die Grundvoraussetzung zu zerstören. Demohnerachtet war die Erlösung als Thatsache in der That noch Null auch nach der Erscheinung Christi vor seiner darauf gerichteten Thätigkeit, und so blieb sie auch als geschichtliche Erscheinung etwas sehr Geringes, so lange Christus auf Erden war. Dies werde ich mich nie weigern zuzugeben; aber es folgt auch gar nichts daraus, was mich irgend beschweren könnte. Denn daß auch die Kraft der Erlösung in Christo ein minimum gewesen sein müßte, das hängt mit meiner Darstellung nicht zusammen; denn nur mit der ihm einwohnenden göttlichen Kraft wird er diese besondere geschichtliche Person. Wer dieses nicht annehmen kann, der kann aber nicht nur das System meiner Glaubenslehre nicht in seine Gesinnung aufnehmen, welches in dieser Beziehung gar nichts Eigenthümliches aufstellt, sondern auch das kirchliche System nicht, zu welchem sich doch Herr Braniß, so viel ich weiß, mit voller Freiheit bekennt; sondern er muß sich dann zu derjenigen Ansicht wenden, welche allerdings auf eine gemeinsame Erlösung Aller durch Alle hinausläuft, in der Christus nur einen ausgezeichneten Punkt bildet. Wie aber etwas Aehnliches auch Jemand für meine Lehre hat ausgeben können, begreife ich noch weniger.

Erstes Sendschreiben an Dr. Lücke über die „Glaubenslehre."

225.

Die Ueberzeugung, daß das lebendige Christenthum in seinem Fortgange gar keines Stützpunktes aus dem Judenthum bedürfe, ist in mir so alt, als mein religiöses Bedürfniß überhaupt. Für ein freudiges Werk kann ich dieses Bestreben, Christum aus den Weissagungen zu beweisen, niemals erklären; und es thut mir leid, daß sich noch immer so viel würdige Männer damit abquälen. Eben deshalb kann ich aber auch nicht umhin zu vermuthen, daß immer etwas Falsches mit dabei zum Grunde liegt, und daß es wenigstens einem Mangel an frischer Zuversicht zu der innern Kraft des Christenthums zuzuschreiben ist, wenn man auf diese äußeren Beweise einen großen Werth legt. Oft jedoch ist diese Theorie auch nur ein Zweig einer allgemeinen Anhänglichkeit an das unvollkommne Wesen und die dürftigen Elemente des alten Bundes, der wir uns billig entschlagen sollten, wir, die wir im Besitz des Vollkommneren sind. — Ich fürchte, je mehr wir uns, statt die reichen Gruben des neuen Bundes recht zu bearbeiten, an das Alte halten, um desto ärger wird die Spaltung werden zwischen der Frömmigkeit und der Wissenschaft. Darum glaubte ich auch, es sei meine Pflicht ganz gerade herauszugehen mit meiner Ansicht, nicht nur von dem Werth der Weissagungen für den Glauben, sondern auch von dem Verhältniß der alttestamentischen Offenbarung zu der in Christo, und, was so genau damit zusammenhängt, von der Einheit der alttestamentischen und neutestamentischen Kirche.

Zweites Sendschreiben an Dr. Lücke über die „Glaubenslehre."

226.

Das Ansehen der heiligen Schrift kann nicht den Glauben an Christum begründen, vielmehr muß dieser schon vorausgesetzt werden um der heiligen Schrift ein besonderes Ansehen einzuräumen. Dogmatik.

227.

Die heiligen Schriften waren nicht für die vollendeten Gläubigen allein, sondern vornemlich für die Kinder im Glauben, für die Neugeweihten, für die, welche an der Schwelle stehen und eingeladen sein wollen. Wie konnten sie es also anders machen, als jetzt eben auch ich es mache mit Euch. Sie mußten sich anschließen an das Gegebene, und in diesem die Mittel suchen zu einer solchen strengeren Spannung und erhöhten Stimmung des Gemüthes, bei welcher dann auch der neue Sinn, den sie erwecken wollten, aus dunkeln Ahndungen konnte aufgeregt werden.

Eine solche Mittheilung konnte nicht anders sein als dichterisch oder rednerisch; und was liegt wohl dem letzteren näher als das Dialektische? was ist von jeher herrlicher und glücklicher gebraucht worden um die höhere Natur des Erkennens eben so wohl als des inneren Gefühls zu offenbaren? Reden über die Religion. 3. Ausg.

228.

Ich bitte Euch, nicht Alles was Ihr bei den Heroen der Religion oder in den heiligen Urkunden findet, für Religion zu halten, und den unterscheidenden Geist der ihrigen darin zu suchen. Nicht Kleinigkeiten meine ich damit, wie Ihr leicht denken könnt, noch solche Dinge, die nach jedes Ermessen der Religion ganz fremd sind; sondern das, was oft mit ihr verwechselt wird. Erinnert Euch, wie absichtlos jene Urkunden verfertigt sind, daß unmöglich darauf gesehen werden konnte Alles daraus zu entfernen was nicht Religion ist, und bedenkt, wie jene Männer in allerlei Verhältnissen gelebt haben in der Welt, und unmöglich bei jedem Wort was sie niederschrieben, sagen konnten, „Dies gehört aber nicht zum Glauben;“ und wenn sie also Weltklugheit und Moral reden, oder Metaphysik und Poesie, so meint nicht sogleich, das müsse auch in die Religion hineingezwängt werden, und darin müsse auch ihr Charakter zu suchen sein.

Reden über die Religion. 3. Ausg.

229.

Die Idee des Kanon ist, daß er die Sammlung derjenigen Dokumente bildet, welche die ursprüngliche absolut reine und deshalb für alle Zeiten normale Darstellung des Christenthums enthalten.

Inwiefern der Kanon seiner Idee rein entsprechen soll, muß die Kirche noch immer im Bestimmen desselben begriffen sein, weil die vollständige Congruenz nie mit Gewißheit zu erkennen ist.

Er bleibt also insofern immer ein Gegenstand für beide Aufgaben der höheren Kritik, sowohl Unerkanntes zur Anerkennung zu bringen, als Verdächtiges auszustoßen.

Nicht nur ganze Schriften sind in diesem Sinne der Gegenstand für die höhere Kritik, sondern auch einzelne Stellen.

Darstellung des theolog. Studiums.

230.

Die Einheit und Differenz des Neuen Testaments kann verglichen werden mit der Einheit und Differenz der Sokratischen Schule. Auch Sokrates der Meister schrieb nichts selbst. Seine Ansichten sind nur in den Schriften seiner Schüler überliefert. Diese gestalteten sich zwar nach seinem Tode eigenthümlich, aber die Sokratische Grundfarbe blieb allen. Niemand bezweifelt die Identität und die

Eigenthümlichkeit der Sokratiker. Eben so das Verhältniß der Jünger zu Christo. Aber die Verwandtschaft ist in den neutestamentlichen Schriftstellern größer, als unter den Sokratikern, weil die Kraft der Einheit, die von Christo ausging, an sich größer war, und selbst bei denjenigen Aposteln, die eine bedeutende Eigenthümlichkeit hatten, wie bei Paulus, so mächtig, daß sie sich in ihrem Lehren ausschließlich auf Christus beriefen. Hermeneutik.

231.

Ich verstehe schlechthin nichts davon, warum wohl die neutestamentischen Bücher in irgend einer Hinsicht irgend anders sollten behandelt werden als andere, oder welches andere Maaß man anlegen sollte, um über einen Verdacht gegen ihre Aechtheit zu entscheiden, als bei andern alten Schriften, sondern ich wüßte für diese Sammlung keine andere Regel, als für andere, welche die alten Grammatiker gemacht haben, daß nemlich nicht die Sammlung sondern nur jede einzelne Schrift als ein Ganzes anzusehen ist, und für sich selbst stehen und Beweis führen muß wem sie angehöre, dabei aber auch die übrigen derselben Sammlung als Zeugen anführen kann und annehmen muß.

Ueber den ersten Brief des Paulus an Timotheus.

232.

Die evangelistische Ueberlieferung als besonderes Officium in der Kirche mußte einen Reichthum von Reden enthalten, weil doch die Apostel häufig sich auf Aussprüche Christi berufen mußten. Wir müssen aber dabei verschiedene Elemente unterscheiden. Zuerst das gnomische, die einzelne Sentenz, wie sie sich aus Thatsachen oder als Antwort auf einzelne Fragen ergiebt. Dies war auf dem Schauplatz des Lebens Christi etwas sehr Vorherrschendes; die ganze Richtung der jüdischen Didaskalie geht sehr auf das Scharfe, Prägnante, was dieser Art eigen ist. Solche Sprüche prägen sich leicht ein und eignen sich sehr dazu, das unter die Menge zu bringen, was man von derselben wollte gewußt und beobachtet haben. Das zweite Element ist das parabolische, was auch sehr einheimisch war. Lehren die sich nicht in Gnomen bringen ließen, wurden in der Form von Geschichten vorgetragen. Und eine solche prägt sich dann eben so leicht ein, wie ein selbst wahrgenommenes Faktum. Das dritte sind mehr zusammenhangende demonstrative Belehrungen, die eigentlich immer den Schluß zu einem Gespräch bilden, denn sie sind niemals absolut allgemein, sondern immer für den gegenwärtigen Moment und für die, mit denen Christus redet. Einleitung ins Neue Testament.

233.

Wenn wir es auch nie zum völligen Verstehen jeder persönlichen Eigenthümlichkeit der neutestamentlichen Schriftsteller bringen können, so ist doch das Höchste der Aufgabe möglich, nemlich das gemeinsame Leben in ihnen, das Sein und den Geist Christi immer vollkommner zu erfassen. Hermeneutik.

234.

Die Schrift (das Evangelium) des Johannes giebt uns auf der einen Seite das Wichtigste aus den zusammenhängenden Erinnerungen eines Solchen, der in dem engsten persönlichen Verhältniß zu Christo stand, auf der andern die (das Evangelium) des Lukas die Resultate einer prüfenden Forschung nach dem Zuverlässigsten von dem was über Christum in dem Gesammtgedächtniß, daß ich so sage, der apostolischen Kirche niedergelegt war; und in der Mitte zwischen diesen beiden stehen dann die beiden Evangelien, deren Kern aus gesammelten einzelnen apostolischen Erinnerungen besteht, die aber erst durch Ergänzung aus dem Gesammtgebiet der Ueberlieferung zu einem Ganzen werden konnten. Ueber Papias.

235.

So wie man das allgemeine Verhältniß und den ganz verschiedenen Typus und die verschiedene Tendenz des Johannesevangelium's und der drei übrigen ins Auge faßt, so schwindet der Nerv aller Zweifelsgründe gegen die Aechtheit des ersteren. Wir können dann nicht von der Voraussetzung ausgehen, daß die drei ersten Evangelien eine vollkommen zusammenhangende Geschichte enthalten, sondern sie sind aus einzelnen Erzählungen zusammengesetzt, welche größtentheils von Solchen herrühren, die nicht zum engsten Kreise der Jünger Christi gehörten. Das Evangelium des Johannes ist dagegen das Resultat der apostolischen Auffassung.

Daß nun unsere Vorstellung von Christi Leben und Wirken eine sehr unvollständige sein würde, wenn wir das Johannesevangelium nicht hätten, wird Niemand bezweifeln und daß es mit zu dem Bedeutendsten in der göttlichen Providenz gehört, daß es geschrieben und aufbehalten worden, ist nicht zu läugnen. Einleitung ins Neue Testament.

236.

Nichts verräth wohl weniger Sinn für das Wesen des Christenthums sowohl, und für die Person Christi selbst, als auch überhaupt historischen Sinn und Verstand davon, wodurch große Ereignisse zu Stande kommen, und wie Diejenigen müssen beschaffen sein, in denen solche ihren wirklichen Grund haben, als die Ansicht, welche sonst etwas leise auftrat mit der Behauptung, Johannes habe den Reden Christi viel Fremdes beigemischt von seinem Eignen; jetzt aber, nachdem sie sich in der Stille gestärkt und sich mit kritischen Waffen versehen hat, eine derbere Behauptung wagt, daß Johannes das Evangelium gar nicht geschrieben, sondern daß erst ein Späterer diesen mystischen Christus erfunden. Wie aber ein jüdischer Rabbi mit menschenfreundlichen Gesinnungen, etwas sokratischer Moral, einigen Wundern, oder was wenigstens Andere dafür nahmen, und dem Talent artige Gnomen und Parabeln vorzutragen, denn weiter bleibt doch nichts übrig — wie, sage ich, Einer der so gewesen, eine solche Wirkung habe hervorbringen können, ein Mann, der wenn er so gewesen, dem Moses und Mohamed nicht das Wasser gereicht: dies zu begreifen überläßt man uns selbst. Reden über die Religion. 3. Ausg.

237.

Den jüdischen Codex (der Bibel) mit in den Kanon ziehen, heißt das Christenthum als eine Fortsetzung des Judenthums ansehen, und streitet gegen die Idee des Kanons.

Darstellung des theolog. Studiums.

238.

Die alttestamentischen Schriften verdanken ihre Stelle in unserer Bibel theils den Berufungen der neutestamentischen auf sie, theils dem geschichtlichen Zusammenhang des christlichen Gottesdienstes mit der jüdischen Synagoge, ohne daß sie deshalb die normale Dignität oder die Eingebung der neutestamentischen theilen.

Es ist nicht zu läugnen, daß der fromme Sinn der

evangelischen Christen im Ganzen einen großen Unterschied zwischen beiderlei heiligen Schriften anerkennt; wie denn selbst die edelsten Psalmen doch immer etwas enthalten, was sich die christliche Frömmigkeit nicht als ihren reinsten Ausdruck aneignen kann, so daß man sich erst durch unbewußtes Zusetzen und Abnehmen selbst täuschen muß, wenn man meint, aus den Propheten und Psalmen eine christliche Lehre von Gott zusammensetzen zu können. Auf der andern Seite ist eine überwiegende Vorliebe, sich als Ausdrucks für das fromme Selbstbewußtsein alttestamentischer Sprüche zu bedienen, fast immer mit einer gesetzlichen Denkweise oder einem unfreien Buchstabendienst verbunden. Dogmatik.

239.

Das Alte Testament ist in Beziehung auf die christliche Sittenlehre ganz überflüssig. Man kann eigentlich Christliches nicht daraus entwickeln. Diese Unterscheidung ist noch keinesweges anerkannt. Ihre Vernachlässigung aber ist für die christliche Sittenlehre noch gefährlicher, als für die Glaubenslehre, weil wir mit dem Decalogus den ganzen gesetzlichen Geist in die christliche Sittenlehre einführen.

Christliche Sitte.

240.

Es ist die nicht genug zu beklagende beschränkte Ansicht des heiligen Buchstabens (der Schrift), an die ich nicht denken kann ohne theils darüber zu jammern, theils mich dagegen zu ereifern, als ob Großes daran könnte gelegen sein, daß dies oder jenes was wirklich und unläugbar im Sinne des Christenthums von uns speculirt und gelehrt oder den Christen aufgegeben wird, doch auch ja ein und das andere Mal mehr, oder um es gleich ganz und gerade heraus zu sagen, daß es überhaupt je buchstäblich in den heiligen Büchern stehe, und wir nicht vielmehr volles Recht hätten, auch das mit demselbigen göttlichen Ansehn vorzutragen, was so gewiß, als die heiligen Bücher eine bestimmte Sinnesart und Ansicht darlegen, eben weil es in diese Ansicht gehört, aus ihrem wesentlichen Inhalt herfließt und in Uebereinstimmung damit steht, also auch wirklich im Ganzen derselben enthalten ist, wenn gleich nicht einzeln herausgehoben. Deshalb wahrlich könnte ich an jeder kritischen Untersuchung ganz ruhig theilnehmen, und noch manches missen aus unserer biblischen Sammlung, und gewiß mit mir jeder, der nicht etwa der wunderbaren Meinung zugethan ist, das Christenthum könne seine Göttlichkeit nur abgeleitet besitzen von einer irgend anderweitigen Göttlichkeit der Schrift, und habe sowohl seine Einheit als die Begründung seiner einzelnen Theile nur in ihr, sondern für den vielmehr die Göttlichkeit der Schrift keine andere ist, als die Göttlichkeit des darin Enthaltenen, des Christenthumes selbst.

Ueber den 1sten Brief des Paulus an Timotheus.

241.

Das entstehende Christenthum, Urchristenthum, umfaßt nur die Zeit, wo Beide — Lehrbegriff und Kirchenverfassung — erst wurden, also nicht abgesondert von einander schon waren.

Die Kenntniß des Urchristenthums ist in den wenigen schriftlichen Dokumenten enthalten, welche den Kanon bilden, und beruht vornemlich auf deren richtigem Verständniß. Daher der Namen exegetische Theologie.

Darstellung des theolog. Studiums. 1. Ausg.

242.

Die letzte Epoche in der Geschichte des Christenthums ist die Reformation, durch welche sich der Gegensatz zwischen Protestanten und Katholiken festgestellt hat. Die Beziehung beider Partheien aufeinander muß bei der Darstellung überall ins Auge gefaßt werden.

Darstellung des theolog. Studiums. 1. Ausg.

243.

Für die Reformation ist die vollständige sittliche Rechtfertigung diese, daß in ihr zwei Elemente zusammenfallen. Die Wiederherstellung ging vorzüglich auf Rechtfertigung, Abendmahl und Priesterstand; Alles wie es früher gewesen war, und wollte keine Spaltung werden, sondern diese wurde aufgedrungen. Eben dadurch aber wurde das individualisirende Element frei, welches schon lange hätte thätig sein sollen. Wie besonders stark dieses in Luther war, so daß der Prozeß von ihm ausgehen konnte, sieht man aus Uebersetzung und Liedern.

Christliche Sitte.

244.

Sofern die Reformation nicht nur Reinigung und Rückkehr von eingeschlichenen Mißbräuchen war, sondern eine eigenthümliche Gestaltung der christlichen Gemeinschaft aus ihr hervorgegangen ist, kann man den Gegensatz zwischen Protestantismus und Katholizismus vorläufig so fassen, daß ersterer das Verhältniß des Einzelnen zur Kirche abhängig macht von seinem Verhältniß zu Christo, der letztere aber umgekehrt das Verhältniß des Einzelnen zu Christo abhängig von seinem Verhältniß zur Kirche.

Dogmatik.

245.

Wir haben eine alte Formel am apostolischen Glaubensbekenntniß, die sehr zeitig entstanden und das Erste ist, was man als einen Lehrbegriff aufstellen kann. Wenn wir diese Formel an unser jetziges Bedürfniß halten: so muß man sie als völlig unzureichend erklären.

In der evangelischen Kirche wurde das Prinzip aufgestellt daß Niemand Glaubensartikel aufstellen und aufdringen dürfe, sondern daß das göttliche Wort die Glaubensartikel stelle. Aber das göttliche Wort stellt keine Glaubensartikel; und wenn man dieses Prinzip festhält, so ist es nicht eher möglich einen Lehrbegriff aufzustellen, als bis man sich über die Schriftauslegung verständigt hat. Das Kirchenregiment hat (aber) die Freiheit der Schriftauslegung und der dogmatischen Folgerung zu beschützen, damit es möglich sei mit der Zeit zu einem Lehrgebäude zu gelangen.

Praktische Theologie.

246.

Zur Zeit der Reformation war guter Grund, die Lehre, wie sie damals war, treu darzustellen, um öffentlichen Verläumdungen entgegen zu wirken, und in keiner andern Absicht sind unsere symbolische Bücher verfaßt. Wer aber jetzt symbolische Bücher wollte, der könnte sie nur wollen als authentische Schrifterklärung, und als solche sind sie unevangelisch. Unsere Kirche ist eine freie Kirche und soll es bleiben, und auch die Union soll nichts, als ihre Freiheit befördern, indem sie die verschieden Denkenden dazu vereinigt, daß sie mit einander verhandeln, ohne, das Resultat sei welches es wolle, in die Lage zu kommen, die Kirchengemeinschaft zu verändern. — Unsere Kirche ist des Vaters großes Haus, in welchem viele Wohnungen sind, und als solches wollen wir sie erhalten und nicht wieder zu dem Römischen Standpunkte zurückkehren.

Christliche Sitte.

247.

Es zeigt sich oft in der evangelischen Kirche ein Verlangen die feststehenden Lehren als solche zur Anschauung zu bringen, und das ist das Verlangen nach einem Symbol. Man erkennt es sehr häufig an, daß wir uns keine Glaubenssatzung von irgend jemand aufdringen lassen sollen, und so oft ein Punkt aufgestellt wird als streitig, interessiren wir uns für die Freiheit der Untersuchung, aber es zeigt sich auch das Verlangen daß der Streit bald aufhöre. Da sagt man wäre es denn einmal Zeit daß man ein neues Symbol aufstellte, damit ein Jeder sähe, was durch den Streit entstanden sei. Ich behaupte, daß das uns gar nicht helfen sondern nur schaden würde. Ist eine Uebereinstimmung da: so braucht man kein Symbol; sie ist da und erscheint dann immer wieder auch in den verschiedensten Gestaltungen, und man erfreut sich ihrer weit mehr, als wenn sie im Buchstaben dasteht. — Die Sache ist die: ein Symbol ist entweder schädlich oder überflüssig. Wenn eine Zeit kommt wo man von dem Symbol Gebrauch machen könnte, so wird es schädlich; sobald eine Zeit da ist wo ein Symbol ohne schädlich zu sein da sein kann, so ist es nicht nöthig — und zwischen beiden giebt es in der evangelischen Kirche nichts.

Praktische Theologie.

248.

Es ist etwas ganz Verkehrtes wenn man glaubt durch den Buchstaben etwas in der evangelischen Kirche schaffen zu können; so wie ich etwas von der Art bemerke, glaube ich in der katholischen Kirche zu sein, wo die Leute sagen: ich glaube Alles was die heilige Kirche befiehlt; der Unterschied bleibt dann nur, daß das authentische Dogma etwas anders bestimmt ist, der eigentliche evangelische Geist ist weg und die evangelische Kirche so versteinert wie die katholische.

Die Augsburgische Confession ist nur eine Darstellung dessen was damals gelehrt wurde und werden sollte, um die übertriebenen Gerüchte zu widerlegen. Dies als bindend für alle Zeiten anzusehen ist ein Unsinn der sich nicht größer denken läßt. Die evangelische Kirche bleibt nur eine evangelische, wenn sie die Beweglichkeit des Dogma durch die Schrifterklärung annimmt; sie wird darum nicht in sich selbst zerfallen, sondern durch den Geist eins sein.

Praktische Theologie.

249.

Mit dem höchsten Erstaunen habe ich neulich (1831) in einem Aufsatz eines akademischen Theologen gelesen, es sei der Grundcharakter des Protestantismus, sich auf unwandelbare schriftliche Grundlagen zu basiren, und besonders den Klerus unter das Gesetz einer unverbrüchlichen Verfassungsurkunde zu stellen. Wurde mir doch zu Muthe, als wäre ich plötzlich von Finsterniß umfangen und müßte nach der Thüre tappen um wieder ans freie Licht zu kommen. Und so werden gewiß Viele empfinden die eben so wenig rationalistisch sind als ich. Ich wenigstens, wenn statt des edlen Grundsatzes der Freiheit, daß keine Versammlung das Recht hat Glaubensartikel zu stellen, jener geltend gemacht werden sollte, will lieber mit allen Rationalisten die nur ein Bekenntniß zu Christo zulassen und aus Ueberzeugung fortfahren sich Christen zu nennen, auch mit denen gegen deren Lehrweise ich mich am bestimmtesten erklärt habe, in einer Kirchengemeinschaft sein, welche freie Forschung und friedlichen Streit zuläßt, als mit jenen in einer Verschanzung zusammengesperrt, welche der starre Buchstabe bildet.

Sendschreiben an Dr. von Cölln und Dr. Schulz.

250.

Oefter habe ich die Frage aufwerfen hören, ob nicht eine Bekenntnißschrift nothwendig wäre für die unirte Kirche, und aus allen Kräften habe ich mich immer dagegen gestemmt, weil mir immer, wie weitschichtig sie auch gestellt werden, wie wenig sie auch enthalten sollte, doch bange wurde für unsere wohlerworbene Freiheit.

Kommt eine Zeit, wann unsere Geistlichen in einem befriedigenderen Grade übereinstimmend denken: so werden sie auch übereinstimmend lehren; und geschieht dies schon von selbst, wer sollte dann eine Bekenntnißschrift vermissen, wie bündig und vortrefflich sie auch sein möchte? Denn die Uebereinstimmung wird sich ja viel reichlicher und auf eine viel erfreulichere und lebendigere Art kund geben in den mannigfaltigen Formen der Lehre selbst, in welchen sie als die individuellen Verschiedenheiten beherrschend erscheint, wogegen der absichtlich abgemessene sich immer gleichbleibende Buchstabe eines Bekenntnisses doch nur einen trocknen Eindruck macht.

Vorwort zu den Predigten über die Augsburgische Confession.

251.

Es giebt Menschen die Alles in Eine Form möchten gegossen haben, überall dieselbe Sache auch in derselben Gestalt, und diese so einfach als möglich. Weil es ihnen an dem Talent fehlt sich zurecht zu finden an verwickelten menschlichen Dingen, und zugleich an dem Sinne in dem Gegenwärtigen auch seine Entstehung und den großen Zusammenhang der Kräfte und Begebenheiten anzuschauen: so haben sie es sich zum Gesetz gemacht alle Einrichtungen, welche die Spuren eines solchen Zusammenhanges an sich tragen, als gothisch und altfränkisch zu verschreien, und auf ein albernes Urbild von Einfachheit so handfest sie können überall loszuarbeiten. Mit diesem Streben nach Vereinfachung dünken sie sich Philosophen; da es doch genugsam beweist nicht nur daß sie verwahrloset sind in der Gabe etwas verständig zu verstehen und vernünftig zu behandeln, sondern auch daß sie von dem was die Welt sein oder werden solle gar wunderliche und unphilosophische Vorstellungen haben. Von solchen Menschen und in solchem Sinne ist auch zum öftern die Vereinigung der Protestanten als eine gar heilbringende Sache in Vorschlag gebracht worden. Zu diesen nun bekennt sich der Verfasser nicht und sein Sinn ist gar nicht der ihrige. Gutachten in Sachen des protestant. Kirchenwesens.

252.

Die dogmatisirende Systemsucht, welche, verschmähend die Verschiedenheit mit zu construiren, vielmehr alle Verschiedenheit ausschließt, hemmt allerdings, soviel an ihr ist, die lebendige Erkenntniß Gottes, und verwandelt die Lehre in todten Buchstaben. Denn eine so fest aufgestellte Regel, die alles anders lautende verdammt, drängt alle Productivität zurück, in der doch allein die lebendige Erkenntniß sich erhält, und wird also selbst zum todten Buchstaben. Man kann sagen, dies sei die Geschichte der Bildung des römisch-katholischen Lehrbegriffs in seinem Gegensatz gegen den protestantischen, und die Entstehung der evangelischen Kirche sei von diesem Gesichtspunkt aus angesehen nichts anderes, als das Sichlosreißen der eignen Productivität aus der Gemeinschaft mit einer solchen Regel.

Reden über die Religion. 3. Ausg.

253.

Ein Theologus wird nicht anders reif denn durch Zweifel und Anfechtung; das ist ein altes wahres und herrliches Wort. Die Zweifel entstehen in einer von dem Ganzen der jedesmaligen wissenschaftlichen Forschung mitbewegten Theologie, wie Gott sei Dank unsere protestantische immer sein und bleiben muß, doch von selbst, und daher ist nichts wünschenswerther, als daß eine jede Ansicht vorgetragen, und zwar der theologischen Jugend gerade in jenen Jahren der lebendigsten Erregung mit aller Schärfe und Strenge, deren sie fähig ist, vorgetragen werde, so es nur ernsthaft und treu von ernsten gewissenhaften und wahrheitliebenden Männern geschieht.

Das sind freilich allbekannte und oftgesagte Wahrheiten, es scheint aber jetzt mehr als je nothwendig, daß sie recht oft und schlicht wiederholt werden; und so habe ich auch hier nicht unterlassen wollen das Bekenntniß abzulegen, daß meiner Ueberzeugung nach protestantische Synoden gewissenlos handeln würden, wenn sie sich auf irgend eine Weise zu Werkzeugen brauchen ließen, um die Freiheit des öffentlichen theologischen Schriftverkehrs und des Kathedervortrags zu beeinträchtigen, eine Freiheit deren die protestantische Kirche nicht entbehren kann.

Ueber Synodalverfassung.

254.

Das ist mein Glaube, und zwar grade mein christlicher Glaube, daß ich fest überzeugt bin, ein reines und ernstes

Bestreben vornemlich über die heiligen Gegenstände des Glaubens sich verbreitend müsse mit dem glücklichsten Erfolg gekrönt werden; und das ist meine christliche Liebe, daß ich in Jedem, den ich zu achten gedrungen bin, auch das Gute und Schöne aufsuche und wirklich sehe, was sich in diesem Augenblicke auch nicht äußert, und sich vielleicht noch nicht ganz entwickelt hat. Wer aber einen andern Glauben hat und eine andere Liebe, dem will ich sie nicht beneiden.

Ueber die Schriften des Lukas. Zueignung an de Wette.

255.

Wenn die (religiösen Ansichten) heutiges Tages schroffer aus einander treten, und wir auch im Leben mit der feineren und gebildeteren Welt oft Ursache finden zu bedauern, daß Menschen, welche es verdienten einander zu lieben und liebend auf einander zu wirken, dadurch gänzlich von einander getrennt werden, und sich gegenseitig ausschließen, so mag es ein erfreulicher Anblick sein, wie die verschiedensten Auffassungsweisen des Christenthums hier — nicht etwa nur friedlich neben einander sind, weil sie sich gegenseitig ignoriren, sondern wie sie sich einander freundlich stellen zur vergleichenden Betrachtung.*)

Vorerinnerung zur 2. Ausg. der „Weihnachtsfeier.“ (1827.)

256.

Wenn ich denke, daß unsere künftigen Synoden es unternehmen wollten gesprächsweise den großen Streit zwischen den Rationalisten und Supernaturalisten und zwischen

*) Aus der „Weihnachtsfeier“ selbst schien nichts isolirbar. Die letzte treffliche Rede (des Eduard) könnte wohl für sich bestehen, ist aber zu lang um hier Platz zu finden, und auch zu sehr mit dem Ganzen verflochten, um davon getrennt nicht zu verlieren.

Anm. des Herausgebers.

dem Mysticismus und der moralischen Religion, und was sich Untergeordnetes und Kleineres daran schließt, zu schlichten, so befällt mich ein Jammer, daß ich mich lieber um jeden Preis, so weit es das Gesetz nur verstattete, von so vergeblichen Bemühungen zurückziehen möchte.

Ueber Synodalverfassung.

257.

Darüber besorge ich keinen Zwiespalt unter uns, daß es weder christlich ist noch heilsam, die sogenannten Rationalisten, wenn auch freundlich und mit guter Art, aus unserer Kirchengemeinschaft heraus zu nöthigen; und es ist schmerzlich, wenn Männer von mildem Charakter und wohlbegründetem Ansehen, das wahre Interesse der Kirche so weit verkennen, daß sie sich in einen solchen Angriffskrieg hineinziehen lassen. Tritt nun eine einseitige Tendenz so stark hervor, als hierbei geschehen ist: so ist es meine, ich weiß nicht, soll ich sagen Art oder Unart, daß ich aus natürlicher Furcht das Schifflein, in dem wir Alle fahren, möchte umschlagen, so stark als es bei meinem geringen Gewichte möglich ist, auf die entgegengesetzte Seite trete. Und da genügt mir nun nicht, nur irgend wie zu erklären, wie bereitwillig ich meinerseits bin die würdigen Männer, die man so nennt, in unserer Kirchengemeinschaft zu behalten: sondern ich möchte auch gern zeigen, daß sie mit ihrem guten Rechte darin sein und bleiben können. Mein Versuch, das Häretische zu konstruiren und zu beschränken, so wie die bestimmte Unterscheidung des Heterodoxen vom Häretischen — ein Gegenstand der fast ganz vernachlässigt zu werden pflegt, fast als ob er durch die völlig veraltete Untersuchung über die Fundamentalartikel schon abgemacht wäre —, und außerdem noch manches Andere anderwärts gesagte, Alles dieses hat dieselbe

Abzweckung. Aber ich wollte nicht nur im Allgemeinen recht viel Raum machen innerhalb des Kirchlichen, im Gegensatz gegen beide Parteien, die jede von ihrem Brennpunkt aus ihn immer mehr zu verengern suchen, so daß wirklich Gefahr entsteht daß er sich doch theile; sondern meine Absicht war auch im Einzelnen so viel möglich an allen Hauptpunkten nachzuweisen, nicht nur wie viel Raum noch sei zwischen den kirchlichen Thesen und den ihnen gegenüberstehenden häretischen, sondern auch wie viel freundliche Zusammenstimmung das innerhalb dieses Raumes dem Orthodoxen und Heterodoxen Gemeinsame noch zulasse. Je mehr wir uns in dieser Stellung halten, um desto leichter wird sich dann der Wahrheit nach ermitteln lassen, wie viel eigentlich Streit sei um die Gesinnung, die jetzt von beiden Seiten oft ziemlich voreilig, wie mir scheint, angefochten zu werden pflegt.

Zweites Sendschreiben an Dr. Lücke über die „Glaubenslehre."

258.

Wenn die Reformation, aus deren ersten Anfängen unsere Kirche hervorgegangen ist, nicht das Ziel hat, einen ewigen Vertrag zu stiften zwischen dem lebendigen christlichen Glauben und der nach allen Seiten freigelassenen, unabhängig für sich arbeitenden wissenschaftlichen Forschung, so, daß jener nicht diese hindert, und diese nicht jenen ausschließt; so leistet sie den Bedürfnissen unserer Zeit nicht Genüge, und wir bedürfen noch einer andern, wie und aus was für Kämpfen sie sich auch gestalten möge. Meine feste Ueberzeugung aber ist, der Grund zu diesem Vertrage sei schon damals gelegt, und es thue nur Noth, daß wir zum bestimmteren Bewußtsein der Aufgabe kommen, um sie auch zu lösen. Am ersten fehlt es nicht: gemahnt ist jeder genug, und zwiefach aufgefordert zur Lösung etwas beizutragen ist jeder der an

Beiden zugleich, am Bau der Kirche und am Bau der Wissenschaft, irgend einen thätigen Antheil nimmt. — Dies ist ganz vorzüglich der Standpunkt meiner Glaubenslehre.

Zweites Sendschreiben an Dr. Lücke über die „Glaubenslehre."

259.

In der neuern Zeit tritt (in der christlichen Kirche) die bildende Kunst zurück, Poesie und Rhetorik vor. Die Masse will zum Erkennen hin, das Gefühl soll auch erkannt werden; der poetische und rhetorische Ausdruck verwandelt sich in einen dialektischen. Die Religion kommt dadurch in das Gebiet der Sprache gerade, wie sie durch die Wissenschaft bestimmt ist. Diese ist auch ein Werdendes. In der Wissenschaft selbst hat sich durch Mißverstand ein Zwiespalt erzeugt; an diesem muß die Bildung des Dogma Antheil nehmen. Daher ein eben solcher Streit zwischen Kirche und Wissenschaft wie zwischen Kirche und Staat, wo gar keiner sein sollte. Die Kirche will durch die Formeln, welche die Reflexion über das Gefühl ausdrücken, die Wissenschaft beschränken. Die Wissenschaft will der Kirche die Gesichtspunkte des Erkennens aufdringen, damit sie ihre Formeln auf diese einrichten soll. Gemehrt wird der Streit dadurch, daß die activ administrirenden Glieder der Kirche zugleich Glieder der wissenschaftlichen Gesellschaft sind. Daher die Verwechselung des zwiefachen Interesse. — Das Dogma ist freilich unentbehrlich, aber nur das ist wahre Entwicklung, wirklich dogmatische Einheit, dem auf dem Gebiet der Kunst und der Sitte etwas Bestimmtes entspricht. Alles Andere ist nur unter der Botmäßigkeit der Wissenschaft erzeugt und verwerflich. — Die Blüthe beider Corruptionen fällt zusammen im 12ten bis 14ten Jahundert, höchste Ausbildung der Hierarchie und der theologischen Dialektik.

Kirchengeschichte.

260.

Das Beste und Eigenthümliche unserer Theologie ist die edlere Gestalt, welche die Dogmatik durch die Reformation gewonnen hat, und der rege Trieb des Forschens in der Schrift und über die Schrift. Unsere Güter sind dies unstreitig; denn wenn auch die römische Kirche einigen Theil daran genommen hat, so ist das größtentheils nur geschehen durch die Rückwirkung des Protestantismus auf sie; und wenn sie bei uns bisweilen verdunkelt worden sind: so ist das nur in dem Maaße geschehen, als wir den Gegensatz gegen die römische Kirche nicht stark genug halten, sondern uns wieder in das Traditionelle verloren haben. Aber was wird aus diesen Gütern werden, wenn eine strenge und mächtig durchgeführte Verpflichtung auf die symbolischen Bücher allgemein werden sollte? Zuerst unstreitig werden der speculative und der historische Geist sich sträuben und kämpfen, und auf alle Weise darzuthun suchen, wie eben selbst der Geist der symbolischen Bücher nothwendig über ihren Buchstaben hinausführe. Aber am Ende, je mehr die Masse sich den Fesseln fügt, je weniger Nachfrage also entsteht nach freier Forschung und Gestaltung, um desto mehr werden beide von unsern Lehrstühlen und aus unserer Bücherwelt verschwinden. Dies gilt nicht nur von der Dogmatik, sondern auch von der Schriftauslegung; denn für diese muß das Interesse bald aufhören, wenn sie nicht mehr auf jene wirken darf. Ist Alles was in den symbolischen Büchern vorkommt auf gleiche Weise geheiligt; ist also die bildliche Vorstellung vom jüngsten Gericht in eben dem Sinne ein Dogma wie die Lehre vom Sohne Gottes, und die magische Wirksamkeit des Teufels auf die Seele eben so wie die Wirkung des göttlichen Geistes durch das Wort: so ist für den Auslegungskünstler bei der übrigen Beschaffenheit dieser Bücher nichts mehr der Mühe Werthes vorhanden. Der wissenschaftlichen Form, wenn sie noch fortwalten will, wird nichts übrig bleiben als scholastische Genauigkeit in der Dogmatik und lexikographische Vollendung in der Exegese. Zuletzt bleibt dann nichts mehr übrig, als daß die Theologie sich als ein rein traditionelles Gebiet von der übrigen Bildung sondert und so erstirbt. Sollten aber das speculative Interesse so wie das geschichtliche und kritische nicht können ausgetrieben werden: dann bleibt nichts übrig als daß sich neben der öffentlichen Lehre oder hinter ihr eine geheime bilde; und das wäre das Schlimmste was uns begegnen könnte, bis jene wieder von dieser besiegt würde.

Ueber den Werth und das bindende Ansehen symbolischer Bücher.

261.

Wir würden nicht so viel zu klagen finden über zunehmenden Sektengeist und parteigängerische fromme Verbindungen, wenn nicht so viele Geistliche wären, welche die religiösen Bedürfnisse und Regungen der Gemüther nicht verstehen, weil der Standpunkt überhaupt zu niedrig ist, auf dem sie stehen, daher denn auch die dürftigen Ansichten, welche so häufig ausgesprochen werden, wenn von den Mitteln die Rede ist, dem sogenannten Verfall des Religionswesens aufzuhelfen. Es ist eine Meinung, welche vielleicht nicht viel Beifall finden wird, welche ich aber doch nicht verschweigen kann, daß es nemlich gerade eine tiefere spekulative Ausbildung ist, welche diesem Uebel am besten abhelfen würde; die Nothwendigkeit derselben wird aber aus dem Wahn, als ob sie dadurch nur um so unpraktischer werden würden, von den meisten Geistlichen und denen, welche die Ausbildung derselben zu leiten haben, nicht anerkannt.

Reden über die Religion. 3. Ausg.

262.

Besondere Anstalten zur Bekehrung der Juden mitten unter den Christen scheinen mir etwas völlig verkehrtes. Die Juden nemlich, die unter den Christen zerstreut leben, sind überall mit diesen in geselligem Verkehr. Es kann ihnen also niemals an der Anschauung des gesammten christlichen Lebens fehlen. Und entwickelt sich aus dieser Anschauung eine Empfänglichkeit für das Christenthum: so stehen ihnen die christlichen Kirchen offen, sich darüber zu unterrichten, und glauben sie besonderer Belehrung zu bedürfen, so wissen sie auch, an wen sie sich zu wenden haben. Von der anderen Seite hat jeder Christ, der mit ihnen im Verkehr steht, die Aufgabe, ihnen die christlichen Gesinnung zu Tage zu legen und sie zu derselben zu bekehren.

Christliche Sitte.

263.

In jeder Glaubensweise sind es die Beschränkteren, welche die Gemeinschaft so streng abschließen, daß sie auf der einen Seite an den Religionsübungen anderer Glaubensweisen gar keinen Theil nehmen wollen, und also auch in völliger Unkunde ihrer Art und ihres Geistes bleiben, und auf der andern um der geringsten Abweichung willen auch gleich eine besondere Gemeinschaft unter sich stiften möchten. Hingegen sind es die freieren und edleren, welche nicht nur als unthätige Zuschauer, sondern so weit es gehen will durch lebendige Theilnahme an dem Gottesdienst, dessen Bestimmung ja vorzüglich in der Darstellung liegt, sich das Gemüth fremder Glaubensgenossen liebend zu vergegenwärtigen suchen.

Reden über die Religion. 3. Ausg.

264.

Die unduldsame Lieblosigkeit unserer neuen Frommen, die sich nicht mit dem Zurückziehen von dem was ihnen zuwider ist, begnügt, sondern jedes gesellige Verhältniß zu Verunglimpfungen benutzt, welche bald allem freien geistigen Leben gefährlich werden dürften, ihr ängstliches Horchen auf bestimmte Ausdrücke, nach denen sie den einen als weiß bezeichnen und den andern als schwarz, die Gleichgültigkeit der Meisten gegen alle großen Weltbegebenheiten, der engherzige Aristokratismus Anderer, die allgemeine Scheu vor aller Wissenschaft, dies sind keine Zeichen eines geöffneten Sinnes sondern vielmehr eines tief eingewurzelten krankhaften Zustandes, auf welchen mit Liebe, aber auch mit strenger Festigkeit gewirkt werden muß, wenn nicht daraus dem Ganzen der Gesellschaft mehr Nachtheil erwachsen soll, als das erweckte religiöse Leben Einzelner ihr geistigen Gewinn bringt. Denn das wollen wir nicht in Abrede stellen, daß viele der Geringeren aus ihrer Stumpfsinnigkeit, der Vornehmeren aus ihrer Weltlichkeit nur durch diese herbere Art und Weise der Frömmigkeit geweckt werden konnten, wollen aber dabei wünschen und auf das kräftigste dazu mitwirken, daß dieser Zustand für die Meisten nur ein Durchgang werde zu einer würdigern Freiheit des geistigen Lebens. Dies sollte wohl um so leichter gelingen, als es ja deutlich und unverholen genug zu Tage liegt, wie leicht sich Menschen, denen es um etwas ganz Anderes als um wahre Frömmigkeit zu thun ist, dieser Form bemächtigen, und wie sichtlich der Geist abzehrt, wenn er eine Zeit lang in derselben eingeschnürt ist.

Reden über die Religion. 3. Ausg.

265.

Was die Consistorialverfassung betrifft: so sind die Erfahrungen die wir darüber haben und die sich aus der Natur der Sache begreifen lassen folgende: in dieser Verfassung wird die Entwicklung der Lehre durch das Schriftverständniß abhängig gemacht von der Persönlichkeit des Staatsoberhauptes. Das hat sich in allen evangelischen Ländern gezeigt. Daraus entstehen die größten Schwankungen in den Bewegungen der evangelischen Kirche und das ist schon an sich ein Uebel. Denn in der Kirche ist das Landesoberhaupt ein Einzelner in kirchlicher Hinsicht, und der Einzelne bewegt sich stets anders als das Ganze. — In der evangelischen Kirche finden sich auch davon Beispiele genug, wie in den kürzesten Zeiträumen die entgegengesetzten Maaßregeln genommen worden sind, und das immer von den einzelnen Oberhäuptern. So z. B. während der Streitigkeiten zwischen den strengen Lutheranern und den milderen Philippisten. So wie solche Streitigkeiten entstanden, war der Landesherr der einen Partei zugethan; sein Nachfolger war aber der entgegengesetzten Meinung und das Ganze kehrte sich dann um.

Praktische Theologie.

266.

Wenn unsere evangelische Kirche nicht bald in eine Lage versetzt wird, daß sich ein frischer Gemeingeist in ihr entwickeln kann, und wenn die beschränkende Behandlung unserer Hochschulen und unseres öffentlichen geistigen Verkehrs noch länger fortgesetzt wird: so sind die Hoffnungen, denen wir uns für dieses Gebiet überlassen zu können glaubten, nur taube Blüthen gewesen, und die schöne Morgenröthe der letzten Zeit hat nur Unwetter bedeutet. Es werden dann lebendige Frömmigkeit und freisinniger Muth aus dem geistlichen Stande immer mehr verschwinden, Herrschaft des todten Buchstabens von oben, ängstliche geistlose Sektirerei von unten, werden sich einander immer mehr nähern, und aus ihrem Zusammenstoß wird ein Wirbelwind entstehen, der viel rathlose Seelen in die aufgespannten Garne des Jesuitismus hineintreibt, und den großen Haufen bis zur gänzlichen Gleichgültigkeit abstumpft und ermüdet. Die Zeichen die dies verkünden sind deutlich genug; aber aussprechen sollte doch Jeder bei jeder Gelegenheit, daß er sie sieht, zum Zeugniß über die, die ihrer nicht achten.

Reden über die Religion. 3. Ausg.

# VI. Sittenlehre (Ethik).

267.

Ethik ist die Wissenschaft der Geschichte.

Hermeneutik.

268.

In der Ethik ist auszugehen von der Anschauung des Lebens. Abgeschlossenes Dasein, und Gemeinschaft mit dem Ganzen. Jenes ist das Gebundensein aller Naturkräfte in einem Centrum, die Gemeinschaft ist ein Insichaufnehmen und ein Aussichhervorbringen. Im vernünftigen Leben ist jenes ein Erkennen, dieses ein Darstellen. Die Wechselwirkung von Erkennen und Darstellen ist die Oscillation des sittlichen Lebens, keines von beiden kann ohne das andere gedacht werden. In der Ethik hat die Welt nur hierauf Bezug, sie ist Objekt für die Erkenntniß und Symbol für die Darstellung oder Organ für beides.

Ethik.

269.

Alles ethische Wissen ist Ausdruck des immer schon angefangenen aber nie vollendeten Naturwerdens der Vernunft — eines Weltwerdens von der Vernunft aus.

Es giebt ein Einssein von Vernunft und Natur, welches in der Ethik nirgend ausgedrückt sondern immer vorausgesetzt wird; und ein anderes, welches nirgend ausgedrückt, sondern auf welches überall hingewiesen wird.

Die vorausgesetzte Einheit ist ein vor allem Handeln nur als Kraft gegebenes ursprüngliches Natursein der Vernunft und Vernunftsein der Natur, von welchem alles Handeln der Vernunft ausgeht.

Enden aber kann die Ethik nur mit dem Setzen der Natur, welche ganz Vernunft, und einer Vernunft, in welcher alles Natur geworden ist, oder mit dem Setzen des seligen Lebens.

Ethik.

270.

Die Ethik kann als Wissenschaft nicht bestehen, wenn sie nicht das Recht sowohl als die Pflicht hat, das Ganze des menschlichen Handelns zu umfassen, und es muß in einem, als vollständig gedachten sittlichen Leben, alles Thun sich in ein sittliches, und sogleich ethisch zu beurtheilendes verwandeln.

Kritik der Sittenlehre.

271.

Das erste Erforderniß einer jeden Ethik ist die leitende Idee oder der oberste Grundsatz, welcher diejenige Beschaffenheit des Handelns aussagt, durch welche jedes Einzelne als gut gesetzt wird. Dann besteht das Weitere darin, daß die Handlungsweise, wodurch das Gute zu Stande kommen würde, in Beziehung auf die leitende Idee sowohl, als auch auf ihren besondern Gegenstand, bezeichnet werde. Endlich aber entsteht die Frage, ob auch die Gesammtheit der sittlichen Begriffe die ganze Sphäre des möglichen menschlichen Handelns ausfülle — ob das System auch vollständig und geschlossen ist.

Kritik der Sittenlehre.

272.

Da die Ethik als Wissenschaft der Geschichtsprinzipien auch die Art des Werdens eines geschichtlichen Ganzen nur auf allgemeine Weise darstellen kann: so läßt sich ebenfalls nur kritisch durch Vergleichung der dort aufgestellten allgemeinen Differenzen mit dem geschichtlich Gegebenen ausmitteln, was in der Entwicklung des Christenthums reiner Ausdruck seiner Idee ist, und was hingegen als Abweichung hievon, mithin als Krankheitszustand, angesehen werden muß.

Darstellung des theolog. Studiums. 2. Ausg.

273.

Die Sittenlehre mag noch so weit in das Einzelne ausgeführt werden: so wird sie doch nie Geschichtskunde; sondern beide bleiben immer aus einander.

Für einander sind sie, die Geschichtskunde das Bilderbuch der Sittenlehre, und die Sittenlehre das Formelbuch der Geschichtskunde. Ethik.

274.

Es ist nie meine Meinung gewesen, daß die Sittenlehre überall eine und dieselbe sein solle. Mir nemlich scheint, als ob die Moral nicht überall dieselbe sein könne; wie auch alle Zeiten beweisen, daß sie nie überall dieselbe gewesen ist. Denn ihre Form ist wesentlich speculativ, und kann nicht eher überall dieselbe sein, bis die Speculation überhaupt überall dieselbe geworden ist, wozu eben wegen der großen Fruchtbarkeit der letzten Jahrhunderte an allgemein gültiger Philosophie noch gar kein Anschein sich zeigen will. Dann aber auch ihr Inhalt kann nicht überall derselbe sein; denn wenn gleich Jeder der eine Sittenlehre darstellt, von der reinen Menschheit ausgeht, so sieht er doch diese nur durch das Medium seines Zeitalters und seiner Volksthümlichkeit. Daher jede allgemeingeltende Sittenlehre nur das Allgemeinste und auch dieses nur in solchen Formeln enthalten könnte, denen sich verschiedene Werthe unterlegen lassen: so daß die allgemeine Geltung immer mehr scheinbar sein würde als wahr.

Reden über die Religion. 3. Ausg.

275.

Platon hat keine zu Ende geführte und vollständige Darlegung seiner Ethik hinterlassen. Welcher aber verdiente wohl (unter den Arbeitern dieses Feldes) genannt zu werden, wenn dieser ausgeschlossen sein sollte? Oder wie könnte er es, da doch nicht geläugnet werden mag, daß er die Ethik als Wissenschaft gedacht und gewollt hat, und so deutlich zwar, daß Jeder gestehen muß, wie alle der Art Andeutungen und Aussprüche in seinen Werken nicht etwa aufs Ohngefähr hier so, dort anders hingeworfen, sondern zusammengehörige und von dem Kundigen leicht zusammenzufügende Theile eines eignen Ganzen sind.

Kritik der Sittenlehre.

276.

Fichte's System der Sittenlehre ist unter allen Werken dieses ausgezeichneten Denkers vielleicht das der Form nach vollendetste; die Wirkung aber, die es hervorgebracht hat, ist verhältnißmäßig wohl die geringste.

Ueber den Begriff des höchsten Gutes. (I.)

277.

Drei formale Begriffe der Ethik treten heraus vor allen übrigen, jeder eine Reihe von andern unter sich, keiner aber dem andern untergeordnet, die Begriffe nemlich der Pflichten, der Tugenden und der Güter, mit ihren Gegensätzen von Uebertretungen, Lastern und Uebeln.

Ihren wesentlichen Unterschied und ihre gleiche Ursprünglichkeit vorausgesetzt, entsteht, um so mehr da sich kein vierter Begriff findet welcher den gleichen Rang behaupten wollte, der Gedanke, daß jeder von ihnen einer andern Form der ethischen Idee entspricht, und als oberster seiner Art das Sittliche überhaupt bezeichne, insofern es auf jene Form sich bezieht. Demnach müßte in allen ethischen Systemen ihr Verhältniß gegen einander dieses sein, daß keiner dem andern mit Recht untergeordnet wäre, noch auch so beigeordnet, daß sie unter sich den Umfang des sittlichen Gebietes theilten, und auf diese Weise einer den andern ergänzte. Denn in diesem Falle müßten sie sämmtlich einem andern, nur nicht ausgesprochenen, als seine Theile untergeordnet sein. Sondern so vielmehr, daß jeder das Sittliche überhaupt und im Allgemeinen bezeichnet und es in seinen Unterabtheilungen ganz, aber nach einem andern Prinzip so theilt, daß, wie weit auch die Theilung fortgesetzt werde, die Theile des Einen nie zusammenfallen mit denen des Andern.

Kritik der Sittenlehre.

278.

Die drei Begriffe, Gut, Tugend und Pflicht stellen jeder für sich in seiner Ganzheit das ganze sittliche Gebiet dar; jeder aber thut dieses auf eine eigenthümliche Weise, ohne daß, was durch den einen gesagt wird, in der Wirklichkeit jemals könnte getrennt sein von dem durch den andern Gesagten. Wenn daher in dem ganzen menschlichen Geschlecht, von welchem hier nur die Rede ist, alle Güter vorhanden sind, so müssen auch alle Tugenden in Allen wirksam sein; und umgekehrt, sofern alle Tugenden in Allen sind, müssen auch alle Güter vorhanden sein, indem diese auf keine andere Weise, weder durch Zufall noch als ein göttliches Geschenk, sondern nur als die Thätigkeit aus der nothwendig zusammenstimmenden Wirksamkeit aller Tugenden entstehen können. Eben so nun, denn Pflicht ist der dritte zu jenen gehörige Begriff, können nicht jene beiden irgendwo gefunden werden, ohne daß eben da auch alle Pflichten wären erfüllt worden, so wie unmöglich alle Pflichten von Allen können erfüllt werden, als sofern auch alle Tugenden in ihnen gesetzt sind, und nicht ohne daß zugleich dadurch auch der menschlichen Gesellschaft alle Güter müßten erworben werden. Die Verschiedenheit dieser Begriffe aber zeigt sich darin, daß kein einzelnes Gut etwa entsteht durch Erfüllung einer und derselben sondern verschiedener ja genau genommen aller Pflichten, und daß keine Pflicht erfüllt werden kann durch die Thätigkeit einer sondern nur aller Tugenden, wie auch jede Pflichterfüllung, sofern die Tugend als Fertigkeit ein Werdendes ist, nicht zum Wachsthum nur einer Tugend sondern aller als Uebung beiträgt, und nicht nur auf die Entstehung und Erhaltung eines Guts hinwirkt, sondern aller.

Hieraus geht hervor, daß wenn das Sittliche in dem Tugendbegriff dargestellt wird als die eine sich aber mannichfaltig verzweigende dem Menschen als handelnden einwohnende Kraft, in dem Begriff des Gutes aber als Dasjenige, was durch die gesammte Wirksamkeit jener Kraft wird und werden muß, so kann es in dem Pflichtbegriff nur dargestellt sein, als das was zwischen diesen beiden liegt, d. h. als die sittliche Handlung selbst.

Ueber den Pflichtbegriff.

279.

a. Wenn sich die Sittenlehre als Güterlehre oder als die Lehre vom höchsten Gut vollständig entfaltet: so ist sie auch der vollständige Ausdruck der gesammten Einheit der Vernunft und Natur.

Höchstes Gut ist nicht ein einzelnes den andern gleichartiges aber in der Vergleichung über sie als bestes hervorragend, sondern der organische Zusammenhang aller Güter, also das ganze sittliche Sein unter dem Begriff des Gutes ausgedrückt.

Die Darstellung unter der Idee des höchsten Gutes ist allein selbstständig, weil Produciren und Produkt in derselben identisch gesetzt ist, und so der sittliche Prozeß zur vollen Darstellung kommt.

b. Auch eine vollständige Tugendlehre ist für sich die ganze Sittenlehre.

Wenn überall alle Tugenden sind: so muß auch das höchste Gut fertig werden.

c. Wenn die Pflichtformeln vollständig ausgeführt werden, so ist ebenfalls alles Ineinander von Vernunft und Natur ausgedrückt, und die Pflichtenlehre ist die ganze Sittenlehre.

Wenn alle Güter gegeben sind, müssen auch alle Tugenden und alle Pflichten mitgesetzt sein; wenn alle Tugenden, dann auch alle Güter und Pflichten; wenn alle Pflichten, dann auch alle Tugenden und Güter.

Da diese dreierlei Entwicklungen, deren jede das Ganze enthält, auch in der Naturwissenschaft stattfinden: so müssen sie in dem Wesen des beschaulichen Wissens gegründet sein.

Organische, dynamische und mechanische Naturwissenschaft sind richtig verstanden nichts anderes als jede eine anders vereinzelnde Entwicklung der Idee der Natur. In der ersten, in dem System der lebendigen sich wieder erzeugenden Formen; in der zweiten in dem System der Kräfte; in der dritten in dem Inbegriff aller in einander greifenden Bewegungen auf beschauliche Weise erkannt; in diesem Inbegriffe aber gehen alle Kräfte auf, und auch das Dasein aller lebendigen Formen.

So entspricht die Lehre vom höchsten Gut der Physik als Ausdruck des Systems der sich reproducirenden Formen, die Tugendlehre ihr als System der lebendigen Kräfte, die Pflichtenlehre ihr als System der in einander greifenden Bewegungen.

Ethik.

280.

Das in der Sittenlehre als ein Mannichfaltiges zu entwickelnde Einssein der Vernunft und Natur, läßt sich vereinzeln:

a. Zuerst als die Mannichfaltigkeit von Gütern.

Ein Gut ist jedes ethisch Gewordene für sich, welches zugleich ethisch erzeugend ist — die Affirmation dessen, was in der Idee liegt.

b. Dann als die Mannichfaltigkeit von Tugenden, sofern es verschiedene Arten geben kann, wie die Vernunft als Kraft der Natur einwohnt.

Die Vernunft in der menschlichen Natur — als Persönlichkeit — so wirksam, daß die Natur in ihren verschiedenen Functionen sich nur leidend verhält, ist der Sinn des Ausdrucks Tugend, und die Sittenlehre in dieser Form ist Tugendlehre.

c. Dann als die Mannigfaltigkeit von Pflichten, sofern es verschiedene Verfahrungsarten giebt, wie die Thätigkeit der Vernunft zugleich eine bestimmte auf das

Besondere gerichtete, und zugleich eine allgemeine auf das Ganze gerichtete sein kann.

Der gemeine Sprachgebrauch ist hier verwirrt und nennt oft Dasselbige bald Tugend bald Pflicht. Die Erscheinungen, welche eine gegebene Vernunftthätigkeit hervorbringt, sind irgendwo und irgendwann, aber diese sind nur sittliche, insofern sie in dieser Besonderheit zugleich die Richtung der Vernunft auf das ganze Einssein mit der Natur aussprechen. Und wiefern in den Begriff einer Vernunftthätigkeit dies beides aufgenommen ist, ist sie als Pflicht gesetzt.

Die verschiedenen Formen der Güter und Tugenden entstehen also daraus, daß überall in der Ethik Beziehung sein muß auf den Punkt der Voraussetzung und auf den Punkt der Vollendung. Bestehen nun beide: so entsteht die Aufgabe, da aus der Vernunftthätigkeit in den Einzelnen als Tugend das höchste Gut nur werden kann durch Bewegung, eine Formel zu finden für diese, d. h. für den ethischen Gehalt der einzelnen Handlungen als zusammenstimmend zur Hervorbringung des höchsten Gutes. Dies ist der Begriff der Pflicht. Die Verwirrung des Sprachgebrauchs korrigirt sich daher schon in den Formeln „tugendhaft sein" und „pflichtmäßig handeln." Ethik.

# VII. Sittenleben (überhaupt).

## Höchstes Gut. Tugend. Pflicht. Persönlichkeit.

281.

Wir bezeichnen das eigenthümliche Prinzip des geistigen Lebens am liebsten mit dem Namen Vernunft, weil hierdurch wohl am wenigsten schon im voraus Mißverständnisse ausgesäet werden; in dieser also, der Vernunft ist unsere ganze (ethische) Aufgabe abgeschlossen.

Ueber den Begriff des höchsten Gutes. (I.)

282.

Wenn wir den Menschen als eine bestimmte Form des Seins nehmen und diese theilen und dann sagen wollten, der Mensch bestehe aus Leib und Seele, so wäre dies eine einfache Entgegensetzung, die, auf das wissenschaftliche Gebiet übertragen, Ursach würde, daß der Mensch gar nicht als wahre Einheit sondern nur als Zweiheit erschiene. Denn die Seelenthätigkeit ginge dann ihren Gang rein für sich, und die leibliche auch, und es gäbe nur Harmonie zwischen Beiden, keine Einheit. Wenn wir nun aber sagen: der Mensch ist ein Ganzes, sein Leben besteht aus geistiger und leiblicher Thätigkeit, die aber überall zusammen sind, und wir können nur ihr Zusammensein theilen, so daß wir sagen, beide sind zusammen, aber hier dominirt die eine, dort die andere: so bleibt uns die Einheit des Menschen, und nur aus solcher Theilung kann die Vollständigkeit des Begriffs entstehen. Wogegen wenn man bei der ersten Art zu theilen bleibt, die Einheit des Menschen ganz verschwindet, indem man es nicht weiter bringt als bis zu einer präſtabilirten Harmonie.

Und wenn man nun weiter den Geist in Verstand und Willen theilt, so ist auch die Einheit des Geistes aufgehoben.

Dasselbe gilt von der Theilung in Vorstellung und Darstellung, jene wodurch das geistige Vermögen die Dinge sich einbildet, diese wodurch es sich den Dingen einbildet. Man müßte sagen: da der Mensch die Einheit ist von Vorstellung und Darstellung, so müssen auch beide in jeder seiner Thätigkeiten sein, nur daß in der einen die eine, in der andern die andere überwiegt.

Dialektik.

283.

Der Gegensatz von Leib und Seele hat sich mit dem Prinzip der neuen Zeit zugleich entwickelt, und es ist ein Symptom ihres Verderbens daß er sich überspannt hat. Wir müssen ihn nun wieder abstumpfen und mehr auf die Identität Beider in unsern Ansichten und Behandlungen sehen.

Erziehungslehre.

284.

Dem mit dem Eintreten des Prinzips der Begeistung entstehenden menschlichen Geschlecht gebührt es, die vollkommenste Gattung zu sein, d. h. das Eine in Allen, nemlich jenes Prinzip selbst muß auf das Vollkommenste in Allen dasselbe und aus allem Andern auf das vollkommenste ausgeschlossen, dann aber auch jedes Einzelwesen von allen andern auf das bestimmteste geschieden und verschieden, und also das Eine Selbige in jedem Einzelnen ein Eigenthümliches geworden sein. Dieses ist, wie es beides auch in der Menschengestalt am vollkommensten erscheint, so auch die allgemeinste Grundvoraussetzung, welche unser Bewußtsein konstituirt, und von welcher wir bei allem Handeln ausgehen.

Ueber den Begriff des höchsten Gutes. (I.)

285.

Dem Menschen gebührt, in dem vollkommensten Sinne des Wortes Gattung zu sein, so nemlich, daß jeder Ein zelne nicht nur durch seine Stellung in Raum und Zeit von allen Anderen verschieden ist,, sondern auch auf rein geistige Weise als eine eigenthümliche Modifikation der wenngleich in Allen selbigen Intelligenz.

Ueber den Begriff des höchsten Gutes. (II.)

286.

Es liegt im Begriff des Menschen als Gattung, daß Alle Einiges mit einander gemein haben, dessen Inbegriff die menschliche Natur genannt wird, daß aber innerhalb derselben es auch Anderes gebe, wodurch Jeder sich von den Uebrigen eigenthümlich unterscheidet.

Nun kann der ethische Grundsatz entweder nur eines von beiden zum Gegenstande haben, und ihm das andere unbedingt unterordnen; oder aber er kann Beides das Allgemeine und das Eigenthümliche nach einer Idee mit einander vereinigen.

Kritik der Sittenlehre.

287.

Der Mensch ist der Gipfel der aufsteigenden Reihe der Productionen der Erde, in ihm ist das Leben der Erde vollendet.

Der Mensch ist von der Erde her als Erscheinung, aber als Geist und Bewußtsein ist er vom Geiste her.

Er ist also das Sein des Geistes für die Erde und das Sein der Erde für den Geist; beides ist in ihm ausgesprochen und gleicht sich in ihm aus.

Aesthetik.

288.

Das Innerliche (Ideen, Urbilder) ins Einzelne hineinzubringen, ist die eigentliche Thätigkeit des Geistes.

Aesthetik.

289.

Wir unterscheiden in den freien menschlichen Thätigkeiten solche, von denen wir voraussetzen, daß sie von Allen, die wir unter den Begriff Menschen subsumiren, auf dieselbe Weise verrichtet werden: identische Thätigkeiten, und solche bei denen wir gleich die Verschiedenheit voraussetzen: individuelle Thätigkeiten. Wenn wir z. B. nur im Allgemeinen uns vorstellen das Denken, so werden wir dies gleich denjenigen Thätigkeiten zugehörig ansehen, die wir als identisch voraussetzen, sonst würde eine Verständigung zwischen jeden zwei gegebenen Menschen gar nicht möglich sein. Aber betrachten wir nun das Denken in seiner Wirklichkeit, so denkt Jeder in einer bestimmten Sprache, und darin schon liegt eine Verschiedenheit; so daß wir das Denken zwar im Allgemeinen als identisch setzen; aber zugleich, daß es sich in der Wirklichkeit differenzire.

Nehmen wir ein anderes Beispiel, um das Entgegengesetzte anschaulich zu machen, so ist auch das Empfinden eine menschliche Thätigkeit. Allerdings ist es hier die Frage, ob dies auch eine freie Thätigkeit ist, und wenn man fragt: hängt es von mir ab, ob ein solcher Akt so oder so ausschlage, ob mir etwas angenehm oder unangenehm sein soll, so kann man im Einzelnen dies nicht sagen. Ist aber deshalb diese Thätigkeit keine freie Thätigkeit? Ob ich mich von etwas afficiren lasse, hängt doch immer mehr oder weniger von meiner Freiheit ab; denn wenn meine freie Thätigkeit in einem hohen Grade eine bestimmte Richtung nimmt, so werde ich nicht afficirt von dem, von welchem ich unter andern Umständen afficirt werden würde. Ist Einer in Gedanken recht vertieft, so kann man ihm allerlei anthun, von dem er nicht afficirt wird; also hängt doch die Möglichkeit einer solchen Afficirung vom Zustande der freien Thätigkeit ab. Fragen wir aber, wie ist es mit dem Empfinden selbst, ist dies ein solches, was wir überall als identisch voraussetzen oder nicht; so scheint schon in dem Vorhergesagten die Antwort zu liegen, daß dies nicht der Fall ist, und wir setzen es als ursprünglich verschieden. Aesthetik.

290.

In der sittlichen Bedeutung ist Handeln gleich dem Wollen. Wo ein wirkliches Wollen ist, da ist auch gehandelt; keine That aber ist eine Handlung als nur durch das Wollen. Welche Handlung nun ihrer Natur nach mit keinem Wollen verbunden sein kann, die ist auch nicht sittlich, und in sofern ist freilich das Willkührliche die Gränze des Sittlichen, aber nur das an sich Unwillkührliche ist ausgeschlossen.

Kritik der Sittenlehre.

291.

Es giebt ein Handeln, wobei alles zuvor überlegt und berechnet ist, und ein anderes, das als ein völlig unmittelbares auftritt. Das letzte ist von unendlich höherem Werthe als das erste. Schon im Leben jedes Einzelnen beruht nur das wenigste und geringste auf einem Ueberlegen und Berechnen, von dem wir beim frischesten und meisten nichts wissen, noch mehr aber gilt dies vom Handeln im Großen, wo Alles auf großen Erregungen und Bewegungen der Völker beruht. Aber wir würden doch sehr Unrecht thun, wenn wir solches Handeln vom Wissen trennen wollten. Ist das unmittelbare Handeln eines Menschen bewußtlos, so können sich in ihm die entgegengesetztesten Bewegungen ablösen, ohne daß er dessen gewahr wird. Wo es aber, und das soll es sein, sich durchgängig klar ist, da ist auch ein lebendiges Wissen um die Prinzipien des Handelns, und insofern liegt ihm auch ein Wissen zum Grunde. Dialektik.

292.

Soweit geht des Menschen Wille, nicht als geistige Veränderungen in ihm vorgehen, denn dies kann auch wider seinen Willen geschehen, sondern als sie aus ihm hervorgehen, als er in geistiger Selbstentwicklung begriffen ist. Denn wie das Leben irgend eines Dinges darauf beruht, daß es in einer wenigstens leiblichen Selbstentwicklung begriffen ist, und das Gestein zwar in das allgemeine Leben, das heißt in die Selbstentwicklung der Erde aufgenommen ist, für sich allein betrachtet aber nicht als lebend gedacht wird, sondern als todt: so beruht nun die Persönlichkeit oder das geistige einzelne Leben, erhaben über das sowohl unbewußte niedere Leben der Pflanzen als über das höhere schon bewußte der Thiere, nicht darauf daß an einem Einzelwesen geistige Veränderungen vorgehen, sondern darauf daß sie aus ihm hervorgehen und daß es in einer solchen Selbstentwicklung begriffen sei, und der alte Ausdruck, daß der sündige Mensch geistlich todt sei, heißt nichts anderes, als daß er in keiner Selbstentwicklung eines bewußten Verhältnisses zu Gott begriffen sei, und kann deshalb auch von solchen, in denen fromme Rührungen vorgehen, gebraucht werden, jedoch nur in der Voraussetzung, daß diese von außen in ihnen bewirkt werden und nicht selbstthätig aus ihnen hervorgehen. Ueber die Lehre von der Erwählung.

293.

Alles höhere Leben ist Bewußtsein. Jedes Bewußtsein hat einen äußeren und einen inneren Faktor und ist verschieden je nachdem dieser oder jener der primitive ist. Erkennen, wenn der äußere der primitive; Handeln im engeren Sinn, wenn der äußere der letzte ist. Beide Akte haben ihren Organismus, und der ist im Menschen zusammengesetzt. In Jedem also ein Verhältniß jedes Zweiges zur Einheit. Erziehungslehre.

294.

Zum Bewußtsein muß der Mensch überall geweckt werden; wie sehr seine eigenthümliche Kraft auch von innen treibe und arbeite, sie bedarf doch immer auch eines Stoßes um wirklich herauszuschlagen; so jeder Moment der Geburt und der Offenbarung, aber auch die Erfindung und die Begeisterung bedürfen eines wenn gleich oft ganz verborgen bleibenden Anlasses. Weder jene innere Arbeit der geistigen Kraft, die hier in allen Fällen dieselbe sein wird, noch diesen äußern Anlaß, der ohnedies sehr verschieden sein kann, vermögen wir aus dem Dunkel hervorzuziehen.

Ueber die Begriffe der verschiedenen Staatsformen.

295.

Die innerste Einheit des Lebens als solche ist nicht Gegenstand für das Bewußtsein, weder im Ganzen als Menschheit noch im Einzelnen als Ich. Beides kann an sich nur vorausgesetzt, und alles Andere darauf bezogen werden.

Ethik.

296.

Es giebt kein Handeln ohne Gefühl, sondern dies ist nur Schein, theils wenn das Gefühl nicht unmittelbar durch den Gegenstand, auf den die Handlung geht, erregt ist, theils weil das höhere Gefühl einen durchaus milden leidenschaftslosen Charakter hat.

Christliche Sitte.

297.

Die Bestimmung des Menschen ist, die Welt in sich aufzunehmen und sich in der Welt darzustellen.

Erziehungslehre.

298.

Die beiden Charaktere (des einzelnen Menschen): Identität und Eigenthümlichkeit sind in der Realität immer verbunden.

Ethik.

299.

Von dem Punkte aus, wo der Mensch der animalischen Stufe am nächsten steht, arbeitet sich das Eigenthümliche erst allmählig aus dem Universellen heraus — es bilden sich Receptivität, Geschmack und Spontaneität neben und durch einander — im Ganzen aber bleibt überall die Darstellung zurück hinter dem Gefühl. Im Alter wird weniger Neues auf Seiten des Gefühls erzeugt, theils weil die Erregbarkeit überhaupt abnimmt, theils weil man sich wegen des veränderten Typus der Zeit aus dem gemeinsamen Leben mehr zurückzieht. Dagegen bleiben in einem wohlorganisirten Gemüth die alten Erregungen bewahrt, und die Erinnerung bricht in Darstellung aus, welche also das Uebergewicht hat über das Gefühl. Das Auszeichnende der Blüthe des Lebens besteht aber in dem Gleichgewicht zwischen Gefühl und Darstellung. Ethik.

300.

Insofern die menschliche Natur als Seele dasjenige ist, was alle Wurzeln des Ineinanderseins von Vernunft und Natur im sittlichen Gebiet in sich schließt, ist der Trieb das zunächst für die Vernunft Organisirte, und das Ineinandersein von Vernunft und Trieb ist Wille. Ethik.

301.

Das Gefühl oder die Gemüthsbewegung ist immer veranlaßt durch eine Einwirkung in das Einzelne als solches; und wenn es daher auch das Allgemeinste zum Gegenstande hat, wie das unmittelbar religiöse Gefühl die Gottheit im Gegensatz gegen das Endliche, und das unmittelbar sittliche den ethischen Prozeß gegen den physischen zum Gegenstande hat: so wird doch auch dies Allgemeinste im Gefühl ein besonderes, und das Gefühl ist nur ein sittliches, inwiefern es von der Besonderheit durchdrungen ist.

Die Vollendung dieses Seins der Vernunft in der Natur ist also das gesammte Gebiet der Empfindung, welches sich zu dem des Wissens verhält wie das Subjective zum Objectiven, und ist ein Jedem eignes und unübertragbares Erkennen. Ethik.

302.

Die Selbstliebe ist nur sofern sittlich, als sie alle andere Liebe in sich schließt; und alle andere ist nur insofern wahr, als sie die Selbstliebe aufnimmt. Ethik.

303.

Als größtes Bildungsgebiet ist gegeben die Erde als Eines für das menschliche Geschlecht als Eines, und also ein über dieses ganze Gebiet verbreitetes sittliches Verkehr.

Ethik.

304.

Als engstes Bildungsgebiet ist uns gegeben der menschliche Leib, jeder als Ein besonderer für jede menschliche Seele als Eine besondere, also das Leben als das abgeschlossenste und unübertragbarste Eigenthum. Ethik.

305.

Der Gegensatz von Gut und Böse bedeutet nichts Anderes als in jedem einzelnen sittlichen Gebiet das Gegeneinanderstellen dessen, was darin als Ineinandersein von Vernunft und Natur, und was als Außereinander von Beiden gesetzt ist.

Da es keine reale Antivernunft geben kann, in welchem Falle es auch einen Anti-Gott geben müßte: so kann der Gegensatz zwischen Gut und Böse nichts Anderes ausdrücken als den positiven und den negativen Factor in dem Prozeß der werdenden Einigung.

Der Gegensatz von Gut und Böse fällt (daher) außer der Sittenlehre. Er hat seinen Ort in der die Sittenlehre begleitenden Beziehung des empirisch Geschichtlichen auf das Ethische.

Sollte Böse ein ethischer Begriff sein, so kämen wir auf einen manichäischen Dualismus. Alles aber, was als ethisches Element aufgestellt wird, kann es nur unter dem Begriff des Guten, jedoch nicht insofern dieses dem Bösen entgegengestellt ist, sondern überhaupt in sofern gut das Einsgewordensein der Vernunft und Natur durch Wirksamkeit der ersteren bezeichnet.

Die Sätze der Sittenlehre dürfen also nicht Gebote sein; sondern sofern sie Gesetze sind, müssen sie das wirkliche Handeln der Vernunft auf die Natur ausdrücken.

Ethik.

306.

Die Einigung des höheren Prinzips mit der sinnlichen Natur, welche in jedem verbreitenden Handeln gesetzt ist, ist von ihrer inneren Seite angesehen Gesinnung, von ihrer äußeren Seite Talent.

Nemlich die innere geht auf die Einheit des Lebens, die äußere auf die Mannigfaltigkeit der Functionen.

Die innere ist da, in wiefern das Gefühl und seine Reaction, der innere Typus des Handelns, von dem höheren Lebensprinzipe beseelt ist. Die äußere ist da, wiefern die Functionen der sinnlichen Natur in ihren Verrichtungen vom höheren Prinzipe beseelt sind, also wenn die Ausführung dem Typus des inneren Handelns entspricht.

Keine wahrhafte Gesinnung ohne Talententwicklung. Ebenso auch dem wahren Sinne nach kein Talent ohne Gesinnung. Denn die bloße Tauglichkeit einer Function zu allerlei Zwecken verdient nicht Talent genannt zu werden, sondern nur die durch eine Idee gebundene. Jede Bildung einer Function ist freilich dem Wesen nach sittlich, weil sie nie blos animalisch sein kann; nur hat sie dann in sofern ihr beseelendes Prinzip außer der Persönlichkeit,*) in dieser betrachtet aber gehört sie blos dem niederen Leben an.

Christliche Sitte.

307.

Das höchste Gut — die dritte Gestalt der ethischen Idee (zu denen der Tugend und Pflicht) — ist die Gesammtheit Dessen, was durch die ethische Idee kann hervorgebracht werden, welches Hervorbringen freilich nur eine allgemeine Bezeichnung ist, und der näheren Bestimmung nach in jedem System verschieden sein kann, in dem einen sich verhaltend zum Hervorbringenden, wie die Welt zur Gottheit, in dem andern wie die Sprache zum Gedanken, oder wie die Frucht zur Pflanze. Was also ein Gut sein soll, muß sich wie ein Einzelnes auf jene Art hervorgebrachtes verhalten, und wiederum eine andere ethische Einheit sein, als die Pflicht war, oder die Tugend.

Dies aber ist der Begriff des Werkes und der Darstellung, welche aus der Gesinnung hervorgegangen, auch wieder die Gesinnung erweckt, indem sie sie verkündigt, und welche sittlich hervorgebracht, auch wieder die Kraft hat in einer anderen Reihe sittlicher Thätigkeit mitzuwirken.

Kritik der Sittenlehre.

308.

Wenn von dem Inbegriff der (ethischen) Güter die Rede sein soll, so kann nur auf die Gesammtheit der Vernunft zurückgegangen werden. Diese, daß ich mich so ausdrücke, als einen Organismus aufzustellen, in welchem jeder ver-

---

*) In anderen Einzelnen oder in einem Ganzen, wozu sich der Handelnde als passives Organ verhält.

Anm. des Herausgeb.

wirrende Gegensatz von Mittel und Zweck aufgehoben, jedes Auseinander auch ein Ineinander, jeder Theil auch das Ganze ist, nichts aber mit aufgenommen wird, was nicht aus dem Leben der Vernunft im menschlichen Geschlecht entsprungen ist und dasselbe auch fortpflanzt und erneuert, das ist es, was ich mir unter einer Darstellung des höchsten Gutes denke.
Ueber den Begriff des höchsten Gutes. (I.)

309.

In dem höchsten Gut sind alle menschlichen Tugenden mitgesetzt. Denn irgend etwas in den Erscheinungen der Menschheit dem Begriff des höchsten Gutes Angehöriges kann nur durch das Zusammenwirken aller menschlichen Tugenden entstehen und bestehen. Eben so können auch die Elemente dieser Wirksamkeit nichts Anderes sein, als die von allen Orten her ineinander greifenden, einander aufnehmenden und ergänzenden pflichtmäßigen Handlungen.
Ueber den Begriff des höchsten Gutes. (I.)

310.

Das höchste Gut als Inbegriff aller einzelnen Güter ist nur im Ineinander und Durcheinander aller einzelnen Güter, indem durch das lebendige Zusammensein derselben die relativen Gegensätze vereint, und so das vollkommene Abbild der absoluten Einheit des Idealen und Realen von der Vernunftseite dargestellt wird.
Ethik.

311.

Die einzelnen (ethischen) Güter sind nur von einander verschieden durch eine verschiedene Bindung derselben Gegensätze.*)
Ethik.

*) D. h. des Organisirens und Symbolisirens, beides mit den Charakteren des Identischen und des Individuellen. Der Herausg.

312.

Sowohl in der Thätigkeit welche das **Bewußtsein** bildet und mittheilt, als in der, welche die Dinge dem Menschen anbildet, und zwar auf beide Weisen, mag die **Einerleiheit** vorherrschen in dem Verschiedenen, oder die **Eigenthümlichkeit** im Gleichen, wird doch die Wirksamkeit der Vernunft erst ihre Selbstoffenbarung, wenn der Geist seine überirdische Heimath darin kund giebt, vermöge deren er das **Ewige und Einfache**, das **schlechthin Seiende**, auf eine geheimnißvolle Weise in sich trägt. Alles Dieses ist Eins, und keines ohne das andere; aber je nachdem wir den einen Standpunkt nehmen oder den andern, erscheint das **höchste Gut** bald als das **goldene Zeitalter** in der ungetrübten und allgenügenden Mittheilung des **eigenthümlichen Lebens**, bald als der **ewige Friede** in der wohlvertheilten **Herrschaft der Völker über die Erde**, oder als die **Vollständigkeit und Unveränderlichkeit des Wissens** in der Gemeinschaft der Sprachen, und als das **Himmelreich** in der freien **Gemeinschaft des frommen Glaubens**, Jedes von diesen in seiner Besonderheit, dann die andern in sich schließend, und das Ganze darstellend.*)

Ueber den Begriff des höchsten Gutes. (I.)

313.

Am reinsten nicht nur von Fehlern, sondern auch am vollständigsten findet sich der **Begriff der Güter**, wenn gleich auch nur unentwickelt, in der Sittenlehre des **Platon**. Denn so dachte er sich die Gottähnlichkeit des Menschen als

*) Hier wiederholen sich die vier ethischen Sphären, welche überall bei Schleiermacher wiederkehren: die gesellige, staatliche, wissenschaftliche und religiöse, die in ihrer harmonischen Einheit das vollkommene sittliche Leben darstellen. Der Herausg.

das höchste Gut, daß so wie alles Seiende ein Abbild ist und eine Darstellung des göttlichen Wesens, so auch der Mensch zuerst zwar innerlich sich selbst, dann aber auch äußerlich, was von der Welt seiner Gewalt übergeben ist, den Ideen gemäß gestalten solle und so überall das Sittliche darstellen. Hier also tritt das unterscheidende Merkmal des Begriffs deutlich heraus, und die Beziehung desselben sondert sich ab von der That sowohl als der Gesinnung. Und wer kann beurtheilen, wie weit dieses ist ausgeführt gewesen in seinen Gedanken, und wieviel wir davon erblicken würden, wenn wir jenes große Werk ganz vor uns hätten, welches das göttliche Wesen, wiewohl des Neides unfähig, entweder ihm auszuführen, oder uns zu besitzen, nicht erlaubt hat. Kritik der Sittenlehre.

314.

Der Gegenstand der Tugendlehre ist die Vernunft in dem einzelnen Menschen. Ethik.

315.

Alle Erklärungen der Tugend stimmen darin überein, daß sie etwas ganz Innerliches bedeutet, eine Beschaffenheit der Seele, eine Bestimmtheit der Gesinnung. Ferner auch darin, daß diese Bestimmtheit die sittliche ist, von Jedem auf Dasjenige bezogen, was ihm den Inhalt der ethischen Idee ausmacht.

Bezeichnet nun der Tugendbegriff die Kraft und Gesinnung, und zwar ganz, durch welche die Thaten oder Werke hervorgebracht werden: so ist er also der allgemeinste sittliche Begriff, entsprechend dem Ideal des Weisen. Denn der Weise ist derjenige, in welchem die sittliche Kraft und Gesinnung ununterbrochen und ausschließend wirksam ist, und welcher Alles hervorbringt, was durch sie kann gewirkt werden, Anderes aber nichts.

Es verhält sich die Tugend zur Pflicht, oder die Gesinnung zur That, wie die Idee der Weisen zu der des Gesetzes. Kritik der Sittenlehre.

316.

Tugend ist eine Sittlichkeit welche dem Einzelnen einwohnt = Idee*), als Seele des Einzelnen.

Die Idee, als Seele eines Besonderen, muß auch [selbst] eine besondere sein. Die Idee als ein Besonderes ist Individualität. Ethik.

317.

Die Tugend ist die Intelligenz als inwohnender Geist des Einzelnen.

Die Tugend geht als Gesinnung dem höchsten Gut voran, als Lebenskraft desselben einem bestimmten Punkte einwohnend; als Erscheinung hingegen folgt ihr Werden demselben, wie ein bestimmtes Organ nur durch das Ganze kann gebildet werden. Ethik.

318.

Die Tugend ist die sittliche Vollkommenheit des handelnden Einzelnen, und wird immer nur in diesem ge-

*) Es ist zu bedauern, daß Schleiermacher keine allgemeine Begriffsbestimmung über die Idee, im höchsten, speculativen Sinne, weder in der Ethik noch sonst wo, mitgetheilt hat; wie z. B. Schelling, der die Idee als die Einheit von Wahrheit und Schönheit bestimmt; oder Solger, der das Heilige, Wahre, Gute und Schöne als die vier von der Idee umschlossenen Sphären oder als Totalität des Göttlichen in der Welt darstellt; und viele Andere, so oder anders, im Wesentlichen aber nicht schwer mit einander auszugleichen.

Anm. des Herausgebers.

funden. Der Einzelne aber ist, wenn man von der leeren Dichtung eines völlig isolirten Zustandes abstrahirt, theils nur in einem sehr engen Gebiet allein und abgeschlossen zu ergreifen, theils aber auch kann man ihn innerhalb dieses Raumes doch nicht vollständig verstehen. Fragen wir, wo die Tugend sich zeigt: so finden wir uns ursprünglich auf das Entstehen eines Entschlusses, auf den Moment einer Willensbestimmung hingewiesen. In dieser liegt zunächst alles Lobenswürdige und Verdienstliche: versteht sich, daß ich unter Willensbestimmung nicht nur das innere Wort verstehe, sondern daß ich die wirkliche Bewegung, den Impuls, der sich von da an durch den ganzen seelischen und leiblichen Organismus fortpflanzt, als mit darin enthalten denke. In wiefern aber nun durch diese Thätigkeit das in der Willensbestimmung Vorgebildete wirklich ins Leben tritt, das fällt durchaus nicht mehr in das Gebiet des Handelnden, und das sittliche Werk kommt also in einer solchen Darstellung nicht ans Licht. Denn die Tugend ist nicht größer, wenn die That vollkommen gelingt, und nicht kleiner in dem andern Fall; indem dieses mehr oder weniger überall von der Mitwirkung oder Gegenwirkung Anderer abhängt.

Ueber den Begriff des höchsten Gutes. (I.)

319.

Im Tugendbegriff wird das Sittliche dargestellt als Kraft, welche in dem einzelnen Leben ihren Sitz hat. Denn so reden wir Alle von der Tugend als von etwas im Menschen, und zwar woraus seine Handlungen hervorgehen nicht nur, sondern auch woraus Handlungen gewisser Art nothwendig hervorgehen müssen, indem eine unthätige Tugend niemand denken kann; denn die Tugend ist eben die sittliche Lebensquelle. Ueber den Tugendbegriff.

320.

Die Tugend als reiner Idealgehalt des Handelns ist Gesinnung, die Tugend als unter die Zeitform gestellte Vernunft ist Fertigkeit.

Ein anderer Theilungsgrund liegt in der ursprünglichen Form des Lebens, welches als einzelnes nur im Gegensatz des Insichaufnehmens und Aussichhinstellens besteht. Die Tugend in Beziehung auf jenes ist die erkennende, die andere die darstellende.

Beide Gegensätze durchkreuzen sich. Die Gesinnung im Erkennen ist Weisheit; die Gesinnung im Darstellen ist Liebe; das Erkennen unter die Zeitform gestellt ist Besonnenheit, das Darstellen unter die Zeitform gestellt ist Beharrlichkeit.

Wer Eine Tugend hat, hat alle.

Wo Weisheit ist, ist auch Liebe, und umgekehrt; aber es kann Eines Weisheit größer sein als seine Liebe, und Eines Besonnenheit größer als seine Beharrlichkeit.

Es giebt keine andere Eintheilung der Tugend als die aufgestellte, aus dem Wesen der Intelligenz als Seele geschöpfte. Ethik.

321.

Die Gesinnung ist nichts anderes als das Produciren der Fertigkeit, und diese ist nur das organische und zeitliche Sein jener. Ethik.

322.

Die Tugend als Gesinnung ist das nicht erscheinende. Sie ist das Prinzip des wirklichen Handelns; das Handeln selbst aber das Werk der erscheinenden Tugend, oder der Tugend als Fertigkeit, also auch von der Quantität der letztern abhängig. Was also als Mehr oder Minder im Handeln sich zeigt, ist nicht auf die Gesinnung zu reduciren, sondern nur auf die Fertigkeit. Die Gesinnung ist also ein unwandelbares, das nie unmittelbar aufgezeigt werden kann, zu welchem sich das wirkliche Handeln nur verhält, wie Symbol zur Idee. Ethik.

323.

Die Gesinnung, als das nie unmittelbar erscheinende Sittliche ist eben Dasjenige, was allem Wirklichen und Erscheinenden im Bewußtsein zum Grunde gelegt wird als das Innere, Seiende. Ethik.

324.

Die Tugend als Erkenntniß ist nicht etwa das Zustandebringen eines bestimmten materiellen Wissens; dieses gehört vielmehr zur Tugend als Darstellung. Sondern eben nur die Idee als Erkenntniß d. h. das Bewußtsein der sittlichen Handlungsweise, die ideale Seite der Sittlichkeit selbst. Hierüber muß auf die eigene unmittelbare Anschauung verwiesen werden. — Die Tugend als Darstellung ist nichts anderes als die reale Seite zu jener idealen.

Da nun das Reale zu der Idee sich verhält wie Symbol: so beruht auf diesem Verhältniß die Vorstellung, daß alle Sittlichkeit Kunst ist. Ethik.

325.

Es giebt kein Handeln in der Tugend als Erkenntniß und Kunst. Das Letzte in der Tugend, wodurch das höchste Gut vollkommen realisirt wird, ist die persönliche Vollkommenheit. Auch diese muß erscheinen als Erkenntniß und Kunst. Ethik.

326.

Nur in Erkenntniß und Kunst, beide in der höchsten Beziehung auf das höchste Gut gedacht, kann sich die vollkommne subjektive Sittlichkeit aussprechen, und zwar nur in der rein subjektiven Erkenntniß und Kunst, durch welche der Mensch selbst im Absoluten ist. Ethik.

327.

Die Tugend als Fertigkeit ist nichts anderes als die im Leben erscheinende Gesinnung, und also mit der Gesinnung zugleich gesetzt. Es giebt keine Gesinnung ohne Ausübung. Da aber die Fertigkeit besteht im Gebrauch der ganzen Persönlichkeit *) als Organs der Gesinnung, so ist sie eben so gut ein wachsendes, als das persönliche Leben, welches im Gebrauch des Körpers als Organs des Bewußtseins besteht: das Wachsen aber kann schnell sein oder langsam.

328.

Alle welche überhaupt von Tugend reden, thun es nur in Voraussetzung eines Zwiefältigen im Menschen, eines Höheren und Niederen, Vernünftigen und Unvernünftigen, Geistigen und Sinnlichen, oder Himmlischen und Irdischen, oder wie Andere es anders benennend doch immer im wesentlichen dasselbe dabei meinen.

Der Begriff der Tugend setzt nothwendig voraus, nicht zwar daß ein Mensch sein könne weder durch das Höhere allein ohne das Niedere, noch durch das Niedere allein ohne

---

*) d. h. der natürlichen, physisch-psychischen Persönlichkeit; da Schleiermacher für das höhere ethische Wesen des Menschen den Ausdruck Persönlichkeit so wenig wie für das göttliche Wesen angemessen findet. Anm. des Herausgebers. Ethik.

das Höhere, aber doch daß großer Raum sei für Verschiedenheit in dem Zusammensein Beider. Und nur dasjenige Zusammensein Beider ist die Tugend, worin das höhere Leben gebietet und das niedere gehorcht, das umgekehrte aber ist das Gegentheil.

Dieses nun giebt uns den einen Theilungsgrund, und die Tugend wird uns zuvörderst eine zwiefältige, in wiefern sich in der Herrschaft des Höheren über das Niedere ausdrückt die Zusammengehörigkeit, und in wiefern sich darin ausdrückt der Widerstand. Ich möchte die erste nennen die belebende Tugend, die andere aber die bekämpfende Tugend, indem durch diese der Widerstand bezwungen wird. Die Einheit wird nicht aufgehoben.

Durch diese Verschiedenheit, denn in Beiden ist das Herrschen des Höheren, und auch in einem und demselben einzelnen Leben werden Beide nicht können getrennt sein, indem die belebende Tugend nicht ans Licht kommen könnte ohne die Bekämpfende zu üben, und diese wiederum nicht geübt werden, ohne die Belebende ans Licht zu bringen. Denn setzen wir das Höhere im Menschen thätig, so muß, wenn der Widerstand überwunden ist, die Angehörigkeit des Niederen in der Erscheinung frei werden, sonst wäre nicht nur das Element des Widerstandes im Niederen, sondern das Niedere selbst vernichtet.

Doch dieses kann erst zur Anschauung gebracht werden, wenn wir noch den andern Theilungsgrund der Tugend hinzunehmen. Nemlich wenn wir davon ausgehen, daß sie die sittliche Kraft sei im einzelnen Leben: so müssen wir auch sehen was das einzelne Leben ist. Dieses nun steht, indem es immer nur beziehungsweise vereinzelt ist, und nie vollkommen, mit dem Ganzen in einem beziehungsweisen Gegensatz, der sich in einer stets erneuerten Wechselwirkung offenbart, in welcher einmal auf das Einzelne eingewirkt wird von außen, und es also leidend ist, aber als Lebendes nicht ohne Gegenwirkung, was wir die Empfänglichkeit nennen, das anderemal das Einzelne von innen etwas nach außen wirkt, was wir die Selbstthätigkeit nennen, aber weil beschränkt und einzeln auch nicht ohne Gegenwirkung zu erfahren, welche dann dasselbe Spiel wieder von neuem beginnt.

In dem Menschen nun, wie auch schon das Niedere in ihm das Gepräge an sich trägt, ist das Leben als ein bewußtes und sich bewußt werdendes gegeben, und erscheint demzufolge wesentlich in zwei Gestalten; die eine ist das bewußte Insicheinbilden, worin die Empfänglichkeit, die andere das bewußte aus sich heraus in die Welt Hinüberbilden, worin die Selbstthätigkeit vorherrscht. Das erste von beiden nennen wir auch das Erkennen oder Vorstellen, denn auf die Unterschiede dieser Ausdrücke kommt es hier nicht an, das andere aber als Handeln, sei es nun mehr wirksam oder darstellend. Ist nun diese Zwiefältigkeit die allgemeine Form aller Lebensthätigkeit: so folgt, daß auch das Geistige und Vernünftige im Menschen nicht kann das Niedere beherrschen als nur in eben dieser Form. Und dieses giebt daher eine zweite Eintheilung der Tugend, nemlich in eine vorstellende und darstellende. Die Verschiedenheit Beider wird niemand leugnen können, jeder aber auch zugeben, daß die Einheit dadurch nicht aufgehoben wird; denn die Herrschaft des Höheren über das Niedere ist in Beiden, jedoch eine andere in jedem. Und auch in demselben einzelnen Leben werden beide niemals getrennt sein. Denn die vorstellende oder erkennende Tugend wäre nichts als ein träumerisches sich in sich verzehrendes Grübeln, wenn sie nicht in Darstellung übergienge; und die darstellende wäre nichts menschliches, geschweige sittliches, wenn sie nicht auf dem Erkennen beruhte. Jedoch können in jedem Einzelnen beide in einem andern Verhältniß stehen, so daß, weil ein Größtes im Erkennen verbunden sein kann mit einem Kleinsten im Handeln und umgekehrt, nicht jede auch an und für sich das Maaß der anderen ist. Wollte aber jemand die Verschiedenheit ganz läugnen, und sagen z. B. Denken könne nicht sein ohne Reden, aber dieses sei schon ein Aussichherausbilden, und kein Handeln könne, am wenigsten sittlich, gedacht werden, welches nicht beständig auch selbst im Denken oder Empfinden sein müßte: so werde ich auch das noch annehmen können, und nur erwiedern, daß doch in umgekehrter Ordnung, in dem einen erfüllten Augenblick dieses, und in dem andern das andere Geschäft das Hauptwerk sei und die Zugabe; welches zuzugeben niemanden zuviel dünken wird, mir aber genug ist. Denn nun können wir das Netz zuziehen und sagen, daß diese beiden Theilungsgründe sich kreuzen, und daß die belebende Tugend, sofern sie vorzüglich erkennend ist, die Weisheit heiße, sofern aber aus sich herausbildend heiße sie die Liebe, die bekämpfende Tugend hingegen im Insichhineinbilden sei die Besonnenheit, im Handeln aber die Beharrlichkeit. Außer diesem Netz von Tugenden, wollen wir sagen, sei keine weiter gesetzt, sondern jede andere müsse bei einer weiteren Theilung in einer unter diesen ihren Ort finden.

Ueber den Tugendbegriff.

329.

Wie nicht nur der christlichen Sittenlehre Grundsatz ist Aehnlichkeit mit Gott, sondern auch die Alten schon gesagt, das Ziel des Menschen sei Verähnlichung mit Gott nach Vermögen: so muß, wenn unsere aufgestellten Tugenden der Inbegriff der menschlichen Vollkommenheit sind, jener Satz sich auch dadurch bewähren, daß in dieser die Aehnlichkeit mit Gott muß dargestellt sein. Und dies findet sich auch, wenn man nur das nach Vermögen nicht versäumt, vollkommen. Denn Weisheit und Liebe werden überall als die wesentlichsten Eigenschaften Gottes aufgestellt, ja die Liebe als der Ausdruck seines ganzen Wesens, welches auch in sofern vollkommen richtig ist, als ein Unterschied zwischen Weisheit und Liebe in Gott nicht kann gedacht werden, indem der Gedanke selbst unmittelbar das Hervorbringende ist. Nun könnte freilich, dieses vorausgesetzt, eben so gut gesagt werden, Gott ist die Weisheit als Gott ist die Liebe; aber jeder wird auch einsehen, daß jenes mehr der philosophische Ausdruck, dieses aber der religiöse sein muß. Nur freilich von Besonnenheit und Beharrlichkeit kann nicht die Rede sein, wo kein Widerstand kann gedacht werden; sondern um ihre Stelle zu bezeichnen setzen wir die absolute Macht, welche aber wiederum nicht etwas besonderes für sich ist, sondern nur die Unendlichkeit jener Identität von Weisheit und Liebe. In uns aber ist auch Besonnenheit und Beharrlichkeit die Macht des in Weisheit und Liebe, Insichhinein- und Aussichherausgehen, gespaltenen Geistes. So daß in dem Ineinandersein dieser Tugenden allerdings die Verähnlichung mit Gott nach Vermögen ist, und sich zugleich zeigt, daß das Bestreben eine Vorstellung des höchsten Wesens nach Vermögen zu bilden, das höchste Erzeugniß ist unseres Bewußtseins von unserem eigenen Ziel.

Ueber den Tugendbegriff.

330.

Ueber die kämpfende Tugend möchten wir die alte Frage nicht ganz vorbeigehen können, ob die Besonnenheit und Beharrlichkeit der Bösen denn auch könne Tugend genannt werden. Auf diese alte Frage kann aber immer nur die alte Antwort wiederholt werden, daß kein Böser als solcher weder tapfer noch besonnen sein noch irgend eine andere einzelne Tugend haben könne. Sondern Besonnenheit und Beharrlichkeit sind nur, was sie sind, in ihrem Zusammenhange mit der Weisheit und mit der Liebe; und wird ein Böser gut, so brächte er keinesweges das was man fälschlich seine Besonnenheit oder Beharrlichkeit nannte, in den Dienst der Liebe und Weisheit mit, sondern diese Geschicklichkeiten und Fertigkeiten die er im Bösen gehabt, würden ihn sogleich im Stich lassen, und er müßte auf dem Gebiete des Guten als ein Neuling und also als ein leicht verwirrbarer und schwachmüthiger von vorn anfangen, und sich unsere Besonnenheit und Beharrlichkeit erst erwerben.

Ueber den Tugendbegriff.

331.

Es ist leicht einzusehen, daß unter Weisheit nichts anderes verstanden wird, als daß Alles was im Menschen vorgeht sich auf Ideen bezieht. Ethik.

332.

Die Weisheit ist diejenige Qualität, durch welche alles Handeln des Menschen einen idealen Gehalt bekommt.

In die Augen fallen hier als relative Differenz das Gefühl und das Wissen. Keines von beiden kann idealen Gehalt haben ohne das andere; aber jedes ist eine andere Thätigkeit.

Die Weisheit des Gefühls spaltet sich in die contemplative, welche es mit den Affectionen zu thun hat, und die imaginative, welche die Typen zu darstellenden Combinationen producirt.

Die Weisheit des Wissens besteht darin, daß nichts gedacht werde als mit idealem Gehalt. [Sie scheidet sich als] Intuition und Speculation. Ethik.

333.

Der Begriff der Weisheit [als der belebenden erkennenden Tugend] scheint sich zu erweitern, wenn wir bedenken, daß erstlich was der Wissenschaft recht ist auch der Kunst billig sein muß, und also auch das Entwerfen aller wahren und ächten Kunstwerke eben so gut als das der eigentlichen Handlungen in das Gebiet der Weisheit fällt; zweitens aber auch das Gefühlsvermögen dem Bewußtsein angehört, und auch hier jene zwiefachen Erscheinungen statt finden, welche die Belebung des Niederen durch das Höhere aussprechen und welche sie verbergen, und so würde auch hier auf Seiten des Gefühls, eben so wie auf Seiten des Verstandes, die Weisheit walten. Auch dieses läugne ich nicht ab, daß sich die Weisheit auch hieher erstrecken müsse; nur scheint mir auch dies ebenfalls dem gewöhnlichen Sprachgebrauch, wenn er sich selbst recht versteht, vollkommen angemessen. Denn wer sagt nicht, er sei gerade der weise Mann, dem es nicht gezieme sich von einem sinnlichen Schmerz überwältigen zu lassen. Dies ist ja die gemeine Rede Aller, von dem ältesten Philosophen an bis zu dem neuesten Weltmanne so Gott will. Wenn ich aber weiter frage, ist denn das der weise Mann, welcher das sinnliche Gefühl erst gewaltig werden läßt, und es dann mäßigt? so wird wohl auch die allgemeine Antwort sein, daß, wiefern ein solcher zu loben sei, er wohl wegen einer andern Tugend, etwa der Mäßigung, gelobt werden möge, der Weise aber sei er nicht. Und so wird wohl der Weise nur der sein können, in welchem das Gefühl von Anfang herein nicht etwa gemäßigt erscheint, sondern ganz anders construirt ist, so nemlich daß das sinnliche gleich in seinem Entstehen von einem höheren belebt ein sittliches werde, und was sich im Leben als ein voller Moment, als die Einheit des geistigen Pulsschlags absondern läßt, niemals durch ein sinnliches allein erfüllt sei.

Ueber den Tugendbegriff.

334.

Die Liebe ist das reale Prinzip alles Handelns.

Alles was in der Weisheit gesetzt ist, hat das Prinzip seines Wirklichwerdens in der Liebe. Ethik.

335.

Bei der Liebe treten dieselben Haupteintheilungen ein, wie beim höchsten Gut, als erkennend und bildend, individuell und universell — was auch natürlich und die Ursache ist, warum, wo die praktische Richtung dominirt, die Liebe eben so für die Haupt- und Urtugend gilt, wie die Weisheit, wo die theoretische. Ethik.

336.

Jede bildende Liebe ist nichts Anderes als ein gemeinschaftliches Seeleseinwollen. Ethik.

337.

Eine allgemeinere Bezeichnung für das Bestreben Gemeinschaft hervorzubringen haben wir nicht als Liebe. Alle Gemeinschaft aber, welche von dem höheren geistigen Vermögen des Menschen ausgeht, ist Darstellung und Bildung, und deshalb ist Liebe die rechte Bezeichnung für alle darstellende und bildende Tugend, sofern nicht vorzüglich das Meßbare derselben in der Ausübung, welches eben die Beharrlichkeit ist, sondern vielmehr ihr inneres Wesen ausgedrückt werden soll. Denn das Höhere, Geistige des Menschen kann nur in Gemeinschaft treten entweder erstlich mit sich selbst in Andern — welches aber nur möglich ist durch Selbstdarstellung und Offenbarung, so wie diese keinen andern Zweck haben kann als jene Gemeinschaft — oder zweitens mit dem niedern menschlichen Vermögen in sich selbst und Andern; aber diese Gemeinschaft kann nichts anders sein als Anbildung, und dies ist eben die erziehende Liebe; oder endlich drittens kann auch das höhere und geistige Vermögen des Menschen mittelst des niederen in Gemeinschaft treten mit der äußeren Welt; und dieses ist ebenfalls beides sowohl Offenbarung des Geistes in der Gestaltung der Welt, als auch Erziehung der Welt zur Einheit des Daseins mit dem Menschen.

Ueber den Tugendbegriff.

338.

Um recht zu sehen, wie alles sittliche Handeln Liebe ist, muß man darauf achten, 1) wie Liebe zu sich selbst und zu Andern ganz dasselbe ist. Denn wenn Jeder seine eigne Natur in der Liebe auch nur als ein gemeinschaftlich zu Beseelendes behandelt: so behandelt er sie eben so wie die Natur der Andern. Und alles Handeln auf Andere ist ja nichts anderes als Seeleseinwollen in ihnen. 2) Wie die Liebe nicht nur im eigentlichen so genannten Handeln ist, sondern auch im Erkennen. Jedes wirkliche Erkennen mit Bewußtsein ist ja ein Einbilden der Vernunft in die Natur, ein liebendes Schaffen, also gleichfalls Wirken der Vernunft auf die Natur.

Ethik.

339.

Was wir Gerechtigkeit nennen, das soll in dem Umfange der Liebe eine untergeordnete Stelle einnehmen, als diejenige besondere Aeußerung der Liebe, welche ein schon bestehendes Bildungsgesetz in jedem vorkommenden Fall im Einzelnen darstellt.

Wenn wir aber uns fragen, wie nennen denn wir die Kraft, welche überall das Recht hervorbringt: so werden wir nicht sagen dürfen die Gerechtigkeit, weil Alles erst gerecht wird unter Voraussetzung eines Rechtes, sondern wir werden sagen müssen daß überall die Liebe das Recht hervorbringt, so wie überall, wo die Liebe aufhört, auch das Recht verloren geht, und in demselben Maaße ein Zustand der Rechtlosigkeit eintritt.

Ueber den Tugendbegriff.

340.

Bei der christlichen Eintheilung der Tugend bilden Glaube und Liebe die Tugend als Gesinnung, und auch als Fertigkeit in der Wurzel betrachtet. Die Fertigkeit aber als Resultat und als veränderliche Größe angesehen, erscheint mit Bezug auf die eigenthümlich christliche Ansicht als Hoffnung.

Ethik.

341.

In der modernen christlichen Eintheilung [der Tugend] entspricht die Liebe der unsrigen und der Glaube unserer Weisheit, indem die Sicherheit der Ueberzeugung die Hauptsache dabei ist, und er auch auf das ursprünglich Anfangende bezogen wird. Da aber in der religiösen Ansicht nur vom Prinzip die Rede ist, und alles Quantitative ganz zurücktritt: so ist die Tugend als Fertigkeit in dieser [christlichen] Trias nicht dargestellt, sondern nur das Prinzip des Aeußerlichwerdens überhaupt, welches eben darin liegt, daß ohnerachtet der Einzelne seines Erfolges nicht sicher ist, die

Idee doch gewiß werde realisirt werden; und dies ist die Hoffnung. Ethik.

342.

Die Eintheilung der Liebe in Liebe zu Gott, zu dem Nächsten und zu uns selbst, ist schon darum falsch, weil der Begriff der Liebe nicht an allen drei Orten derselbe ist, sondern am ersten Orte der Begriff der Gegenseitigkeit ein anderer ist, nemlich das der Liebe wesentliche Moment der Einwirkung auf ihren Gegenstand fällt dort weg. Ethik.

343.

Wie es kein ausschließend erfüllendes Bewußtsein Gottes giebt, so auch keinen ausschließend erfüllenden Trieb auf Gott. Die Liebe zur Natur ist nur sittlich als Liebe zu Gott, die Liebe zu Gott ist nur wahr als Liebe zur Natur. Ethik.

344.

Alle Liebe ist Aufhebung eines Gegensatzes von Innerem und Aeußerem; denn der Gegenstand ist ein Aeußeres, aber auf ein Inneres unmittelbar bezogen. Es entwickelt sich das Höhere wie sich die Liebe entwickelt, die absolute Liebe ist das göttliche Bewußtsein. Das Leben selbst besteht aus concentrischen Kreisen von Liebe; alle sind zugleich gegeben. Erziehungslehre.

345.

Liebe und Weisheit können scheinen in einander überzugehen, wenn doch die Weisheit vorzüglich die Zweckbegriffe hervorbringt. Denn was können diese anders sein als die Keime und Urbilder der Liebe im Bewußtsein; und alle Thaten und Werke der bildenden Liebe, was können sie anders sein, als was die Weisheit auch ist, nemlich der Geist, der sich selbst offenbarend, das belebt was nicht er selbst ist. Was ist die Liebe als das schöpferische Wollen der Weisheit? und was die Weisheit als das stille Sinnen und Insichselbstsein der Liebe? Und dieses Hinüberschillern beider in einander entsteht ganz natürlich daraus, weil der Mensch weder ganz getrennt ist von der übrigen Welt, noch ganz eins in sich selbst. Denn wenn wir uns jemals denken die Welt ganz durchgebildet durch den Menschen, und den Menschen ganz eins geworden in sich, dann ist auch in der That jede Lebensäußerung eben so sehr ein Insichhinein- als ein Aussichherausbilden. Aber die Tugend selbst ist nicht in dieser vollen Einheit, sondern nur in der Annäherung zu ihr, und darum sind auch Weisheit und Liebe nicht dasselbe, indem der Eine Liebe genug haben kann um Andere damit zu übertragen, seine Weisheit aber selbst ergänzen lassen muß von Andern, und umgekehrt.

Ueber den Tugendbegriff.

346.

Die alten Fragen über das Entstehen der Tugend entscheiden sich von selbst. Insofern die Tugend Erkenntniß ist, kann sie allerdings gelehrt werden. Denn lehren kann nie etwas Anderes sein, als Erweckung desselben Vermögens durch Darstellung. Insofern sie Darstellung ist, kann sie allerdings geübt werden, und zwar als Fertigkeit wächst sie durch die Uebung, als Gesinnung ist sie mit der Uebung einerlei. Aber in ihrem genetischen Verhältniß zur Persönlichkeit und in ihrem individuellen Charakter, welches Beides außerhalb alles Mittheilens und Darstellens liegt, ist sie allerdings ein „Geschenk der Götter“.

Dies nun ist aufs Vollkommenste im Christenthum ausgesprochen durch die Lehre von der Gnade. Wenn man fragt, warum der einen Person Gesinnung inwohnt, der andern nicht: so ist nichts zu antworten als, Durch freie göttliche Gnade. Wenn man fragt, wie ein Mensch zur höhern Stufe der Sittlichkeit erwacht: so ist nichts zu antworten als, Durch die Erleuchtung des heiligen Geistes.

Ethik.

347.

Göttliches Geschenk ist die Tugend als Gesinnung, und dies ist die wahrhaft religiöse Ansicht.

Ethik.

348.

Die Verbreitung der Gesinnung besteht darin, daß Vorstellungsvermögen und Begehrungsvermögen unter die Botmäßigkeit der Idee gebracht werden.

Christliche Sitte.

349.

Die Asketik setzt eigene abgesonderte Thätigkeiten als Uebungen. Allein theils ist für diese kein Raum; theils werden sie doch nur eben so wirken, wenn durch sie wirklich etwas im Organ gesetzt wird, wie bei den Kasteiungen; theils gar nichts, wenn sie nur ein Spiel von Vorstellungen sind, wie die Gebetsübungen.

Ethik.

350.

Wenn man Unrecht hat die unabsichtlich entstehenden Gewohnheiten zu entschuldigen, weil nichts in ihrer Ausübung gewollt wird, so hat man Unrecht die absichtlichen Gewöhnungen eben deshalb ihres gebührenden Lobes zu berauben. Denn wer sich absichtlich gewöhnt, der will in diesem Entschluß auch die folgenden Handlungen mit, zu denen es hernach keines besonderen Willens mehr bedarf, und sie hangen mit jenem ersten sämmtlich eben so zusammen, wie jede gleichzeitige Ausführung mit dem sie verursachenden Willen. Kritik der Sittenlehre.

351.

Die Geißelungen lassen sich theils als Schmerzen die man sich selbst zufügt, theils als Verringerung der körperlichen Kräfte, betrachten. Nun können wir niemals sagen, daß es je in dem Berufe des Menschen liege, sich selbst oder Anderen körperliche Schmerzen zuzufügen. Allerdings gehört es zum Berufe, körperliche Schmerzen zu ertragen. Aber darum dürfen sie nicht willkührlich herbeigeführt werden, sondern die Fertigkeit sie zu ertragen, muß erworben werden in dem Erdulden der Schmerzen, die mit der Erfüllung des Berufes nothwendig verbunden sind. Und was die Verringerung der körperlichen Kräfte betrifft: so ist sie etwas, was dem erweiternden Handeln geradezu entgegenläuft, weil sie den Organismus zerstört, dessen dasselbe bedarf.

Christliche Sitte.

352.

Die [als reinigendes Handeln angewandte] Einwirkung auf das Fleisch darf niemals in einer Verringerung der natürlichen Kräfte bestehen. Jedes [reinigende Handeln] muß [vielmehr] das verbreitende in sich schließen. Ausgeschlossen werden dadurch alle Geißelungen und was denselben Typus trägt. Denn darin liegt nichts erweiterndes, [sondern] eine Verminderung der Kräfte. Der biblische Kanon ist: Pflege des Leibes, d. h. erhalte alle Kräfte, nur so, daß er nicht verweichliche. Dagegen ist aber jede Anstrengung schon Verwahrungsmittel, und Anstrengung findet jeder in seinem Berufe. Ausnahmsweise sind asketische Anstrengungen gestattet, wenn es Verhältnisse giebt, worin Anstrengungen nicht vorkommen. Ausgehen dürfen solche Uebungen nicht vom Ganzen; denn sie sind nicht in Ordnungen und Vorschriften zu fassen (wie alle Ausnahmen). Also nur vom Einzelnen, und nach Maaßgabe seines Gewissens.

Wenn Luther sagt, das Fasten — das zunächst hierher gehört — sei heilsam, nur müsse es frei sein: so liegt dabei eine noch nicht ganz reife Einsicht zum Grunde und die Meinung, es solle ein Gegengewicht geben den nachtheiligen Wirkungen der damaligen Völlerei. Christliche Sitte.

353.

Kant vermischt auf eine wunderliche Art mit der Wahrhaftigkeit in Geschäften und ernsthaften Angelegenheiten die im Umgange, und kann die Frage pedantisch aufwerfen, ob dieser Tugend nicht zuwider wäre der Gebrauch solcher Redensarten, welche in der geselligen Sprache eine andere Bedeutung haben, als in den Wörterbüchern, da doch jene Bedeutung gemeinschaftlich ist, und keinen Irrthum veranlaßt. Daher auch keinesweges der Gebrauch dieser Sitten aus dem Grunde der Wahrhaftigkeit zu tadeln ist; eher vielleicht ihre Erfindung aus andern Gründen, als ein vergebliches und sich selbst aufhebendes Unternehmen.

Kritik der Sittenlehre.

354.

Die innere Harmonie, das Zusammenfassen aller Momente der Tugend, aber mit einer durch die persönliche Individualität und durch den Ort in der Gesellschaft bestimmten

Relativität ist eben die Idee des Weisen, die personificirte im lebendigen Zusammenhang angeschaute Tugend, das eigentliche Resultat der Tugendlehre. Ethik.

355.

Von dem Begriffe der Pflicht ergiebt sich aus allen Erklärungen, welche einen Bestand haben, daß er das Sittliche bezeichnet in Beziehung auf das Gesetz. Das Gesetz bezieht sich unmittelbar auf die That, und jede Frage nach der Pflicht ist eine Frage nach dem Sittlichen in einer bestimmten That. Kritik der Sittenlehre.

356.

Die Pflichtenlehre ist die Darstellung des ethischen Prozesses als Bewegung, und die Einheit also der Moment und die That.

Die Pflichtenlehre betrachtet die Sittlichkeit nicht wie sie dem Einzelnen als ein continuell Producirendes inwohnt, sondern wie sie in der einzelnen That als Producirendes sich abdrückt. Ethik.

357.

Die Eintheilung des sittlichen Gebietes aus dem Standpunkte der einzelnen Handlung, muß hervorgehen aus der Anschauung des Lebens als Mannigfaltigkeit von Actionen.

Hier ist der Gegensatz zwischen Gemeinschaftbilden und Aneignen der erste.

Der zweite ist der Gegensatz in dem einzelnen Leben selbst zwischen dem allgemeinen und besonderen Factor, indem das Unterordnen jenes unter diesen das individuelle, und umgekehrt das universelle Handeln hervorbringt.

Hieraus entsteht ein vierfaches Handeln, also vier verschiedene Pflichtgebiete.

Das universelle Gemeinschaftbilden ist das Gebiet der Rechtspflicht;

Das universelle Aneignen das der Berufspflicht;

Das individuelle Gemeinschaftbilden das der Liebespflicht;

Das individuelle Aneignen das der Gewissenspflicht.

Jedes Handeln in diesen Gebieten wird nur pflichtmäßig sein, inwiefern es die obigen Gegensätze in sich vereinigt.

Ethik.

358.

Es giebt ein universelles Gemeinschaftbilden und ein ebensolches Aneignen, so wie auch ein eigenthümliches Aneignen und ein ebensolches Gemeinschaftbilden. Die beiden Gemeinschaftsgebiete sind die des Rechtes und der Liebe, die beiden Aneignungsgebiete sind die des Berufes und des Gewissens. Diese Gebiete bedingen einander gegenseitig; und die Bezugnahme auf alle übrigen, indem man vorzüglich für eines von ihnen handelt, muß die Sicherheit geben daß keine Collisionen entstehen können. Wir wollen daher sagen, der Ausdruck, Begieb dich unter kein Recht ohne dir einen Beruf sicher zu stellen, und ohne dir das Gebiet des Gewissens vorzubehalten, sei die allgemeine collisionsfreie Formel der Rechtspflicht; die gleiche aber für die Liebespflicht laute so: Gehe keine Gemeinschaft der Liebe ein, als nur indem du dir das Gebiet des Gewissens frei behältst, und in Zusammenstimmung mit deinem Beruf. Und Aehnliches wird von den beiden andern gegenüberstehenden Punkten zu construiren sein, so daß alle sich gegenseitig mehr oder weniger unmittelbar bedingen. Alles aber, wobei irgend Pflichtformeln in Anwendung kommen können, wird in einem von diesen Gebieten, wenn die Ausdrücke in dem angegebenen Sinne genommen werden, auch gewiß enthalten sein.

Ueber den Pflichtbegriff.

359.

Die menschliche Seele — ihre vorübergehenden Handlungen sowohl als die innern Eigenthümlichkeiten ihres Daseins führen uns darauf — hat ihr Bestehen vorzüglich in zwei entgegengesetzten Trieben. Zufolge des einen nemlich strebt sie sich als ein Besonderes hinzustellen, und somit, erweiternd nicht minder als erhaltend, was sie umgiebt an sich zu ziehen, es in ihr Leben zu verstricken, und in ihr eignes Wesen einsaugend aufzulösen. Der andere hingegen ist die bange Furcht vereinzelt dem Ganzen gegenüber zu stehen; die Sehnsucht hingebend sich selbst in einem Größeren aufzulösen, und sich von ihm ergriffen und bestimmt zu fühlen. Alles daher, was Ihr in Bezug auf euer abgesondertes Dasein empfindet oder thut, alles was Ihr Genuß und Besitz zu nennen pflegt, wirket der erste. Und wiederum wo Ihr nicht auf das besondere Leben gerichtet seid, sondern in Euch vielmehr das in Allen gleiche, für Alle dasselbige Dasein sucht und bewahrt, wo Ihr daher Ordnung und Gesetz in Eurem Denken und Handeln anerkennt, Nothwendigkeit und Zusammenhang, Recht und Schicklichkeit, und Euch dem fügt und hingebt, das wirket der andere. So wie nun von den körperlichen Dingen kein einziges allein durch eine von den beiden Kräften der leiblichen Natur besteht, so hat auch jede Seele einen Theil an den beiden ursprünglichen Verrichtungen der geistigen Natur; und darin besteht die Vollständigkeit der lebenden Welt, daß zwischen jenen entgegengesetzten Enden — an deren einem diese, an dem andern jene ausschließend fast alles ist, und der Gegnerin nur einen unendlich kleinen Theil übrig läßt — alle Verbindungen beider nicht nur wirklich in der Menschheit vorhanden seien, sondern auch ein allgemeines Band des Bewußtseins sie alle umschlinge, so daß jeder Einzelne, ohnerachtet er nichts anderes sein kann als was er ist, dennoch jeden Anderen eben so deutlich erkenne als sich selbst, und alle einzelne Darstellungen der Menschheit vollkommen begreife.

Reden über die Religion. 3. Ausg.

360.

Wir können nachweisen und postuliren eigentlich auch im Leben eines Jeden zweierlei Seelenthätigkeiten. Einmal die Contemplation oder einen contemplativen Zustand, d. h. ein Zurückgezogensein in sich selbst, worin aber überall eine ideale Lebendigkeit ist, eine Beziehung der inneren Wahrnehmung zu den größten und höchsten Ideen. Als das allgemeinste Beispiel nennen wir hier den Zustand der Andacht, der nach außen hin eigentlich gar keine Thätigkeit zu manifestiren braucht. Aber auch die speculative Thätigkeit, insofern sie noch nicht in einer Werkbildung begriffen ist, läßt sich hier anführen, nur ist sie nicht so allgemein. Zweitens möchte ich die Imagination, oder die imaginative Thätigkeit nennen, die in ihrem Maximum betrachtet immer in Conception eines Kunstwerks ausgeht, als solche aber nicht eine allgemeine mehr ist. Das Analogon aber findet sich in allen Menschen, das innere Spiel der Phantasie, welche das durch die Wahrnehmung in dem Gedächtniß Niedergelegte willkührlich auf ein Aeußeres bezieht, um es anders zu gestalten; auch hierin liegt eine innere Productivität.

Erziehungslehre.

361.

Was ist doch jeder Akt eures Lebens ohne Unterschied von andern, in sich selbst? Doch unmöglich etwas anderes als das Ganze auch ist, nur als Akt, als Moment. Also wohl ein Werden eines Seins für sich, und ein Werden eines Seins im Ganzen, beides zugleich! Ein Streben in das Ganze zurückzugehen, und ein Streben für sich zu bestehen, beides zugleich! Das sind die Ringe aus denen die ganze Kette zusammengesetzt ist; denn euer ganzes Leben ist ein solches im Ganzen seiendes für sich Sein. Wodurch nun seid ihr im Ganzen? Durch eure Sinne hoffe ich, wenn ihr doch bei Sinnen sein müßt um im Ganzen zu sein. Und wodurch seid ihr für euch? Durch die Einheit eures Selbstbewußtseins, die ihr zunächst in der Empfindung habt, in dem vergleichbaren Wechsel ihres Mehr oder Weniger. Wie nun Eins nur mit dem Andern zugleich werden kann, wenn beides zusammen jeden Akt des Lebens bildet, das ist ja leicht zu sehen.

Reden über die Religion. 3. Ausg.

362.

Es gehört zu dem sich noch immer weiter bildenden Gegensatz der neuen Zeit gegen die alte, daß nirgend mehr Einer Eines ist, sondern Jeder Alles. Und daher ist, wie die gebildeten Völker ein so vielseitiges Verkehr unter einander eröffnet haben, daß ihre eigenthümliche Sinnesart in den einzelnen Momenten des Lebens nicht mehr unvermischt heraustritt, so auch innerhalb des menschlichen Gemüthes eine so ausgebreitete und vollendete Geselligkeit gestiftet, daß was Ihr auch absondern möget in der Betrachtung als einzelnes Talent und Vermögen, dennoch keineswegs eben so abgeschlossen seine Werke hervorbringt; sondern, ich meine es im Ganzen, versteht sich, jedes wird bei jeder Verrichtung dergestalt von der zuvorkommenden Liebe und Unterstützung der andern bewegt und durchdrungen, daß Ihr nun in jedem Werk Alles findet, und schon zufrieden sein müßt, wenn es Euch nur gelingt die herrschend hervorbringende Kraft zu unterscheiden in dieser Verbindung. Darum kann nun Jeder jede Thätigkeit des Geistes nur in sofern verstehen, als er sie zugleich in sich selbst finden und anschauen kann.

Reden über die Religion. 3. Ausg.

363.

Was wäre wohl die einförmige Wiederholung eines höchsten Ideals, wobei die Menschen doch, Zeit und Umstände abgerechnet, eigentlich einerlei sind, dieselbe Formel nur mit andern Coefficienten verbunden, was wäre sie gegen diese unendliche Verschiedenheit menschlicher Erscheinungen? Nehmt welches Element der Menschheit Ihr wollt, Ihr findet jedes in jedem möglichen Zustande, fast von seiner Reinheit an — denn ganz soll diese nirgends zu finden sein — in jeder Mischung mit jedem andern, bis fast zur innigsten Sättigung mit allen übrigen — denn auch diese ist ein unerreichbares Extrem — und die Mischung auf jedem möglichen Wege bereitet, jede Spielart und jede seltene Combination. Und wenn Ihr Euch noch Verbindungen denken könnt, die Ihr nicht sehet, so ist auch diese Lücke eine negative Offenbarung des Universums, eine Andeutung, daß in dem geforderten Grade in der gegenwärtigen Temperatur der Welt diese Mischung nicht möglich ist, und Eure Fantasie darüber ist eine Aussicht über die gegenwärtigen Gränzen der Menschheit hinaus, eine wahre höhere Eingebung, sei sie nun ein Wiedererscheinen entflohener Vergangenheit oder eine unwillkührliche und unbewußte Weissagung über das was künftig sein wird. Reden über die Religion. 3. Ausg.

364.

Der ewige Verstand befiehlt es, und auch der endliche kann es einsehen, daß diejenigen Gestalten, an denen das Einzelne am schwersten zu unterscheiden ist, am dichtesten an einander gedrängt stehen müssen; aber jede hat etwas Eigenthümliches: Keiner ist dem Andern gleich, und in dem Leben eines Jeden giebt es irgend einen Moment, wie der Silberblick unedlerer Metalle, wo er, sei es durch die innige Annäherung eines höheren Wesens oder durch irgend einen elektrischen Schlag, gleichsam aus sich heraus gehoben und auf den höchsten Gipfel desjenigen gestellt wird, was er sein kann. Für diesen Augenblick war er geschaffen, in diesem erreichte er seine Bestimmung, und nach ihm sinkt die erschöpfte Lebenskraft wieder zurück. Es ist ein beneidenswerther Genuß, in dürftigen Seelen diesen Moment hervorzurufen, ja auch sie darin zu betrachten; aber wem dieses nie geworden ist, dem muß freilich ihr ganzes Dasein überflüßig und verächtlich scheinen.

Reden über die Religion. 3. Ausg.

365.

Die individuelle Vernunft ist die Fantasie.

Dialektik.

366.

In allen Kulturgebieten ist so viel Schönheit und Kunst, als die Eigenthümlichkeit sich darin manifestirt.

Ethik.

367.

Die Liebe, als Fülle der Lebenskraft, als Blüthe der Sinnlichkeit, sagt man, sei bei den Alten etwas Göttliches gewesen, bei uns sei sie ein Skandal; ist sie es aber wohl aus einem andern Grunde, als weil wir sie immer dem intellectuellen mystischen Bestandtheil der Liebe, der das höchste Produkt der modernen Kultur ist, entgegensetzen? Sollen wir denn gerade hier bei diesem Gegensatz stehen bleiben? Ueberall gehen wir ja darauf aus, die Ideen, welche aus der neuen Entwicklung der Menschheit hervorgegangen sind, mit Demjenigen zu verbinden, was das Werk der früheren war; dies ist die Fortschreitung, die uns aufgegeben ist, und durch die allein wir überall zu etwas Vollendetem kommen. Soll man nicht verlangen, daß die Menschen sie hier auch machen können sollen, in dieser einfachen Sache? Sie wissen ja doch von Leib und Geist, und der Identität Beider, und das ist doch das ganze Geheimniß.

Briefe über die Lucinde.

368.

Lange genügte es mir nur die Vernunft gefunden zu haben, und die Gleichheit des Einen Daseins als das Einzige und Höchste anbetend, glaubte ich es gebe nur Ein Rechtes für jeden Fall, es müsse das Handeln in Allen dasselbe sein, und nur wiefern doch Jedem seine eigne Lage, sein eigner Ort gegeben sei, unterscheide sich einer vom Andern. Nur in der Mannigfaltigkeit der äußern Thaten offenbare sich verschieden die Menschheit; der Mensch, der Einzelne sei nicht ein eigenthümlich gebildet Wesen, sondern überall ein Jeder an sich dem Andern gleich.

So besinnt sich nur allmählig der Mensch, und nicht vollkommen Alle! Wenn Einer die unwürdige Einzelheit des sinnlichen thierischen Lebens verschmähend das Bewußtsein der allgemeinen Menschheit gewinnt, und vor der Pflicht sich niederwirft, vermag er nicht sogleich auch zu der höhern Eigenheit der Bildung und der Sittlichkeit empor zu dringen, und die Natur, die durch die Freiheit ausgebildet mit ihr ganz eins geworden, zu schauen und zu verstehen.

So ist mir aufgegangen, was jetzt meine höchste Anschauung ist; es ist mir klar geworden, daß jeder Mensch auf eigne Art die Menschheit darstellen soll, in einer eignen Mischung ihrer Elemente, damit auf jede Weise sie sich offenbare, und wirklich werde in der Fülle der Unendlichkeit Alles was aus ihrem Schooße hervorgehen kann.

Allein nur schwer und spät gelangt der Mensch zum vollen Bewußtsein seiner Eigenthümlichkeit; nicht immer wagt er darauf hinzusehen, und richtet lieber das Auge auf den Gemeinbesitz der Menschheit, den er liebend und dankbar schon länger festhält, und zweifelt oft, ob er sich als ein eignes Wesen wieder gewissermaßen ausscheiden darf, ohne Gefahr zurückzusinken in die alte strafwürdige Beschränktheit auf den engen Kreis der äußeren Persönlichkeit, das Sinnliche verwechselnd mit dem Geistigen, und spät erst lernt er recht das höchste Vorrecht schätzen und gebrauchen.

Monologen.

369.

Wer sich zu einem bestimmten Wesen bilden will, dem muß der Sinn geöffnet sein für Alles was er nicht ist. Auch hier im Gebiet der höchsten Sittlichkeit regiert die genaue Verbindung zwischen Thun und Schauen. Nur wenn der Mensch im gegenwärtigen Handeln sich seiner Eigenheit bewußt ist, kann er sicher sein, sie auch im Nächsten nicht zu verletzen; und nur wenn er von sich beständig fordert die ganze Menschheit anzuschauen, und jeder andern Darstellung von ihr sich und die seine unterscheidend gegenüber zu stellen, kann er das Bewußtsein seiner Selbstheit erhalten: denn nur durch Entgegensetzung wird das Einzelne erkannt. Die erste Bedingung der eigenen Vollendung im bestimmten Kreise ist allgemeiner Sinn. Und dieser wie könnte er wohl bestehen ohne Liebe? — Keine Bildung ohne Liebe, und ohne eigne Bildung keine Vollendung in der Liebe; Eins das Andere ergänzend wächst Beides unzertrennlich fort.

Monologen.

370.

Es soll die Sitte der innern Eigenthümlichkeit Gewand und Hülle sein, zart und bedeutungsvoll sich jeder edlen Gestalt anschmiegend, und ihrer Glieder Maaß verkündend jede Bewegung schön begleiten. Nur dies edle Kunstwerk mit Heiligkeit behandelt, nur es immer durchsichtiger und feiner gewebt, und immer dichter es an sich gezogen: so wird der künstliche Betrug sein Ende finden müssen, so wird es bald sich offenbaren, wenn unheilige gemeine Natur in edler hoher Gestalt erscheinen will.

So soll und wird der Sitte Beständigkeit und Ebenmaaß ein untrüglich Merkmal von des Geistes innerm Wesen und der geheime Gruß der Besseren werden.

Monologen.

371.

Abbilden soll die Sprache des Geistes innersten Gedanken, seine höchste Anschauung, seine geheimste Betrachtung des eignen Handelns soll sie wiedergeben, und ihre wunderbare Musik soll deuten den Werth den er auf jedes legt, die eigne Stufenleiter seiner Liebe. — Es bilde nur Jeder seine Sprache sich zum Eigenthum und zum kunstreichen Ganzen, daß Ableitung und Uebergang, Zusammenhang und Folge der Bauart seines Geistes genau entsprechen, und die Harmonie der Rede der Denkart Grundton, den Accent des Herzens wieder gebe. Dann giebts in der gemeinen noch eine heilige und geheime Sprache, die der Ungeweihte nicht deuten noch nachahmen kann, weil nur im Innern der Gesinnung der Schlüssel liegt zu ihren Charakteren; ein kurzer Gang nur aus dem Spiele der Gedanken, ein paar Accorde nur aus seiner Rede werden ihn verrathen.

Monologen.

372.

Von allen Gegensätzen im Beruf und Thun der Menschen, in denen sich die Verschiedenheit ihrer Natur bekundet, tritt immer noch dieser mir, was mich betrifft, am stärksten entgegen. Die Menschheit in sich zu einer entschiedenen Gestalt durch wechselreiches Handeln bilden, und sie kunstreiche Werke verfertigend äußerlich so darstellen, daß Jeder was man zeigen wollte erkennen muß, dies Beides ist zu sehr zweierlei, um Vielen im gleichem Maaße Beides beschieden zu sein. Wer freilich noch im äußern Vorhof der Sittlichkeit sich aufhält, und aus Furcht sich zu beschränken als Neuling noch fester Bestimmung abhold ist, der wird gern Beides in rohen Versuchen durch einander werfen, in Beiden wenig leistend; und so schwebt auch das Leben der meisten Menschen hin. Doch wer schon tiefer eingedrungen ist in den Tempel selbst der Sittlichkeit, wird bald dem Einen vorzugsweise nachstreben, und nur sparsame Gemeinschaft bleibt ihm übrig mit dem Andern. Erst am Ende der Laufbahn scheint sich Beides wieder zu nähern, so daß Beides zu vereinen nur eine solche Vollkommenheit vermag, die selten der Mensch erreicht.

Monologen.

373.

Auch die äußere Welt, mit ihren ewigen Gesetzen wie mit ihren flüchtigsten Erscheinungen, strahlt in tausend zarten und erhabenen Bildern gleich einem Zauberspiegel unseres Wesens Höchstes und Innerstes auf uns zurück. Welche aber den lauten Aufforderungen ihres tiefen Gefühles nicht gehorchen, welche die leisen Seufzer des gemißhandelten Geistes nicht vernehmen, an diesen gehen auch die wohlthätigen Bilder verloren, deren sanfter Reiz den stumpfen Sinn schärfen soll und spielend belehren. Monologen.

374.

Was ist's denn worüber sie klagen im Alter? Es sind nicht die nothwendigen Folgen der Erfahrung, der Weisheit, und der Bildung. Macht der Schatz der bewahrten Gedanken stumpf des Menschen Sinn, daß ihn nicht reizt weder Neues noch Altes? Wird die Weisheit mit ihrem festen Wort zuletzt banger Zweifel, der jedes Handeln zurückhält? Ist die Bildung ein Verbrennungsgeschäft, das in todte Masse den Geist verwandelt? Was sie klagen ist nur, daß ihnen die Jugend fehlt. Und die Jugend, warum fehlt sie ihnen? Weil in der Jugend ihnen das Alter gefehlt hat. Doppelt sei die Vermählung. Jetzt schon sei im starken Gemüthe des Alters Kraft, daß sie dir erhalte die Jugend, damit später die Jugend dich schütze gegen des Alters Schwäche. Wie sie es theilen, soll gar nicht das Leben getheilt sein. Es erniedrigt sich selbst wer zuerst jung sein will, und dann alt, wer zuerst allein herrschen läßt, was sie den Sinn der Jugend nennen, und dann allein folgen, was ihnen der Geist des Alters scheint; es verträgt nicht das Leben diese Trennung seiner Elemente. Ein doppeltes Handeln des Geistes ist es, das vereint sein soll zu jeder Zeit; und das ist die Bildung und die Vollkommenheit, daß Beider sich immer inniger bewußt werde der Mensch in ihrer Verschiedenheit, und daß er in Klarheit sondere eines jeden eignes Geschäft.

Monologen.

375.

In nahen Bahnen wandeln oft die Menschen, und kommen doch nicht Einer in des Andern Nähe; vergebens ruft der Ahndungsreiche und den nach freundlicher Begegnung verlangt: es horcht der Andere nicht. Oft nähern Andere sich einander, deren Bahnen weit auseinander gehen; es meint der Eine wohl es sei für immer, doch ist's nur ein Moment; es reißt entgegengesetzte Bewegung jeden fort, und keiner begreift, wo ihm der Andere hingekommen.

Wo ist das Ideal vollkommner Vereinigung? die Freundschaft, die gleich vollendet auf beiden Seiten ist? Nur wenn in gleichem Maaße Beiden Sinn und Liebe fast über alles Maaß hinaus gewachsen sind. Dann aber sind mit der Liebe zugleich auch sie vollendet, und es schlüge dann gewiß die Stunde, die wohl Allen schon früher hat geschlagen! — Der Unendlichkeit sich wieder zu geben, und in ihren Schooß zurückzukehren aus der Welt.

Monologen.

376.

Durch Sterben tödtet jedes liebende Geschöpf, und wem der Freunde Viele gestorben sind, der stirbt zuletzt den Tod von ihrer Hand, wenn ausgestoßen von aller Wirkung auf die, welche seine Welt gewesen, und in sich selbst zurückgedrängt der Geist sich selbst verzehrt.

Monologen.

377.

Die Wenigen, welche es verdienen als ausgezeichnete Kunstwerke der menschlichen Natur ausgestellt zu werden, haben noch immer Einen gefunden, der von ihrer Erscheinung begeistert eine kunstgerechte Lebensbeschreibung, Wahrheit und Dichtung nach unvermeidlichem Gesetze mischend, zu Stande bringt. Diejenigen, welche es aus irgend einem Grunde ersprießlich halten, daß ihre Arbeiten als die einzigen Punkte, die für sich einem größeren Kreise sichtbar werden auch für diesen durch zusammenhängende Commentarien über ihr Leben verbunden werden, diese mögen am liebsten selbst den Stoff einfältig und treu verarbeiten. Auch sie werden, und hätten sie auch den reinsten Zweck, um lehrreiche Confessionen zu schreiben, doch jenem Gesetz sich irgendwie fügen müssen; denn Jeder dichtet sich selbst, wenn er sich aufführt. Wir Uebrigen, wenn wir unsere Zeit hindurch an dem stillen Werk der Wissenschaft nach Vermögen gearbeitet haben, wollen uns begnügen auf die schlichteste Weise in die Register derselben eingetragen zu werden zum etwanigen Nachschlagen. Denn anders als so kann doch von dem Einzelnen nicht lange die Rede sein, wenn nicht politische Bedeutsamkeit oder künstlerische Trefflichkeit ihm eine bedeutendere Stelle sichern.

Rede über Leibnitz und Fontenelle. 1824.

378.

Was man von den Werken der Kunst gesagt hat, daß jeder nach dem Maaß seiner Vollendung und fast ohne Unterschied des Gegenstandes auch ein unendlicher Gegenstand für die Betrachtung ist, das freilich muß auch von den Meisterstücken der Natur gelten, und also vornehmlich von jedem nach allen Seiten durchgebildeten und vollendeten

Manne. Allein die Kunst der Betrachtung geht auch wieder ihrerseits darauf aus das innere Wesen mit Einem Blick zu durchschauen, und entweder in Einem lebendigen Bilde darzustellen oder Eine möglichst leichte eine einfache Formel aufzufinden, in der es ganz aufgehe; und ist dies einmal erreicht, so bleibt die Persönlichkeit auch des vortrefflichsten Wesens nur insofern ein würdiger Gegenstand wiederholter Darstellung, als ein Reichthum fruchtbarer Relationen zu Hülfe kommt, deren aus jedem andern Standpunkt sich wieder andere darbieten. Es giebt daher eine zwiefache Art, wie die nicht mehr unmittelbar mitlebende Welt sich mit einem bedeutenden Manne beschäftigen kann. Die eine trägt noch das Wesen der von seinen Zeitgenossen ererbten persönlichen Zuneigung an sich; sie arbeitet an jenem Bilde mit Lust, sucht alle Einzelheiten in dasselbe aufzulösen, und wie die Liebe überall thut auch in diesen die unmittelbare Beziehung auf das eigne Sein und Leben aufzufinden und dankbar anzuerkennen. Diese aber ist auch für die bedeutendsten Männer nur in einen bestimmten Zeitraum eingeschlossen, so lange nämlich diejenigen Gebiete des Lebens, in welchen sich das Dasein eines solchen Mannes am kräftigsten entfaltet hat, noch in derselben Gestalt bestehen, und also die Standpunkte noch aufzufinden sind, aus welchen das Einzelne immer neu, lehrreich und lebendig erscheint. Ist diese Zeit vorbei, und eine große Umwälzung zwischen die Gegenwart und die Vergangenheit getreten, so verschwindet der Reiz solcher Betrachtung und tritt eine Entfremdung ein, in der die persönliche Zuneigung nicht mehr bestehen kann; und es bleibt dann nur die zweite Betrachtung übrig, die rein geschichtliche. In dieser ist es schwer das Bild des Menschen zu vervollständigen oder zu verbessern: es muß genommen werden und aufbewahrt, wie es früher ist gestaltet worden, und das Einzelne behält nur so viel Werth, als davon geschichtliche Spuren in dem Zustand der Dinge selbst zurückgeblieben sind. In diesem Verhältniß stehen jetzt zu uns die großen Männer des Alterthums, von denen wir annehmen können, die darstellende Kunst habe ihre Schuld gegen sie abgetragen. Rede zur Charakteristik von Leibnitz. 1815.

379.

Vorüber ist einmal für immer die Zeit des Hochmuths einzelner sich selbst überschätzender Völker, die des eignen Ursprungs vergessend allein glaubten in ihrem Dasein die wahre Menschheit auszuprägen, alles Andere um sich her als der Knechtschaft würdig nur zu allerlei Gebrauch bestimmt geringschätzend oder als zur Ausrottung verurtheilt haßten. Diese durften wähnen, die Musen seien in ihre Sprache gebannt, alles Andere nur barbarisches Getön. Jetzt verbreitet sich immer weiter um die Erde der Gürtel der geistigen Schönheit, innerhalb dessen wir genöthigt sind bei aller Verschiedenheit der Gestaltung doch die gleiche Bildsamkeit mithin die Gleichheit des geistigen Lebens anzuerkennen. Thun wir dies mit Recht auch da, wo die einheimische Selbstthätigkeit ursprünglich gering ist, aber doch beim Hinzutreten eines fremden Lebenshauches die schlummernde Empfänglichkeit plötzlich hervorbricht oder sich allmählig entwickelt: so sprechen wir dadurch die Hoffnung aus, daß auf diesem Wege der Lebensübertragung das Gebiet der geistigen Entwicklung sich immer weiter verbreiten werde, bis jener Gürtel die ganze Erde umschlingt. Rede über Leibnitz. 1831.

380.

Der Jahrestag der Geburt ist für Jeden, dem er nicht unbemerkt vorübergeht, gerade die Vertiefung in die einzelne Persönlichkeit, die keine andere Erweiterung und keine bestimmte Umgränzung hat als die Häuslichkeit. Darum achten wir es mit Recht für eine gute Sitte und ein günstiges Zeichen dafür, daß der Sinn für das Ursprünglichste im Leben noch nicht verloren gegangen ist, wenn zumal Hausväter und Hausmütter es den Ihrigen vergönnen, den Tag ihrer Geburt als ein solches ganz in den Gränzen des häuslichen Kreises eingeschlossenes Fest zu begehen. Wenn sich da die herzliche Freude an dem heiteren Verlauf eines leitenden und versorgenden Lebens ausspricht; wenn das ernste Bewußtsein der Vergänglichkeit des Irdischen, das sich so gern an solche Abschnitte heftet, durch das fröhliche Spiel mit der Gegenwart besiegt wird, wozu ein frischer jugendlicher Sinn gerade jeden Ruhepunkt am liebsten benutzt, wenn alle natürlichen Verhältnisse sich in dem Glanz vergessender und ermuthigender Liebe verklären: welche Mühen des Lebens werden da nicht weggeworfen, und für welche Lasten desselben nicht neue Kräfte gesamlet! —

Rede am 3. August 1826.

## 381.

Wo wir eine Menge auf einander wirkendes, durch einander wogendes einzelnes Leben sehen, in welcher aber weder eine wahrhaft organische Gestaltung hervortritt, noch auch das Einzelne sich als selbständiges sondert, das nennen wir Masse. Je mehr der Einzelne hier nur ein Ort ist, wo die verschiedenen in der Gesammtheit waltenden Bewegungen sich begegnen, sich kreuzen und brechen oder verdrängen, je nachdem die Weise ist, wie, und die Stärke, mit welcher sie zusammenstoßen, ohne daß in dem Einzelnen selbst ein den Erfolg regelndes Prinzip erscheint, um desto mehr erscheint er nur als ein Element der Masse. Denken wir uns nun das Aeußerste, fehlt die Eigenthümlichkeit ganz, und dieser innere Regulator, der der ganze Eine Factor des Lebens sein soll, ist Null: so ist nothwendig auch die ganze Erscheinung als Zahl zwar zählend, aber als eigenes geistiges Leben betrachtet das unendlich oder absolut Kleine, und von dieser gilt auch nicht, daß sie tugendhaft sein kann oder schön, denn wenn zufällig ohne Tadel, so ist sie auch nothwendig ohne Lob, und spielten in dem gestaltlosen unstäten Flimmern auch lauter anmuthige Farben: so wäre doch keine Schönheit darin.

Rede am Geburtstage Friedrichs des Großen. 1826.

382.

Kein Mensch kann getrennt gedacht werden von seiner Zeit und seiner Welt. Nicht nur ist das ganze Leben ein gemeinschaftliches Resultat der innern eigenthümlichen Kraft des Menschen und aller ihn umgebenden und auf ihn einwirkenden Kräfte, in jeder That, in jeder Sitte, in jedem Theil seines erscheinenden Wesens, eben so viel von dieser als von jener, sondern die eigenthümliche Kraft selbst, hervorgewachsen aus seinen Ahnen, eingewachsen seinem Volk, kann nur gerade zu dieser Zeit und unter diesen Bewegungen da sein. Niemand fragt, wie Platon mit der Philosophie der jetzigen Zeit umgehen, wie Homeros die Helden der jetzigen Zeit besingen würde, Niemand wie Cäsar in Frankreich, wie Alexander von Macedonien in Rußland würde gehandelt haben; sondern, ohne ein solches leeres Spiel, betrachten wir diese großen Männer nur in ihrem Leben und Wirken, wie es war, und begnügen uns mit dem minder handgreiflichen aber gewiß desto innigeren und geistigeren Nutzen den wir daraus ziehen können.

Rede am Geburtstage Friedrichs des Großen. 1817.

383.

Zwei wohl gleich herrliche und selige aber sehr verschiedene Zeiten giebt es für die Wirksamkeit eines großen Mannes. Die eine geht an, wenn er die ihm gebührende Stelle in der Welt eingenommen hat, und anerkannt zu werden beginnt für das was er ist, wenn seine belebende Kraft die Stokkungen auflöst im gesellschaftlichen Zustand oder in den geistigen Bestrebungen, wenn sein gebietender Muth das Böse und Verkehrte in die Flucht schlägt, wenn er seine Zeitgenossen hebt und erzieht, und das ihm angewiesene Theil der menschlichen Dinge allmählig ordnet und bildet. Von wie viel Hindernissen er auch bedrängt werde, wie Vieles auch unvollendet bleibe was er gestalten wollte, ja wie vorübergehend sich auch die schönste Blüthe seiner Schöpfung zeige: herrlich und selig für ihn ist diese Zeit immer nach Maaßgabe seiner Größe; denn nur der ist groß, der selbst indem er auf die bewegliche veränderliche Welt wirkt, in der ruhigen sich immer gleichen lebt, über die Zufälligkeiten des Erfolgs erhaben, in seiner Ueberzeugung, in seinem Gefühl, die Uebereinstimmung seiner Ideen und Zwecke mit der vorher bestimmten Ordnung, mit der nothwendigen Entwickelung der Dinge trägt, und unaufgehalten vorwärts schreitet, und sich nur durchdringend und siegend erblickt. Die zweite herrliche Zeit tritt ein, wenn dem irdischen Streit längst entrückt der große Mann endlich ganz der Geschichte angehört, und von dort aus schon ungehemmt und immer gleich auf die fernen Geschlechter der Menschen wirkt, nach dem Maaß der Empfänglichkeit eines Jeden. Denn nicht nur, mit Platon zu reden, in den überhimmlischen Räumen der Weisheit, wo die ewigen Ideen auf unverrückbaren Grundlagen stehend geschaut werden, nährt sich das Edelste der Seele, sondern gedeihliche Nahrung kommt ihm auch her aus den irdischen zwar doch verklärten in heiterer Höhe schwebenden Gärten der Geschichte, wo die einzelnen Gestalten der Menschheit, denen vergönnt gewesen ist, einen größeren Theil ihres Geschlechts zu leiten, und eben dadurch zu höherer Vollkommenheit heraufgebildet, den irdischen Schauplatz zu verlassen, nun in gereinigtem Glanze wandeln, und bestimmt sind, je nachdem sie zu dem ersten oder zweiten Platz durchgedrungen waren, längere oder kürzere Zeit, denn ewig ist nichts auf dem sterblichen Gebiet, durch das Mittel einer ungetrübten Luft geschaut, die Nachkommen zu erleuchten, und je tiefer ihr Licht eindringt durch das Auge in verwandte Seelen, um so mehr diese zu stärken und zu erheben. Daß dieses, unbeschadet des eigenen Lebens was sie in uns unerreichten Welten führen, das selige und herrliche Schattenleben der edlen Geister auf dieser Erde sei, wird Niemand bezweifeln. Rede am Geburtstage Friedrichs des Großen. 1817.

384.

Der große Mann ist der, welche die Masse beseelt und begeistert, ganz herausgetreten aus dem Verhältniß der Gegenseitigkeit, er auf keine Weise ihr Werk, sie aber auf seine Weise das seinige. Wer aber meinen wollte unter dem Begeistern sei etwa zu verstehen, daß die Masse dadurch, daß sie des großen Mannes Thaten und Wesen anschaut, mit etwas Größerem als gewöhnlich erfüllt und so über sich selbst erhoben werde, der bliebe bei etwas Geringem stehen, was auch schon jedes schöne Talent leistet; nur auf die Empfänglichkeit wirken ist zu wenig für den großen Mann. Denn Nachahmungen hervorbringen, durch Werke und Thaten ein lange fortwirkendes Urbild werden, durch sich selbst in irgend einem Zweige menschlichen Thuns neue Bahnen brechen, zu einer unerreichten Höhe sich erheben, und dort aufgestellt sein als ein immer angestrebtes aber nie getroffenes Ziel — dies mag vielleicht mit zu dem gehören, was wir Genie zu nennen pflegen; aber so einseitig ist nicht das Wesen und Wirken des großen Mannes; und auf die letzte Art Diejenigen beseelen, welche Gleiches und Aehnliches hervorbringen, auf die erste Art aber Die, welche es genießen wollen, beweiset eben die Verwandtschaft mit Beiden und das Leben mit ihnen an demselben gemeinsamen Ort. Der große Mann ist gesonderter von dem Allen, nicht selbst in dieses mannigfaltige Leben verflochten, aber der Urheber desselben. Oft ist es ein solcher gewesen, der, wie ein göttlicher Hauch einer noch ursprünglich starren bewegungslosen Masse mitgetheilt, das mannigfaltige Leben in ihr erregt, wie ein himmlischer Funken hineingeworfen, alle diese schönen Lichter in ihr entzündet hat, öfter noch war es ein solcher, der eine durch widriges Geschick gedrückte und in sich zusammengesunkene Masse wieder erweckt hat zu einer neuen und schöneren Periode ihres Daseins. Kurz der große Mann ist nur der, durch welchen in irgend einer Beziehung die Masse aufhört Masse zu sein, durch welchen sie erregt wird, daß sie sich sondere, das Selbstgefühl an die Stelle eines träumerischen Schlummerlebens trete, nur der ist es, durch den sie so erregt kraft des ihm einwohnenden Gesetzes sich zum organischen Gesammtleben entweder zuerst gestaltet, oder auch sich nach einer Zeit des Verfalls und der Zerstörung neu entwickelt. —

Vor diesem segensreichen Bilde seltener göttlicher Werkzeuge stehen wir als nicht vor unseres Gleichen. Es sind die Heroen der Gattung, es ist jenes dämonische Geschlecht königlich und herrschend seiner Natur nach, das aber nur in einzelnen weit von einander entfernten Erscheinungen aus geheimnißvollen Zeugungen der Natur hervorgehend sich offenbart. Aber es ist unser Stolz, daß unsere Sprache uns übermenschliche Ausdrücke weigert. Ein großer Mann, Größeres können wir nicht sagen; ein großer Geist, ein Held, das ist weniger; jeder besondere Name gehört auch nur einzelnen Beziehungen, alle Häufungen können nur Verringerungen sein. Etwas aber giebt uns die genauere Betrachtung der hehren Gestalt an die Hand, was uns derselben wieder näher bringt. Soll freilich Einer gedacht werden, in welchem die Kraft liegt in dem ganzen menschlichen Geschlecht aller Zonen und aller Zeiten ein neues Leben zu wecken, und das Ganze in einer Alles umfassenden Organisation zu befreunden, der müßte alles menschliche Maaß überschreiten, und er wäre zugleich der, welcher alle menschliche Größe vernichtet. Dieses Geheimniß aber, das in dem sich immer wieder erneuernden und immer wieder reinigenden Glauben von Millionen lebt, können wir hier nur erwähnen um es auszulassen aus unserer Betrachtung. Alle großen Männer aber innerhalb des rein menschlichen Gebietes, wenn sie eine Masse beleben sollen und organisiren: so können sie auch nur einer bestimmten Masse angehören, innerhalb deren ihre eigenthümliche Wirkung beschlossen ist; denn sehr verschieden zwar ist das Maaß organischer Bildungen, aber gemessen und begrenzt sind alle. — In diesen Gränzen ist auch der große Mann nothwendig beschlossen.

Worauf deutet das Gesagte, als daß es große Männer nur giebt im Staat und in der Kirche. Also die Gründer und Wiederhersteller der Staaten, wo hiebei einzelne auf eine ausschließende Weise geherrscht haben und gewaltet, die Stifter und die Reiniger der Religionen, das sind die großen Männer.

Rede am Geburtstage Friedrichs des Großen. 1826.

# VIII. Ehe. Familie. Geselligkeit. Staat.

385.

Die Geschlechtsdifferenz ist allgemeine irdische Naturform, ob weiter verbreitet, oder auch auf der Erde nur auf Perioden eingeschränkt, wissen wir nicht. Ethik.

386.

Die Einheit der Geschlechtsgemeinschaft mit ihrer Unauflöslichkeit zugleich gesetzt ist der wahre Begriff der Ehe.

Wo die Individualität sich schon entwickelt hat, soll eine persönliche Wahlanziehung auch die ethische Seite des Geschlechtstriebes leiten.

Absolute Einzigkeit, Ideal der romantischen Liebe, setzt Vollendung des Individuellen voraus. Nur durch diese, also in der Wirklichkeit gar nicht, wird die Deuterogamie *) ausgeschlossen.

Die Ehelosigkeit kann nur in derjenigen Klasse, wo die Individualität heraustritt, und auch da nur als eine nicht durch besondere Lebensverhältnisse und nur als eine nicht gewollte entschuldigt werden. Ethik.

*) Die nachfolgende Ehe.

387.

Die Geschlechtsgemeinschaft als verbreitendes Handeln angesehen geht auf die Erzeugung vernunftfähiger Individuen.

Die Geschlechtsgemeinschaft als solche ist deshalb einfach und unauflöslich, d. h. Ehe.

Polygamie ist zusammenhangend mit der Vorstellung von Unterordnung des weiblichen Geschlechts. Der Mann als Eine Seele kann viele Organe beherrschen. Diese Vorstellung war im Abnehmen und verschwand mit dem Christenthum vermöge seines Gleichheitsprinzips. Daher die Ehe in ihrer Heiligkeit als ein Produkt des Christenthums angesehen werden kann.

Die katholische Kirche hält äußerlich die Ehe heiliger, weil sie sie unauflöslich erklärt; innerlich weniger heilig, weil die öffentliche Meinung weit mehr dem Concubinate nachsieht. Die protestantische innerlich mehr in letzter Beziehung; äußerlich weniger wegen zugegebener Trennung. Ist die ganze Kirche im Werden: so ist auch die Ehe im Werden; also kein Exemplar vollkommen. Wird nun das Gefühl dieser Unvollkommenheit das herrschende: so wird die Trennung zugegeben. Aber die Unvollkommenheit muß äußerlich hinreichend erscheinen — rechtlicher Grund — und die Parteien müssen sich über ihr Gefühl mit der Kirche verständigt haben — Sühneversuch. Christliche Sitte.

388.

Wenn die christliche Ehe zur Vollkommenheit gelangt ist, giebt es weder Ehescheidung noch Deuterogamie.

So lange aber die Ehen noch unvollkommen sind, würden ohne Scheidung doch manche nur äußerlich, nicht dem Geiste nach bestehen, und am leeren Scheine kann uns nichts gelegen sein, sondern nur den die Erscheinung idolisirenden Katholiken.

So lange die Ehen unvollkommen sind, kann man eine zweite eingehen, die andere Vollkommenheiten hat, als die erste. Christliche Sitte.

389.

Der ehelose Stand ist nicht heiliger als die Ehe.

Daß Paulus sagt, nur um der Unkeuschheit willen sei die Ehe gut, gilt nur von damaliger Zeit. Eine christlich eingegangene Ehe ist an sich gut. Christliche Sitte.

390.

Die Familie ist die ursprüngliche Art zu sein beider ethischen Funktionen [der organisirenden und der symbolisirenden] unter beiden Charakteren [des Universellen und Individuellen]. Ethik.

391.

In der Familie ist das Ineinander aller Funktionen gesetzt. Sie enthält die Keime aller vier relativen Sphären — des Staates, der Kirche, des wissenschaftlichen und des geselligen Verbandes —, welche erst in der weitern Verbreitung auseinander gehen. Ethik.

392.

Wie der physiognomische Ausdruck der Eltern sich immer mehr nähert, und sie in dieser nie vollendeten Aehnlichkeit den Familiencharakter darstellen: so zeigen die Kinder in aus beiden Eltern gemischten Zügen eine freie Modifikation jenes Charakters. Ethik.

393.

Zufolge des Geschlechtscharakters sind die Frauen die Virtuosinnen in dem Kunstgebiet der freien Geselligkeit, richten über Sitte und Ton. Also sind sie es auch in der Familie.

Ethik.

394.

Die Bildung der Natur ist Bildung für den Geist, und ist wesentlich ein gemeinschaftlicher Akt, und das Objekt desselben ist die ganze Natur.

Dem höheren Prinzipe kann nichts anderes gegenüberstehen, als die Totalität der Natur als Einheit. Es strebt nach der Einigung mit der Natur an sich, also mit der ganzen Natur.

Die Gemeinschaftlichkeit des Bildungsprozesses wird primitiv ausgesprochen in der Familie.

Christliche Sitte.

395.

Eine Familie kann das gebildetste Element und das treueste Bild des Universums sein; denn wenn still und sicher Alles in einander greift, so wirken hier alle Kräfte die das Unendliche beseelen; wenn in ruhiger Fröhlichkeit Alles fortschreitet, so waltet der hohe Weltgeist hier wie dort; wenn die Töne der Liebe alle Bewegungen begleiten, so erklingt die Musik der Sphären auch in dem kleinsten Raum.

Reden über die Religion. 3. Ausg.

396.

Die Sphäre der freien Geselligkeit wird abgeschlossen durch die Identität des Standes. Die Verschiedenheit der Bildungsstufe ist der Gehalt des sittlichen Begriffes von Stand. Ethik.

397.

Das darstellende Handeln ist die Darstellung der Herrschaft des Geistes ohne Anstrengung. Das ist aber dasjenige, was wir anderweitig in sittlicher Hinsicht das Schöne oder das Anmuthige zu nennen gewohnt sind, und eben dieses, das Sittlich-Schöne oder Anmuthige in der eigenthümlich christlichen Form ist der wesentliche Charakter dieses darstellenden Handelns.

Christliche Sitte.

398.

Das unmittelbare Bewußtsein des höheren Lebens unter der blos geselligen Form bringt auch ein darstellendes Handeln hervor.

Alle freie Geselligkeit gehört hierher.

Die gesellige Darstellung muß sich an die religiöse anlegen, wie eine äußere Sphäre an eine innere.

Wo das religiöse Gefühl noch nicht recht herausgetreten ist, sind beide noch ungeschieden.

Was wahrhaft unter die Form des Vergnügens gehört, hat seinen Ursprung immer in dem Höhern der menschlichen Natur.

Indem es als Kunstsinn in der Einrichtung des ganzen Lebens hervortritt, ist es ein erregendes Prinzip für alles höhere Gefühl.

Die Differenz [aber] muß bleiben, d. h. die religiöse Darstellung muß sich im reinen Kirchenstyle halten, und die weltliche darf keine entschieden religiösen Elemente aufnehmen. — Die geistliche Komödie war noch ein Rest der antiken Verwirrung. Christliche Sitte.

399.

Die Gemeinschaft der Bildung der Gesinnung ist die innere religiöse Sphäre des verbreitenden Handelns; die Gemeinschaft des Talentes (und der Weiterbildung der Natur durch dasselbe) ist die äußere gesellige Sphäre.

Denn die letztere hat ihre Beziehung auf die Totalität des Mannigfaltigen und Vielen, also der Welt, dagegen die erstere auf die absolute Einheit des Mannigfaltigen, d. h. auf die Gottheit. Christliche Sitte.

400.

Das Centrum der geselligen Darstellung ist die Verbindung des Spiels mit der Kunst.

Theils indem sich im Spiele die Einzelnen so zu Künstlern hinaufarbeiten, daß das Spiel nur noch als zusammenhaltende Form erscheint, theils indem eine Mannigfaltigkeit von ursprünglich künstlerischen Productionen zum Spiele vereinigt wird. Christliche Sitte.

401.

Das darstellende Handeln, worauf die universelle Erregtheit ausgeht, ist Spiel.

Alles was diesen Namen mit Recht führt, muß sich so erklären lassen. Das Wesentliche alles Spieles ist, daß es eine objektive Form der Darstellung darbietet, die sich ein jeder aneignen kann und in der sich jeder mit mehr oder minder Freiheit bewegt. — Die gymnischen Spiele beruhen auf der Einigung der Vernunft mit den Körperkräften, die musischen auf der mit den Geisteskräften. — Die modernen Spiele, Karten besonders, sind in vieler Hinsicht nur als eine epidemische Krankheit anzusehen.

Jedes Spiel hat das Maaß seiner Sittlichkeit darin,

wiefern es auch die untergeordnete Individualität zuläßt.

Je weniger dies der Fall ist, je mehr nähert es sich dem Mechanischen. Barbarische Seite der modernen Spiele. Jeder Mitspieler muß, wiewohl untergeordnet, sich als eine Kunstdarstellung geben können. Christliche Sitte.

402.

Wir finden ein Handeln, welches nicht eigentlich bestimmt ist Veränderungen hervorzubringen, welches Ausdruck des Inneren ist. So Alles was wir, wenn es in einer niederen und formlosen Gestalt erscheint, Spiel, wenn in einer höheren und ausgebildeten, Kunst nennen. Beides ist ein wirkliches Handeln, hat aber keine bestimmte Tendenz, etwas im Verhältnisse des Menschen zur Welt zu ändern — es ist zwecklos. Christliche Sitte.

403.

Zwei wesentlich verschiedene Stufen der Darstellung sind die Exposition der extensiveren Aneignung: Pracht, und die Exposition der intensiveren: Schönheit.

Der ganze Bildungsprozeß besteht aus diesen beiden Faktoren, die beide gleich wesentlich sind. Nur ist der Erste der Niedere, weil die Vernunft da nur als Gewalt erscheint mechanisch zu berechnen; der Letzte der Höhere. Wo die Pracht dominirt, muß man die Schönheit aus derselben zu entwickeln suchen. Aber auch auf der andern Seite, ein Volk (oder Stand), welches geschichtlich eingreift, darf keine idyllischen Sitten haben, sondern hier muß man auch die Extension hervortreten lassen. — In die religiöse Darstellung selbst darf die Pracht nicht eindringen.

Die Einwirkung der religiösen Sphäre auf die gesellige,

noch mehr aber der christlichen, führt schon auf die Entwickelung der Schönheit. Im Allgemeinen erfordert jede Kirche eine Symbolik und jede Symbolik Kunst und Kunstformen, woraus sich Schönheit entwickeln muß.

Christliche Sitte.

404.

Keine gänzliche Zurückziehung von der geselligen Darstellung kann christlich sein.

Alle sinnlichen Darstellungsmittel sind der Veredlung fähig, weil das Geistige darin latitirt. So Tanz. Die einsiedlerische Praxis rührt aus dem Manichäismus her.

Nicht jede Art der Darstellung ist jedem gleich anständig. Aeußere Formel dafür nicht zu bestimmen.

Jeder muß jede [Darstellung] zu verschönern wissen, die ihm nach seiner Berufsthätigkeit und seinen allgemeinen Lebensverhältnissen zukommt. Wenn auf der Theilnahme eines Menschen an einem Vergnügen eine Lächerlichkeit mit Recht ruht, ist der Grund nur der, daß sie aus diesem Grunde außer seiner Sphäre liegt.

Jeder Einzelne ist mit seinem Handeln in verschiedenen geselligen Kreisen, und hat mit Recht mehrerlei Sitte. Fälschlich wird dies häufig für eine Art von Falschheit gehalten, vielmehr kann die Einheit des Charakters sehr gut durch alles dieses durchsehen. Christliche Sitte.

405.

Das höhere Gefühl als geselliges ist das Bewußtsein der höheren Lebenspotenz aus der Gemeinschaft mit der Welt entwickelt.

Die Darstellung ist also auch Offenbarung dieses Bewußtseins in aller Gemeinschaft mit der Welt.

Die Grundbedingung jeder reellen Gemeinschaft ist Identität der *Sitte*, d. h. der Bestimmtheit des Aeußeren durch das Innere.

Alle Anwendungen des Wortes Sitte gehen in dieser Erklärung auf. Was blos ein Aeußeres ist heißt fälschlich Sitte, oder nur wiefern man es sich als durch ein Inneres bestimmt vorstellt.

Alles gesellige darstellende Handeln, für welches eine religiöse Erlaubniß gefordert werden kann, ist entweder *volksmäßig*, wohin das häusliche mit gehört, oder *hofmäßig*. Beides an sich untadelhaft.

Jeder *Einzelne* ist in einer *Menge* von Gemeinschaften der Darstellung begriffen. Von denjenigen an die das Innerste seiner Sitte verstehen können, bis zu denen, welche ihm durch die allgemein menschliche verbunden sind. Die verschiedenen Verhältnisse gleichen einer Menge concentrischer Kreise. Je größer, desto weiter auch vom Mittelpunkte.

Die Grundbedingung aller Verbesserung auf diesem Gebiete ist die *Veränderlichkeit* der Sitte. Festhalten der Masse an der Identität der Sitte ohne Empfänglichkeit für Verbesserung ist der Tod der darstellenden Gemeinschaft.

Die Sitte in jedem gegebenen Augenblicke repräsentirt theils den *bleibenden Charakter* der Gemeinschaft, theils die an sich vorübergehende *Bildungsstufe des Augenblicks*.

Die Beides nicht zu trennen wissen, sind die Urheber der todten Formeln. Denn sie wollen das Momentane nicht fahren lassen aus Furcht das Wesentliche zu verlieren.

Die die Verbindung von beidem nicht einsehen, sind die Urheber der leeren reformatorischen Tendenzen. Denn sie wollen deshalb nicht an das Gegebene anknüpfen, sondern immer von neuem erzeugen.

Christliche Sitte.

406.

Die Behandlung aller freien geselligen Verhältnisse muß sich auf Liebe und auf Achtung gründen; wo also [in einer Ethik], was aus diesen Gesinnungen folgt, vollständig aufgezeichnet ist, da müssen die Vorschriften für jene mit darin enthalten sein; theils auch ist jedes Geschäft zugleich Umgang und Gespräch, und jedes auch ernste und bestimmte Verhältniß zugleich ein freies, geselliges, und steht unter den Gesetzen von diesen, wenn nicht der vollständigen Sittlichkeit etwas in der Ausführung soll vergeben werden.

Kritik der Sittenlehre.

407.

Viele, die voll guten Willens sind für die Religion, haben unserer Zeit und Art das zum Vorwurf gemacht, warum doch von allen andern wichtigen Gegenständen so oft die Rede sei im geselligen Gespräch und im freundschaftlichen Umgange, nur nicht von Gott und göttlichen Dingen. Ich möchte uns hierüber vertheidigen, daß hieraus wenigstens weder Verachtung noch Gleichgültigkeit spreche, sondern ein glücklicher und sehr wichtiger Instinkt. Wo Freude und Lachen auch wohnen, und der Ernst selbst sich nachgiebig paaren soll mit Scherz und Witz, da kann kein Raum sein für Dasjenige, was von heiliger Scheu und Ehrfurcht immerdar umgeben sein muß. Religiöse Ansichten, fromme Gefühle und ernste Betrachtungen darüber, kann man sich auch nicht einander in so kleinen Brosamen zuwerfen, wie die Materialien eines leichten Gesprächs; und wo von heiligen Gegenständen die Rede wäre, da würde es mehr Frevel sein als Geschick, auf jede Frage sogleich eine Antwort bereit zu haben, und auf jede Ansprache eine Gegenrede.

Reden über die Religion. 3. Ausg.

408.

Der Staat besteht in dem gleichviel wie heraustretenden Gegensatz von Obrigkeit und Unterthanen.

Ein Entstehen des Staats durch Vertrag oder Usurpation ist nicht zu denken. Das Entstehen ist, daß das Bewußtsein der Zusammengehörigkeit die Masse durchdringt. In dem durch die Familienverbindung Gegebenen sind alle Einzelne prädeterminirt zu einer individuellen Idee der Kultur. Und diese Idee bricht irgendwo und irgendwie aus.

Die Basis des Staates ist [also] eine gemeinsame Eigenthümlichkeit.

Sein eigenthümliches Wesen auf dieser Basis hat der Staat allein in der identisch organisirenden Thätigkeit.

Die organisirende Thätigkeit wird erst im Staat vollendet, Rechtszustand und Vertrag völlig bestimmt, Theilung der Arbeiten und gegenseitige Garantien systematisirt, und Vereinigung der Kräfte nach allen Seiten eingeleitet.

Ethik.

409.

Die Art und Weise des Gegensatzes zwischen Obrigkeit und Unterthan ist die Verfassung des Staates.

Ethik.

410.

Die Vollendung [des Staatslebens] ist:

Kein Volk ohne Staat;

alle Staaten niederer Ordnung zu höheren Einheiten unter irgend einer Form verbunden;

Staaten und Völker sich deckend;

alle in friedlicher Gemeinschaft zu allgemeiner Vertragsmäßigkeit und Freizügigkeit verbunden.

Ethik.

411.

Inwiefern der Einzelne zugleich in der wissenschaftlichen und religiösen Organisation ist, fordert er mit Recht, da der Staat diese Prozesse nicht betreibt, daß er ihn in Betreibung derselben nicht störe. Dasselbe gilt von der specifischen Bildung des Eigenthums im strengsten Sinn. Auch diese als Sache des Geschmacks muß dem Einzelnen ganz selbst überlassen sein. Da in der Familie und im Hause die Identität dieser Function ist: so ist jedes Eindringen der Obrigkeit in das Interesse des Hauses das Verhaßteste, und die Heiligkeit desselben ist die erste Forderung der persönlichen Freiheit. Ethik.

412.

Das Gleichgewicht der Staaten als Werk künstlicher Politik ist ein Vorurtheil. Bleibe jeder Staat naturgemäß, so wird jenes von selbst; nur wenn sie naturwidrig sind, bedarf es eines Zwangs für das Gleichgewicht, der aber als unsittlich fallen muß. Für Entfernung der Kriege sind große Fortschritte gemacht durch schiedsrichterliches Entscheiden, dem aber die Sanction noch fehlt; man erstrebte denselben Zweck durch Erzwingung eines Universalstaates, aber dieser müßte erst die natürlichen Verhältnisse im Bewußtsein der Menschen tödten. Das Gattungsbewußtsein besteht immer nur mit dem Bwußtsein der Differenz.

Ethik.

413.

Der Staat, da er ein Gebilde der Menschen selbst ist, so wähnte man von der Betrachtung aus nach einem vorschwebenden Musterbilde den vollkommneren selbst schaffen zu können. Für einen Wahn müssen wir dies ohne weiteres erklären; denn es ist eine grobe Verwechselung dessen was durch die menschliche Natur wird, mit dem was der Mensch macht. Noch nie ist ein Staat, auch der unvollkommenste nicht, gemacht worden; und alle Kunst kann, auf dem Gebiet des bewußtlosen Wirkens, der geistigen Natur nicht minder als der körperlichen nur einzeln und untergeordnet zu Hülfe kommen.

Ueber die Begriffe der verschiedenen Staatsformen.

414.

Eigentlich wäre alles [den Staat Betreffende] beschlossen in der Ausführung des Formellen, Staatsbildung und Verfassung, und des Materiellen, Staatsverwaltung. Es kommt aber dazu, daß theils gegen Kirche, Wissenschaft und Geselligkeit Verhältnisse bestehen, welche so lange die Emancipation [dieser drei ethischen Sphären] nicht vollendet wird, streitig sein müssen, theils daß aus den Berührungen mehrerer Staaten Verhältnisse entstehen. Beides läßt sich, da der Staat keinen andern Zweck haben kann als sich in seinen natürlichen Grenzen zu erhalten, zusammenfassen unter dem Begriff von Staatsvertheidigung. In diesen Dreien ist alles enthalten.

Staatslehre.

415.

Religiöses und Speculatives liegt außerhalb des Staatsgebietes, jedoch so, daß es einen Vermittlungspunkt giebt, indem Religion noch höhere Motive enthält zur Theilnahme am Bildungsverein, und Speculation einen Einfluß hat auf die zur Naturbildung nothwendigen Kenntnisse. Letztere beide also sind bestimmt aus dem Dominium des Staats entlassen zu werden in das Gebiet der Einzelnen als solcher. — Noch Eins ist was im vorbürgerlichen Zustand

Sitte ist und doch im bürgerlichen nicht Gesetz wird, nemlich die freie Geselligkeit, weil nemlich diese doch ihre Beziehung nur hat auf die persönliche Eigenthümlichkeit, um diese zur Anschauung und Mittheilung zu bringen.

Staatslehre.

416.

Die jetzt bestehenden Staaten sind fast ganz mechanisch und zufällig getheilt, gar nicht nach den natürlichen Absonderungen; andere bestehen aus einer Mehrheit von Natureinheiten. Dieser Zustand vorzüglich scheint Ursache gewesen zu sein von der Ansicht, daß der Staat durch ein willkührliches Zusammentreten entstehe, durch einen Grundvertrag. Dazu reicht nun freilich dieser gegenwärtige Zustand nicht hin, da er gar nicht auf ruhigem Wege entstanden ist, sondern Resultat aller der Verwirrungen, welche die Geschichte erfüllen. Denken wir uns eine ruhige Entwickelung des staatbildenden Prinzips: so würden die natürlichen Schranken bestanden haben.

Staatslehre.

417.

Das Gesetz ist seinem Wesen nach nichts Anderes als die Sanctionirung der Sitte und das Aussprechen derselben.

Die Sitte war, was sie war, auf bewußtlose Weise; das Gesetz aber ist das vollkommen Bewußte.

Staatslehre.

418.

Die Idee des wahren Königs. Er muß Alles haben oder Nichts. Nichts in der Form des Eigenthums, aber den idealen Besitz von Allem. Darum ist der Wahlkönig nicht der rechte, sondern nur der Erbkönig.

Staatslehre.

419.

Jedes lebendige Dasein das durch die Form des Gegensatzes bedingt ist, kann nur in einer zwiefachen Reihe von Thätigkeiten begriffen werden, deren eine in dem einen Gliede des Gegensatzes anfängt und in dem andern endet, die andere aber umgekehrt. Denn ohne diese gegenseitigen Einwirkungen würden die Glieder des Gegensatzes auseinander fallen, und die Einheit des Daseins aufhören; wie denn unser eignes Leben in dem Gegensatz von Leib und Seele gedacht in sich schließt eine Reihe von Thätigkeiten, die im Leibe anfangend in der Seele enden, wie die materiellen Elemente der Wahrnehmung und des Gefühls in der Seele endend Gedanke werden und Empfindung, und eine andere Reihe solcher die in der Seele anfangend am Leibe enden, wie die geistigen Elemente des Wollens und des Gefühls erst am Leibe endend That werden und Ausdruck*); und wie jedes einzelne Leben im Gegensatz gegen das allgemeine gedacht aus einer Reihe von Thätigkeiten besteht, welche in ihm anfangend nach außen enden und ein Leiden irgend eines andern durch das einzelne darstellen, und aus einer andern welche von außen anfängt und ein Leiden des einzelnen wird, wobei es nur gegenwirkend ist, nicht ursprünglich.

Wenden wir nun dies auf den Staat an: so wird auch sein Leben in zwei verschiedenen Arten von Thätigkeiten zu begreifen sein, einer die in der Peripherie am Leibe das heißt

---

*) Sind nicht in diesen Gegensätzen des geistigen Lebens die vier höchsten Ideen und geistigen Sphären, welche von Schleiermacher selbst wie von Andern, z. B. Schelling, bestimmt hervorgehoben werden, nemlich die der Wahrheit und Weisheit, der Frömmigkeit oder Heiligkeit und Religion, der Sittlichkeit oder Güte und Tugend und der Schönheit und Kunst angedeutet? Vergl. Nr. 11 oben.

Anm. des Herausgebers.

bei den Unterthanen anfängt und im Regenten endet, und einer andern die im Regenten, dem Geist und Mittelpunkt, anfängt und im Umkreise bei den Unterthanen endet. Es ist nicht schwer zu sehen, daß die erste unsere gesetzgebende Funktion ist, die andere aber unsere vollziehende. Da der ganze Prozeß des Staates in der ursprünglichen Demokratie ohne doch formlos zu sein der kürzeste ist: so wird sich die Sache, wenn wir zu dieser zurückkehren, am leichtesten darstellen lassen. Alles man was im Staate Gesetz nennt, geht hier durch drei Momente, den Vorschlag, die Berathung und den Beschluß. Oft geschieht schon der erste nur in der Volksgemeinde, aber er kommt dann doch von den einzelnen als solchen aus ihrem Privatinteresse oder ihrer Privatansicht. Oft giebt es eine besondere Versammlung zur Vorberathung, diese hat noch nicht die ganze Würde der Volksgemeinde, sie fördert nur den Verlauf der Sache und bringt ihn ihr näher; fertig gemacht aber wird das Gesetz und somit ein Willensakt des Staates constituirt nur in der Gemeinde, inwiefern sie einen Beschluß fassend als Eine erscheint und also den Regenten vorstellt. Das Aussprechen des Gesetzes ist aber wesentlich auch der Anfang der Vollziehung, weil die es angeht darin zugleich beauftragt, also in Bewegung gesetzt werden. Jedoch nur der Anfang; fortgesetzt wird die Vollziehung von den Beamten, die zwar von der Gemeinde eingesetzt, aber nicht mit deren ganzen Majestät bekleidet sind; das Ende der Vollziehung endlich sind erst die dem ausgesprochenen Gesetz entsprechenden Handlungen aller einzelnen Bürger; und so steigt das Gesetz von den einzelnen zum Regenten hinauf, die Vollziehung aber fängt von dem Regenten an und endet in den Unterthanen. Und nicht anders ist es auch in dem Staat der höchsten Ordnung. Dieser wird fast immer mit dem Schein der strengsten Despotie anfangen. Denn so lange nur im Regenten die große Einheit des Volks das leitende Bewußtsein ist; wie dies von allen Stiftern großer Staaten gegolten hat, können auch die Unterthanen ihm in keiner bestimmten Form helfen das Gesetz machen. Wodurch wird aber auch schon in dieser Zeit der wahre König sich vom Despoten unterscheiden? Der Form nach dadurch, daß er seinen Unterthanen das Recht der Petition zugesteht, und man kann sagen: in allen Fällen wo sie ihre Wünsche vor ihn bringen, mag er nun gewähren oder verweigern, wenn er sie nur berücksichtiget, haben doch die Unterthanen angefangen das Gesetz zu machen. Dem Wesen nach aber unterscheidet er sich dadurch, daß er im Geiste ganz Eines mit seinem Volk nur solche Willensakte ausspricht, welche die Unterthanen hernach, wenn sich das höhere Staatsprinzip in ihnen entwickelt, billigen werden, und daß sein ganzes Bestreben darauf gerichtet ist, diese Entwickelung zu befördern. In dem Maaß als sie nun wirklich eintritt, erweitert der Regent das Recht der Petitionen um so lieber, als ihm selbst die Verwickelungen der verschiedenen Zweige der Volksgeschäftigkeit ursprünglich fremd sind, und also die Unterthanen zusammentretend und sich einigend wahre Gesetzesanfänge sehen werden, die er nicht sehen kann, bis dieses allmählig fortschreitend reift zu einer Organisation gesetzgebender Versammlungen, welche ja nichts anderes sind als die ausgedehnteste und förmlichste Constitution dieses Rechtes in einer regelmäßigen feststehenden Communikation der Unterthanen mit dem Regenten, in der alle Gesetzesanfänge nunmehr liegen müssen. Denn soll auch das Ende des Gesetzes in diesen Versammlungen liegen und nicht im Regenten: so ist die Anarchie fertig. Daher nun natürlich keine wohlgeordnete gesetzgebende Versammlung die gesetzgebende Thätigkeit ganz in sich trägt; sondern in dem Könige, der verkehrter Weise oft nur als die vollziehende Gewalt ist angesehen worden, liegt wesentlich das Ende auch der gesetzgebenden. Hat nun der König das Gesetz ausgesprochen: so ist damit nothwendig zugleich auch der Anfang der Vollziehung gesetzt; denn eine gleichsam leere Zeit zwischen beiden läßt sich nicht denken, und wäre eine Ohnmacht des Staates. Diesem Anfange wird sich die Thätigkeit der mit der Verwaltung beauftragten Beamten anschließen, deren System unstreitig die Organisation der vollziehenden Gewalt ist, aber vollendet ist die Vollziehung auch hier nur in der die Gesammtheit der Gesetze und nichts anderes darstellenden Gesammtthätigkeit der Bürger. Daher auch häufig und gewiß zum großen Vortheil des Ganzen die Vollziehung sich zuletzt in den Händen der sich von unten herauf organisirenden und die Thätigkeit der Bürger zunächst bestimmenden Communalbehörden befindet. Es erhellet hieraus deutlich, daß beide Systeme in jedem Staat auf dieselbe Weise müssen gebunden sein, Ende der Gesetzgebung und Anfang der Vollziehung als ein und derselbe Moment der Thätigkeit des Regenten; dagegen Ende der Vollziehung und Anfang der Gesetzgebung als zwei verschiedene Momente in den Unterthanen, denen die Wünsche und Vorschläge in Bezug auf neue Gesetze vornemlich aus dem Erfolg entstehen, den die Vollziehung der bestehenden theils in ihrer Gewerbthätigkeit, theils in ihren häuslichen und geistigen Verhältnissen, theils in ihrem staatsbürgerlichen Gefühl offenbart. Also kann auch unmöglich die verschiedene Art der Trennung und Vereinigung beider Gewalten verschiedene Staatsformen bestimmen; denn es giebt nur Eine Art wie beide vereinigt sind und getrennt. Ist aber irgend wo eines von beiden Systemen noch nicht bestimmt herausgetreten und zwischen seinem Anfangs- und Endpunkt noch nicht gehörig entfaltet: so ist dies keine eigne Art des Staates, sondern nur ein unvollkommener Zustand, auf welchen, da er nur ein Durchgangspunkt sein kann, ein besserer folgen muß.

Ueber die Begriffe der verschiedenen Staatsformen.

420.

Der Christ als Unterthan hat keinen Vorwand, sich der Theilnahme am Kriege zu entziehen.

Gewöhnlich wird dies begründet (Quäker, Mennoniten) auf das Verbot, Menschenblut zu vergießen, und auf das, Unrecht abzuwehren. Allein Blutvergießen ist im Kriege nur zufällig, und ein bestimmter Befehl, einen einzelnen Feind zu tödten, wie er zwecklos wäre, könnte auch immer umgangen werden. Freilich aber wird der Krieg nur dadurch christianisirt, daß das Fechten Einzelner gegen Einzelne ganz aufhört. Viel ist darin schon geschehen und hat darin die neuere Art Krieg zu führen viel vor der alten voraus.

Wenn aber ein Unterthan sich weigert, weil er den Krieg für ungerecht hält: so ist dies eine eben so vollkommene Auflösung des Staates, wie irgend ein Ungehorsam.

Christliche Sitte.

421.

Der reine Angriffskrieg ist unchristlich, der reine Vertheidigungskrieg ist nicht nur erlaubt sondern nothwendig. Aber auch ein Züchtigungskrieg ist mit gutem Gewissen zu führen, wenn ein Staat aus der Uebereinstimmung mit der völkerrechtlichen Idee heraustritt, so daß er jedem eintretenden Kriege eine barbarische Gestalt giebt und sich je länger je mehr unzugänglich macht für die politische Entwickelung der übrigen Staaten.

Wer einen Gegensatz annimmt zwischen Moral und Politik, muß die großen Fragen die hier zur Sprache kommen, ganz anders beantworten als wir, die wir von einem solchen Gegensatze nichts wissen. Der Staat, in dem wir Christen leben sollen, muß auf denselben göttlichen Willen verpflichtet sein, der uns bindet, und dasselbe zu seiner Natur haben, was wir als unsere innerste Natur erkennen.

Christliche Sitte.

422.

Die Wiedervergeltung widerspricht offenbar nicht minder dem Geiste des Christenthums als den klaren Aussprüchen der Schrift. Daraus folgt aber nicht, daß ich die das Schwerdt tragende Obrigkeit nicht auffordere, dem Bösen zu wehren, sondern nur daß ich sie nicht in Anspruch nehme, für mich unter der Form der Wiedervergeltung zu handeln. Je mehr dagegen die Strafgesetzgebung den rein christlichen Charakter hat: desto weniger kann ich Bedenken tragen, sie zur Hülfe zu rufen. Sollen die Stellen in denen Christus eine Bereitwilligkeit gebietet, sich weiter beleidigen zu lassen, eine allgemeine Geltung haben, so kommt überall, wo das Gemeinwesen noch nicht absolut vollkommen ist, alle Gewalt und aller Besitz in die Hände derer, die Unrecht thun. Das kann aber unmöglich dem Sinne Christi gemäß sein. Folglich können auch jene Stellen nur eine specielle Geltung haben. Christus meint: Verfolgt seid ihr nicht in der Lage die Obrigkeit anrufen zu können; ihr würdet euch dadurch nur neue Widersacher erregen. Ertragt also lieber das Unrecht, das Einzelne euch thun, als daß ihr die Obrigkeit in Widerspruch setzt mit dem Christenthume und dadurch der christlichen Gemeinschaft nur noch größeren Nachtheil bereitet.

Christliche Sitte.

423.

Niemand wird behaupten, daß sich der Zweikampf auf christliche Weise rechtfertigen lasse. Er ist ein in keine Gränzen eingeschlossener und seinen Folgen nach gar nicht zu berechnender Ausbruch der gereizten Persönlichkeit, der Zustand also, von dem er ausgeht, das reine Gegentheil der christlichen Geduld und Sanftmuth. Demohneracht finden wir ihn immer noch selbst in der Christenheit, und nicht nur das, wir finden, daß Christen ihn rechtfertigen, d. h. also, wir finden eine falsche Subsumtion, die doch immer darauf zurückkommt, das christliche Prinzip müsse hier in der Anwendung von seiner Strenge etwas nachlassen wegen des Einflusses eines in der Gesellschaft herrschenden Gemeingefühls.

Aber was soll der Einzelne thun, wenn er in den Fall kommt zwischen den Gliedern dieses Dilemma wählen zu müssen? Die christliche Sittenlehre entscheidet: Er soll dem christlichen Prinzip treu bleiben, müßte er sich auch aus der Gemeinschaft ausschließen lassen, in der das unchristliche noch besteht; er soll die Strenge des christlichen Prinzips bewahren und von der Ueberzeugung ausgehen, daß er dadurch die Genossenschaft früher oder später auf seine Seite ziehen und das Gemeingefühl reinigen werde. Christliche Sitte.

424.

Die Schrift erklärt die obrigkeitlichen Strafen für eine göttliche Institution, also kann auch kein Christ Bedenken tragen, sie als Obrigkeit zu vollziehen.

Dies findet nur eine Ausnahme in der Todesstrafe. Die Rechtfertigung derselben aus dem Gesichtspunkte, daß dem Verbrecher das Leben müsse unerträglich sein, ist unchristlich, weil in der göttlichen Gnade Versöhnung für Alles ist. Daher bleibt die Todesstrafe nur ein Rest barbarischer

Zeiten und ein Beweis des politischen Unvermögens. Auch kann man sich in christlichen Staaten kaum Todesstrafe denken ohne Begnadigungsrecht, und der Fürst müßte eigentlich immer begnadigen.

Der Christ als Unterthan muß sich allen Strafen unterwerfen. Christliche Sitte.

425.

Mit der Bildung der Staaten muß das Bestreben wachsen, die Todesstrafe aufzuheben und mit der Christianisirung der Staaten das Bewußtsein, daß sie nicht nur überflüssig ist und unnütz, sondern auch unsittlich; und zeigt sich das nicht wirklich, so ist es immer ein Beweis von Stumpfheit. Zunächst trifft die Schwierigkeit die Fürsten. Diese sollten also damit anfangen, kein Todesurtheil mehr zu unterschreiben und die Todesstrafe immer in eine andere zu verwandeln.

Man sagt, die Todesstrafe sei eine Sache der dringendsten Noth, denn ohne sie gebe es gegen eine Bösartigkeit gewisser Art und gewissen Grades keine Sicherheit für die Gesellschaft. Aber das ist wieder nichts; denn ist der Staat wirklich so unvollkommen organisirt, daß er keine Macht hat einen gefährlichen Menschen unschädlich zu machen; so giebt ihm das kein Recht, denselben hinzurichten, sondern es legt ihm nur die Pflicht auf, seine Sicherungsanstalten zu vervollkommnen. Christliche Sitte.

426.

In einem Herrscher, soll ihm der Namen eines großen Mannes gebühren, muß zweierlei sich vereinen. Er muß ausgezeichnet sein in seinem persönlichen Wesen, damit man fühlt, hätte er auch keinen Thron geziert, er würde doch mächtig gewirkt und gewaltet, vieles bewegt und beseelt und würdige Denkmäler seines Daseins zurückgelassen haben. Er muß aber auch ausgezeichnet sein durch königlichen Geist und Sinn, er muß das Leben seines Volkes in sich tragen, von dessen Bedürfnissen durchdrungen sein, dessen Bestrebungen und Neigungen in ihren Verhältnissen und Entwickelungen fühlen und theilen, dessen unentwickelte Kräfte ahnden und zu befreien suchen, kurz nicht sowohl der Schutzgeist seines Volkes muß er sein als vielmehr dessen lebendige Seele, in welcher von Allem, was in der Erscheinung streitend sich zu beschränken und aufzuheben sucht, die verborgenste Einheit als gemeinsame Kraft sich bewegt. Ist ein Herrscher zwar in dieser gemeinsamen und öffentlichen Beziehung groß, nicht aber in jener eigenthümlichen und persönlichen: so kann er zwar ein kräftiger Regent sein, ja unter schwierigen Umständen ein errettender und viel bewunderter, wenn er fromm und rein seinem königlichen Gewissen folgt, aber um ein großer Mann zu heißen ist er zu sehr eine allgemeine Gestalt ermangelnd einer glänzenden persönlichen Eigenthümlichkeit. Besitzt er diese zwar, aber jene fehlt ihm: so kann auch ein solcher ein wohlthätiger und gesegneter Regent sein, wenn ihm gelingt in die Nähe des Punktes, von dem das Ganze sich fühlen und übersehen läßt, Diejenigen zu stellen, in denen das gemeinsame Leben des Volkes sich kräftiger regt; aber auch im günstigsten Falle wird seinem Regiment jene frische Kraft fehlen, die ein großer Herrscher hineinlegt, und im minder günstigen wird man sagen, seine Trefflichkeit würde besser erkannt werden, wenn nicht sein Schicksal wäre zu herrschen. Ja ein solcher, wie denn die Beispiele hiezu in der Geschichte nicht fehlen, kann bisweilen auch freiwillig dem Throne entsagen, was der große Mann nie thun wird, vielmehr unter welchen Umständen es auch sei lieber das eigne Leben lassen und noch viele Opfer mit sich hinunter nehmen, als den erhabenen Posten aufgeben, den er sich würdig fühlt auszufüllen.

Rede am Geburtstage Friedrichs des Großen. 1817.

427.

Friedrich II. — von Natur freigebig, Schönes um sich her zu versammlen begierig, edler Muße Freund, wie musenbefreundete Seelen pflegen, sehen wir ihn als König durchaus arbeitsam und sparsam, weil er das für den Grundton seines Volkes erkannte, für die Grundbedingung alles gemeinen Wohls, sehen wir ihn den Schönheiten der Wissenschaft und Kunst sich entreißend jährlich auch die anmuthlosen Steppen seines Staates durchwandern, um jene lebendige Anschauung vom Leben des Volkes aufzufrischen, ohne die auch das verständigste Regiment todt bleibt und kalt. Fremder Zunge ergeben durch ein nie genug zu bedauerndes Geschick, aber als König nicht ohne Ahndung von dem aufkeimenden einheimischen Geist, sehen wir ihn wenig thun, um jene auszubreiten unter seinem Volk, Alles, um diesen von allen Seiten zu stärken und zu entbinden. In einer unseligen Zeit des Zweifels für sich selbst, ohne den festesten Anker des Glaubens, sehen wir ihn als König eben diesen Glauben hüten, und nur sorgen, daß nicht abgestorbene Formen in den höchsten Regungen des Geistes die herrliche Freiheit dämpften. Gern in friedlicher Ruhe sich pflegend sehen wir ihn als König plötzlich sich zum Helden umgestaltend den ersten Augenblick ergreifen, um durch preiswürdige Anstrengungen seines Zepters Macht zu mehren, seines Volkes Selbstbewußtsein zu erhöhen, und durch gemeinsame Heldenthaten zum ersten Mal jenen Geist zu wecken, den seitdem Jeder bei dem Namen Preußen erkennt, und den funfzig

Jahre nachdem er den glorreichsten Frieden geschlossen eine zweite Kette von Heldenthaten zu einer noch herrlicheren Stufe erheben sollte. Bei dem allen aber sehen wir, und wie viel leichter müßte es dem Einsamen verziehen werden, dennoch ihn nicht ermüdet sich selbst verlieren, sondern immer wieder den geliebten Künsten huldigen und dem Ruhm der Musen nachtrachten und so erkennen wir den großen König. Rede am Geburtstage Friedrichs des Großen. 1817.

428.

Erinnern wir uns, wie gebietend König Friedrich auf seine größtentheils in kleinliche Bestrebungen versenkten Zeitgenossen wirkte, wir wollen uns nicht verbergen, das war die frische Kraft und der tiefe Ernst seines Willens, was sie so wenig ertragen konnten; und laßt uns fragen, ob diese nicht noch eben so wirken würden auf das an schnellem Wachsthum krankende, und nach großen Anstrengungen immer wieder in dumpfes Hinbrüten versinkende Geschlecht, ob es viel Mehrere geben würde jetzt als damals, die sich nur sanft durchglüht, nicht niedergebrannt von dem Feuer seiner Augen freimüthig und gleichsam brüderlich neben ihn stellen könnten. Erinnern wir uns der Sage von seiner bezaubernden Liebenswürdigkeit, aber auch wie selten sie hervorbrach, und wie bald sich diese lächelnde Sonne immer wieder verbarg, so wollen wir gestehen, das war die innere Schönheit seines Gemüths, welches nur selten den Versuch wagte sich zu entfalten in einer eingeschüchterten, unbelebten, ihm immer fremd und fern bleibenden Umgebung. Und laßt uns fragen, würden wir Jetzigen ihm näher stehen als unsere Väter? würde er Wahrheit und Kraft genug in unserer Bildung sehen, um sich an sie mit seinen eigenen Bestrebungen anzuschließen? würde ihm das Heimische, dessen heiligen Kern er wohl ehrte, unbefangen und rein genug hervortreten in unserer Kunst, um sich ihrer zu erfreuen und ihr seinen Genius zuzuwenden? würden wir ihm frei und fröhlich genug erscheinen in unserer Sitte, daß er nicht mehr nöthig hätte Erheiterungen für seinen Geist bei den Ausländern zu suchen, welche damals fast allein ihm nicht immer nur die dienstbeflissenen Unterthanen zeigten? würde es so sein, oder würde er auch jetzt noch einer bessern Zeit warten? Das sind Fragen, die sich, gilt es einmal eine solche Vergegenwärtigung, das Volk aufwerfe an seinem Gedächtnißtage. Und wenn wir sie bejahen können: so dürfen wir uns rühmen, daß wir durch unsere Fortschritte den edlen Schatten ganz versöhnt haben mit seinem Volk. Und die Fürsten, die Staatsmänner, die Volkes- und Vaterlandsfreunde und Beschützer alle, in das Innerste seines königlichen Geistes mögen sie hineinschauen. Der so sein Volk zu beseelen wußte, als es eben in unbewußtem Schlummer sein Leben begann, der es so schnell wie keiner über die Kindheit zur Jugendblüthe förderte: wie würde der herrschende Genius jetzt weiter streben, wie würde er den reifer gewordenen Geist des Volkes fröhlich genießen, kräftig aufregen, fördern und gestalten, wie würde er die erhöhte Macht des Staats zum Wohl der Völker und des Welttheils benutzen, wie würde er fest in die Tiefe gründen, daß keine Erschütterung, und stolz in die Höhe bauen, daß keine Ueberragung möglich wäre, den Ruhm des Volkes, das so seiner würdig gewesen ist.

An diesen Fragen mögen Alle lernen, die an das Ruder berufen sind, und aus jedem auch dem kleinsten Gliede der Antwort, wird die Wahrheit hervorgehen, daß nächst einem Könige, dem vergönnt ist sein Volk dahin zu führen, wo es für immer großer Könige entbehren kann, kein größerer Segen für ein Volk möglich ist als ein großer König.

Rede am Geburtstage Friedrichs des Großen. 1817.

# IX. Kunstlehre (Aesthetik).

429.

Die Aesthetik wurzelt mit ihren allgemeinsten Sätzen in der Ethik oder in der Wissenschaft von den Lebensthätigkeiten des Geistes, und trennt sich nur deswegen von derselben als ein besonderer Ausfluß oder eine angewendete Disciplin, weil sie in ihren weitern Ausführungen auf gegebene Bedingungen des Daseins eingehen muß, um das Mannichfaltige zu begreifen und so weit zu gelangen, daß auf jedem einzelnen Kunstgebiet die technischen Regeln sich mit Leichtigkeit eben so an die Aesthetik anschließen, wie diese selbst ihre Wurzeln hat in der Ethik.

Ueber den Begriff der Kunst. I.

430.

Alle Kunst hat in der Darstellung ihr Wesen, und Alles was nichts anders sein will als Darstellung, ist Kunst.

Praktische Theologie.

431.

Die Kunst ist nicht gemacht. Sie findet sich vor aller Theorie im Keim auf allen Bildungsstufen, ja in Kindern. Das Erste wodurch die Kunst sich in den Organen offenbart ist Maaß und davon geht alle Kunst aus; die Theorie ist nur Reflexion über das so Gewordene.

Praktische Theologie.

432.

Die Kunstthätigkeit gehört unter diejenigen menschlichen Thätigkeiten, die den Charakter haben, daß wir dabei das Individuelle in seiner Differenz von anderem voraussetzen, aber zugleich gehört sie zu den Thätigkeiten, die dem Wesen nach in sich selbst sind; die Kunst ist also eine immanente Thätigkeit, bei welcher man die Differenz voraussetzt.

Aesthetik.

433.

Die eigentliche Tendenz der Kunst ist nie das rein Objektive, sondern die eigenthümliche Combination der Fantasie. Sonst müßte, wo die Kunst sich in einem bestimmten Cyklus des Objektiven bewegt, die Tendenz sein in eine einzige Darstellung zusammenzufallen; die Skulptur müßte auf Einen Jupiter ausgehen, die Tragödie auf Eine Behandlung eines Mythus. Nun sollen aber, so sagt man, nicht einmal zwei Jupiter eines und desselben Künstlers dieselben sein, sonst setzt man Armuth und Manier. Also ist in diesem Sinne nicht das rein Objektive Gegenstand der Kunst, sondern das Abspiegeln der Individualität im Objektiven.

Ethik.

434.

Der Begriff der Schönheit ist der eigentliche Angelpunkt der neuern Aesthetik.

Aesthetik.

435.

Hegel stellt die Kunst auf den höchsten Punkt, denn höher als zu einer Gleichstellung mit Religion und Philosophie, als den höchsten Entwickelungen des menschlichen Geistes, kann es die Kunst nicht treiben; das ist das absolute Maximum ihrer Werthschätzung das gedacht werden kann.

Aesthetik.

436.

Kunst verhält sich zur Religion wie Sprache zum Wissen. Ethik.

437.

In jeder gegebenen Religion [ist] Mythologie, heilige Geschichte, Thema aller religiösen Kunstwerke. — Wenn eine Darstellung religiös sein will und diesem Cyklus aus dem Wege geht, oder Fremdes hineinmischt, erscheint sie frevelhaft. Dies allgemeine Gefühl ist sehr richtig, nur verirrt es sich oft in der Anwendung. Es war z. B. unrecht, den Gebrauch der Mythologie bei christlichen Dichtern zu verwerfen, wenn ihre Dichtung keinen Anspruch darauf machte, in die religiöse Sphäre zu gehören.

Christliche Sitte.

438.

In den Momenten der Begeistung und Besonnenheit ist der Begriff der Kunst enthalten, und wo diese Beiden sind, da ist auch sie. Aesthetik.

439.

Die Wirklichkeit der Kunst ist bedingt durch die im psychischen und leiblichen Organismus begründete Art und Weise, wie überhaupt Innerliches äußerlich werden kann.

So das Aeußerlichwerden in den Bewegungen, Gestaltungen und Reden, als Mimik und Musik, als Skulptur und Malerei, und als redende Kunst. Aesthetik.

440.

Daß die Kunstwerke eher da sind, als die technischen und wissenschaftlichen Vorschriften darüber, versteht sich allerdings von selbst, d. h. die Kunst ist uns ursprünglich ein Gegebenes. Dasselbe gilt aber von allen menschlichen Thätigkeiten, die in das Gebiet des Sittlichen hinein gehören. Obgleich sie aber ein Gegebenes sind, so ist doch die Tendenz der Wissenschaft, sie als solche aus dem Begriff des Menschen abzuleiten, und zu erkennen, warum sie so und nicht anders gegeben sind. Insofern diese Thätigkeiten der Kunst doch noch freie, vom Willen ausgehende sind, so müssen sie auf die ethische Betrachtung zurückgeführt werden.

Aesthetik.

441.

Die eigentliche Speculation ist auf der einen Seite Dasselbe, was auf der andern Seite die freie Production der Kunst. Denn da ist die Selbstthätigkeit des Geistes von allen Beziehungen auf Zweckmäßigkeit gesondert. Beides steht ganz parallel, und man würde unrecht thun, von der Wissenschaft bestimmte Wirkungen zu erwarten, denn diese sind immer nur reine Nebensache. Wenn man nun aber doch zugeben muß, daß die rein wissenschaftlichen Bestrebungen nie unterlassen, einen großen Einfluß auf das Leben und das Gebiet der Zweckmäßigkeit und der Naturbeherrschung auszuüben, so gilt dies eben so bei der Kunst; aber ihr Leben an sich verläuft sich rein in ihrem eignen Umkreise, und alles andere sind nur zufällige Ausstrahlungen, die nicht auf des Wesen der Kunst bezogen werden können, ohne sich ihren reinen Anblick zu verdunkeln.

Aesthetik.

442.

Ist ein natürlicher Zusammenhang zwischen der ethischen Entwickelung des Einzelnen und seinem Verhältniß zur Kunstthätigkeit? Dies kann man gar nicht behaupten. Wenn man die Virtuosen der Malerei in der Zeit der höchsten Blüthe dieser modernen Kunst betrachtet, wie sie fast immer religiöse Gegenstände dargestellt haben, und man wollte sagen, wären sie nicht vom religiösen Prinzip durchdrungen gewesen, so würde sich nicht ihre Erfindungsgabe auf diese Seite gerichtet haben: so wird doch die Erfahrung dies ganz läugnen; sondern es war vielmehr die Wirkung des Gesammtlebens auf sie, und sie hätten für Niemand gearbeitet, wenn sie nicht in diese Richtung eingegangen wären. Nicht daß sie sich dessen bewußt zu sein brauchten, sondern es war die unwillkührliche Einwirkung des Gesammtlebens auf sie; wenn auch diese Wirkung groß genug sein kann, um das religiöse Prinzip des einzelnen Lebens selbst zu beseelen.

So wenig daher die bestimmten ethischen Wirkungen das Maaß sind für die Entwickelung der Kunst im Großen, eben so wenig ist eine bestimmte einzelne künstlerische Virtuosität das Zeichen für die Wirkung des Ethischen im einzelnen Leben; beides kann ganz von einander gesondert sein.

Aesthetik.

443.

Es giebt keinen andern Unterschied des Werthes zwischen verschiedenen Kunstwerken, insofern man sie vergleichen kann, als die Vollkommenheit in der Kunst selbst. Wollte man einen andern Unterschied geltend machen und sagen, daß es Kunstwerke gäbe, die vermöge ihres Gegenstandes einen größern Eindruck machen, und solche die das nicht im Stande sind, so ist dies wahr, thut aber dem

Kunstwerke in seinem absoluten Werthe keinen Eintrag. Das größte zusammengesetzte Gemälde und die kleinste Arabeske sind in dieser Hinsicht völlig gleich, wie das größte und kleinste Gedicht; der eigentliche Kunstwerth hängt lediglich ab vom dem Grade der Vollkommenheit, mit der das Aeußere dem Inneren entspricht, und dieses selbst ist rein das Resultat der freien Productivität.

Stellt man einen Dichter, der nur Epigramme hervorgebracht, und einen der die tragische Kunst bereichert hat, einander gegenüber und fragt nach dem beiderseitigen Werthe, ob nemlich einem solchen Kleinkünstler dieselbe Achtung zustehe als Künstler wie jenem, so ist dies etwas ganz Anderes, und unser Satz hebt diesen Unterschied nicht auf; denn dies ist die Beurtheilung der Person, nicht des Kunstwerkes. Wenn man ein Drama mit einem Epigramm vergleicht, so kann jenes im reinen Maaßstabe der Kunst unter diesem stehen, obwohl einem die Person des Künstlers, ungeachtet jener Unvollkommenheit doch lieber sein kann; für das Kunstwerk an sich aber giebt es keinen andern Maaßstab als den aufgestellten.

Aesthetik.

## 444.

An der Kunst im weitern Sinne hat jeder Mensch eben so gut Antheil, als am Wissen im weitern Sinne, und alles Darstellende gehört eben so der eigentlichen Kunst an, wie alle Empirie dem eigentlichen Wissen. Inwiefern die Darstellung auf Talenten ruht, ist jeder mit seiner äußern Productivität auf einzelne Zweige beschränkt, aber die Receptivität muß in gewissem Sinne allgemein sein. Die aus dem unwillkührlichen Ausdruck hervorgegangenen Künste, Musik und Mimik, sind am weitesten verbreitet in der unmittelbaren Theilnahme; Poesie ist am meisten populär; Plastik und Malerei als die eigentlichen Naturkünste sind am meisten beschränkt. Ethik.

Anmerkung. Die hier genannten fünf Künste sind überhaupt Diejenigen, welche Schleiermacher als die wesentlichen Kunstformen annimmt, indem er die Architektur mit zur Plastik rechnet. Doch hat er dies System der Künste, ungeachtet es überall durchblickt und zur Anwendung kommt, nirgend bestimmt als solches dargestellt, weder in der Ethik noch in der Aesthetik, soweit uns Bearbeitungen davon vorliegen. Der Herausgeber.

445.

Hat ein Einzelner, ohne die Kunstthätigkeit selbst auszuüben, wo sie in seinen Kreis tritt, ein Wohlgefallen daran, so hat er Geschmack, sei es nun guter oder schlechter.

Es ist Dasselbe, was den Einen zum Künstler macht, und was das Gefallen an der Kunst hervorbringt, und es ist zwischen ihnen kein Unterschied, als verschiedene Entwicklungen und verschiedene Hemmungen. Aesthetik.

446.

Ich möchte streng genommen es in Abrede stellen, daß nicht Alle Künstler sind, sondern nur Einige und Andere nicht. Nämlich eine Masse betrachtet, in welcher Kunst, wie unvollkommen es auch sei, sich bereits findet. Denn wo nur immer reges Leben ist, sei es auch nur wenig geistig entwickelt, wo nur die Noth des Lebens einigen Raum läßt für freies Spiel, und die Strenge und Dürftigkeit der Umgebung nicht zu herbe ist, um eine Ahndung von Anmuth aufkommen zu lassen: da findet sich auch Kunst. Musik und Mimik — denn der Tanz gehört doch offenbar auch der letzteren an — haben am meisten ausführende Theilnehmer; Poesie wird — wenn auch die Künstler selbst minder häufig sind — im weitesten Umfange genossen, und nur die verschiedenen Zweige der Bildnerei und Malerei müssen sich wohl mit einer beschränkteren Anerkennung begnügen. Alle aber, die sich auf irgend eine Weise Kunstwerke aneignen, sind selbst als Künstler anzusehen. Der Sinn und die Productivität sind nur zwei verschiedene Stufen, die Kunst ist eben dieselbe in dem Liebhaber wie in dem Künstler, und nicht nur in Dem, der mit einer gewissen Leichtigkeit urtheilt, sondern auch in Dem, welcher nur wirklich genießt und sich mehr oder weniger befriedigt findet.

Ueber den Begriff der Kunst. II.

447.

Wir theilen die Bewegung dem Mimiker zu, den Ton dem Musiker, in die Gestalt theilen sich Maler und Bildner, und die alle Andern mitvertretende Rede fällt wieder allein und ungetheilt dem Dichter zu.

Der Mimiker ist begeistert von der Beweglichkeit und Durchsichtigkeit der menschlichen Gestalt. Darauf ist nicht nur sein Auge immer gerichtet um seine Anschauung zu mehren und zu ordnen, sondern er selbst muß sich immerwährend zum Studium werden. Was aber verdanken wir auch dieser Kunst! Wie unbeholfen und schwerfällig erscheint der äußere Mensch, und wie bleibt er in lebendiger Entwicklung zurück, wo es weder Gymnastik giebt noch Orchestik noch dramatische Mimik! Gewiß die Hälfte aller schönen Bewegungen kommt auf Rechnung der Kunst, und das mannichfaltige reiche Spiel zwischen Natürlichem und Conventionellem auf diesem Gebiet verräth auf eigenthümliche Weise ihre Pflege sowohl als ihre Gewalt. Ja selbst die Abnormitäten in dem Styl des Lebens, die wir unter diesen Künstlern so häufig antreffen, geben doch Zeugniß von dem Dasein und der Gewalt dieser

Begeisterung. Aber freilich nur in dem Maaß fördern sie die Kunst, als sie Verständniß haben von allen geistigen Regungen, auch die sich nur am zartesten auf der leiblichen Oberfläche abspiegeln.

Der Tonkünstler ist begeistert von dem Zusammenhange zwischen der beweglichen Stimme und den Lebenstönen, wenngleich Niemand ihm zumuthet, daß er was ihm darzustellen gegeben wird in demselben Augenblick mit empfinde. Auch wo er dem Dichter folgt, ringt der Beste nach Unabhängigkeit, und enthält sich schwer, und niemals ganz, seine Wirkung zu trennen von jenes. Aber freilich sein höchster Triumph ist, wo er der Sprache ganz Lebewohl sagt, und alle Lebensschauer, welche die Seele durchziehen können, verkörpert in dieser unendlich abwechselnden Fülle von Tonfolgen und Zusammenklängen. Aber was haben auch seit der Reihe von Jahrhunderten die Virtuosen auf diesem Gebiet geschaffen! Aus welchen Tiefen der Natur haben sie eine Welt von Tönen hervorgeholt, die in Holz und Metall ewig geschlummert hätten ohne das ahndungsvolle Drängen der Kunst.

Wie scheiden wir aber den Maler und den Bildner? Der bloße Zeichner ist offenbar in der Indifferenz zu beiden. Er arbeitet auf der Fläche wie der Maler; aber wer kann seinen Umrissen ohne Licht und Schatten ansehen, ob sie Studien sein sollen für den Maler oder Bildner? Der Maler ist nicht beschäftigt mit den Gestalten allein, noch weniger ist sein Beruf von dem Außern in das Innere zu steigen, und an jenem seinen Zusammenhang mit diesem deutlich zu machen, sondern weil sein Leben ganz Auge ist, so ist er begeistert von ihrem Verhältniß zu dem Licht, durch das sie uns sichtbar werden; wie beide auf einander wirken und sich modificiren. Wenn er darin die Wahrheit gefunden hat, und in einem verhältnißmäßig kleinen Raum eine große Mannichfaltigkeit dieser Wahrheit darstellen kann, dann genügt er sich. Darum hat er auch seine Aufgabe erst recht gefunden, wenn er uns auf der Fläche die Tiefe darstellt. Aber freilich sind ihm die Gestalten nicht gleichgültig. Wieviel reicher und unerschöpflicher sind nicht die Verhältnisse der lebendigen Gestalten zum Licht als die der todten! Aber vergessen wir nicht auf der einen Seite, daß der, welcher ein Stillleben malt, in dem sich nichts Lebendiges regt, doch weil er Tiefe hat mehr Maler ist, als der die geistvollsten Gestalten auf eine Linie neben einander stellt; und verlangen wir nicht auf der andern Seite, daß der Historienmaler begeistert sein soll von den Helden, die er sei es auch in einer noch so großen That darstellt. Hat ihm das der Dichter oder der Geschichtschreiber angethan, so ist ihm etwas rein menschliches begegnet, aber sein Kunstwerk wird dadurch an und für sich nicht gefördert. Wir lieben ihn darum, wenn wir an seinen Productionen sehen, daß er sich mit hohen und edlen Gegenständen gefällt. Ist es aber nicht: so wollen wir deshalb um ihn als Künstler keine Sorge tragen, wenn nur die eigenthümliche Begeisterung seiner Kunst ihn ganz besitzt. — Die Bildner nun im Gegensatz mit den Malern haben es mit der Gestalt allein zu thun; wir bleiben aber hier nur bei denen, welche es mit lebendigen Gestalten zu thun haben, und sondern diejenigen ab, welche ihre Kunst an mathematischen üben, zufrieden den Baukünstlern hier ihren Ort angewiesen zu haben. Jene nun sind unmittelbar von den lebendigen Formen begeistert, und wollen diese in ihrer Wahrheit ganz und allein geltend machen. —

Was sollen wir von dem Dichter sagen, wo seine Begeisterung suchen? Die in allen Dichtern dieselbe ist, kann wohl eben deshalb keine andere sein, als daß sie Alle ohne Ausnahme begeistert sind von der Sprache; doch hat er es unmittelbar nicht mit dem Logischen in derselben zu thun, aber das Mimische und Musikalische in derselben, das Pittoreske und Plastische ist seine Begeisterung, dasjenige, wodurch er das Geschäft aller jener Künste treiben, wodurch er den Leser zwingen kann nachzubilden, als ob er gesehen hätte, und ihn so bewegen auch ohne Hülfe der Musik, als ob ihm erst jetzt verständlich würde, wohin ihn der Strom der Töne, der sich ihm wieder vergegenwärtigt, habe tragen wollen. Denn so verwandt sind diese Künste, daß auch getrennt ihre Werke sich doch auf einander beziehen und sich gegenseitig begleiten und verstärken.

Jeder Kunst eignet eines von jenen großen geistigen Erregungs- und Darstellungsmitteln, welche die innigsten Verhältnisse des Geistes zur Natur ausdrücken, und die Einzelnen, welche dazu von der Natur ausgerüstet sind eines derselben in ausgezeichnetem Grade zu besitzen, sind dadurch geordnet zu Dollmetschern der Uebrigen. Im Interesse von Diesen, für welche sie sich durch ihren besondern Beruf bestimmen, ersinnen sie ihre Werke, aber in der Ausführung legen sie eine Vollkommenheit dar, die nur ihren Kunstgenossen ganz erkennbar ist, und das Anerkenntniß von diesen ist es eigentlich nur, wodurch sich ihre Begeisterung immer aufs Neue auffrischt. Ueber den Begriff der Kunst. II.

448.

Die innere Lebenserregung spricht sich aus in der Bewegung sowohl der Gliedmaßen als der Gesichtszüge. Wenn dieser Ausdruck in die Form der Kunst übergeht: so ist das die Kunst die wir Mimik nennen. Das eigentlich mimische Kunstwerk ist der Tanz im weiteren Sinne. Kann der eine religiöse Kunstform sein? Ja, denn wir finden dies in den priesterlich religiösen Aufzügen des Heidenthums und auch des Judenthums. Sobald die Mimik nicht mehr ausschließend hervortritt, sondern nur als die Rede begleitend, so ist sie auch nicht mehr selbständige Kunst. Bei uns im evangelischen Cultus kann die Mimik nur so hervortreten. Stellen wir das Katholische neben uns, so werden wir sagen, in der Procession ist eine starke Neigung zum selbständigen Hervortreten der Mimik, weil die Rede hier [überhaupt] zurücktritt.

Praktische Theologie.

449.

Wenn man meint, die Begeisterung des Mimikers müsse eine Begeisterung sein für eine bestimmte Persönlichkeit, die er darstellt, so ist dies etwas ganz Falsches. Vielmehr muß sich der mimische Künstler für jeden Gemüthszustand begeistern können: eben so muß seine künstlerische Begeisterung auch ethisch ganz indifferent sein, und er muß daher Narren und lächerliche Personen selbst der Ernsteste darstellen können.

Aesthetik.

450.

Das mimische Gebiet der Kunst zerfällt in die zwei Hauptzweige, die Orchestik, oder die Kunst des Tanzes, und die eigentliche Mimik oder die Kunst des Gebehrden- und Mienenspiels, welche auf etwas Anderes zurückgeht, nemlich die dramatische Poesie.

Nun aber giebt es noch ein Drittes, was wir durch den Ausdruck der Pantomime bezeichnen, wo die Mimik der Unterstützung der Rede entbehrt, und wo das eigentliche Mienenspiel ein Ganzes darstellt, und als gesellig hervortritt.

Fragen wir nach dem Unterschied der Pantomime von

dem Tanze und der dramatischen Mimik, und sehen wir, wie sie ein Selbständiges werden kann, welches der Unterstützung der Rede entbehrt, so unterscheidet es sich vom Tanze dadurch, daß der Einzelne als Einzelner und mit dem Anspruch und unter der Bedingung der Bedeutsamkeit, die in den Gesichtszügen liegt, hervortrete, so daß also das eigentlich Mimische seinem Charakter nach dominirt, wenn gleich ein starkes Hervortreten des orchestischen Elements dabei sich zeigt, und so eine Combination von beiden hier statt findet.

Durch diese mögliche Combination der beiden mimischen Hauptzweige zu einem dritten zerfällt nun auch dies ganze Kunstgebiet in die drei Haupttheile der Orchestik, Mimik im eigentlichen Sinne, und Pantomime — als das Ganze erschöpfend. Aesthetik.

451.

Man sagt, der Maler müßte eigentlich von dem Gegenstande als solchem begeistert sein; dies ist aber etwas ganz Falsches. So ist es doch nicht möglich, daß man zugleich begeistert sein kann für das Christliche und für das Heidnische. Ein Maler, der wie Garofalo, auf eigenthümliche Weise die Scenen der heiligen Geschichte malt, denken wir uns zugleich ein Bild von ihm wie den Bachuszug, so müßten wir die Vollkommenheit der erstern aus der Begeisterung für das Christliche und die des zweiten aus der Begeisterung für das Heidnische erklären, was Aber beides nicht zusammen in einem Subjekt sein kann, daher auch dies nicht als Erklärungsgrund anzunehmen ist. Im Gegentheil sagen wir, wenn ein Künstler einseitig sich an einen bestimmten Gegenstand hält, dies sei eine Beschränkung, die in Dürftigkeit des Talents ihren Grund habe. So folgt also, daß der Gegenstand dem Künstler ganz gleichgültig sein müsse, und er nimmt nur das, an welchem das Ganze der Kunst zur Erscheinung gebracht werden kann. Aesthetik.

452.

Denken wir uns das Portrait, so kann in einem wirklich gegebenen Moment die Gestalt nicht dargestellt werden; in der Wirklichkeit dagegen ist sie immer in einem gegebenen Moment; es ist also die freie Productivität des Künstlers, welche davon abstrahirt und die Gestalt so fixirt, wie alle Momente die sie im Leben gehabt oder durchbilden kann, daraus verstanden werden können. Denn jeder Mensch hat sein Ideal, woraus sich alle seine Momente begreifen lassen, und in diesem muß er gefaßt, und alle einzelnen Alterationen, die etwa vorkommen können, müssen diesem untergeordnet werden; aber freilich der einzelne Mensch ist nie als ein solches reines Ideal seiner selbst gegeben, daß jeder Moment seines Lebens aus dem gegenwärtigen anzuschauen wäre. Dies ist Sache des Künstlers und seiner freien Productivität, und der Künstler, der dieses nicht kann, wird niemals ein solches Portrait machen, was als Kunstwerk angesehen werden kann. Aesthetik.

453.

Sehen wir auf den Umfang der Kunstproduktion, so giebt es nicht leicht ein Gebiet, auf dem, wiewohl es reines Naturgebiet ist, der Mensch eine so ungeheure Productivität ausgeübt hätte, wie in der Musik. Wie wenig Analoges mit dem gemessenen Ton befindet sich in der leblosen Natur. Alles ist eigentlich nur Geräusch. Und wenn wir die in der lebendigen Natur vorhandenen Töne zusammennehmen, so beschränkt sich dies nur auf eine Klasse von Geschöpfen, nemlich die Vögel; sie sind es, deren Stimme eine gewisse Analogie mit der menschlichen hat, obgleich diejenigen Gattungen derselben, denen wir gleichsam Virtuosität beilegen, doch nicht in Beziehung auf die Reinheit, noch auch in Beziehung auf den Umfang, mit der menschlichen Stimme zu vergleichen sind. Die menschliche Stimme ist so die Spitze der Naturproduction in dieser Beziehung; aber was ist selbst diese, ehe sie von der Kunst in Besitz genommen wird. Vergleicht man nun, was sie durch die Kunst geworden ist, und die ungeheure Mannichfaltigkeit von Tönen, die durch die Instrumente hervorgebracht werden, so ist hier eine unendliche Schöpfung des Menschen ausgebreitet, die er rein selbst gemacht hat als eine Erweiterung der Stimme.

Aesthetik.

## 454.

Die Harmonie ist das Zugleichsein mehrerer Töne, welche wieder jedes als Glied einer eignen melodischen Reihe anzusehen sind. Allein die Harmonie ist durch das Mitklingen der verwandten Töne von der Natur selbst angelegt, und ist also auch nur kunstmäßige Umbildung. Alle musikalischen Verknüpfungen entstehen aus diesen Elementen. Harmonie hebt die Melodie auf, denn wenn alle Töne zugleich klingen, so ist in mehreren zusammengenommen keine Melodie. So wie Melodie am stärksten hervortritt, wenn der Eindruck der Folge nicht getrennt wird durch die Beziehung jedes Tons auf einen gleichzeitigen. Also kann man sich denken Melodie mit zurücktretender Harmonie, und Harmonie mit zurücktretender Melodie. Eben so kann aber auch Rhythmus in Verbindung mit einem von beiden hervortreten oder zurück, nach der Voraussetzung, daß Musik schon ist rhythmischer Ton ohne Melodie. Denn nun kann von diesem Punkte aus Melodie allmählig aufsteigen bis zum Ueberragen, wie denn der Melodie zu Liebe der Rhythmus bisweilen gebraucht wird, und im Recitativ in einzelnen Momenten an das Ungemessene streifen kann.

Eben so mit Harmonie. Aesthetik.

455.

Die beiden Formen der Sprache sind: die welche im Wort hervorzieht diejenige Seite welche dem Bilde zugekehrt ist, die Poesie, und die welche der Idee zugekehrt ist, die Prosa. Geschichtsschreibung und Epos können denselben Gegenstand haben; aber er tritt nur im Epos rein für sich als Einzelnes auf und will als Bild vollendet sein, in der Geschichtsschreibung nur im Zusammenhang mit einem größern Ganzen und aus diesem begriffen. Die lyrische Poesie und die philosophische Darstellung eben so. Aber nur in der lyrischen Poesie tritt der durch die Idee afficirte Mensch als einzelner in seiner Persönlichkeit auf, als Bild; in der philosophischen Kunst ist es die Idee die sich nur durch ihn ausspricht. Philosophische Darstellung ist eben so gut Kunst als poetische. — So sind beide Darstellungen durch die Rede, die prosaische und poetische, gleich sehr Kunst.

Praktische Theologie.

456.

Was dem Worte zunächst entspricht ist der Begriff oder die Vorstellung. Die Vorstellung selber ist ein Schwankendes; überall ist sie eine Identität des Allgemeinen und Besonderen, aber das kann sie in sehr verschiedenem Maaße sein: je mehr das Besondere hervortritt, desto mehr nähert sie sich dem Bilde; je mehr das Allgemeine hervortritt, desto mehr nähert sie sich der Formel, wo das Besondere verschwindet. Das sind die Extreme der Vorstellung. Nun werden wir sagen können, daß Annäherung an das Bild in der Sprache das Gebiet der Poesie, Annäherung an die Formel das Gebiet der Prosa bezeichnen wird. Aber der Gegensatz ist kein absoluter, und es kann Punkte geben wo schwer zu entscheiden ist ob Prosa oder Poesie gesetzt sei. Praktische Theologie.

457.

Unerachtet überall in der Kunst ein Denken im weiteren Sinne vorkommt, und namentlich es die Poesie wesentlich mit eigentlichen Gedanken zu thun hat, so ist doch dieses Denken von dem identischen Denken so unterschieden, daß es ein eignes Gebiet bildet, welches sich von dem Denken bei welchem wir die Selbigkeit [Identität] voraussetzen, bestimmt unterscheidet.

Wenn z. B. die dramatische Poesie Personen darstellt, die im Reden begriffen sind, also lauter Gedanken zur Darstellung bringt, und die lyrische ebenfalls eine Gedankenfolge, nemlich die des Dichters selbst, so unterscheidet sich, so gefaßt, dieses Denken von Demjenigen, wobei wir die Gleichheit des Denkens in Allen voraussetzen, eben so, wie die Production einer Anschauung der bildenden Künste von denjenigen sinnlichen Anschauungen unterschieden ist, bei welchen wir ebenfalls die Identität voraussetzen. Aesthetik.

458.

In der neueren Literatur ist das Gebiet der Gedichte ohne Verse außerordentlich groß. Viele dramatische Productionen wissen nichts von Versification. Alle Romane sind in Prosa geschrieben, und eben so, wenn wir die modernen Idyllen betrachten, wie sie Geßner und Andere behandelt haben, so sind auch diese, wenn gleich die Tendenz poetisch ist, in ungebundener Rede. Daraus kann man schließen, daß die poetische Production nicht in nothwendiger Verbindung ist mit dem Sylbenmaaße. Aesthetik.

459.

In der Poesie will Alles Bild werden. Der Gedanke hat keinen selbstständigen Ort in der Poesie. Auch in dem Gebiet der Lyrik kann die erhabenste Sentenz, selbst wenn sie etwas aus den Tiefen der Naturanschauung mittheilt, oder wenn sie antreibend oder warnend die Charaktere menschlicher Handlungen zeichnet, nicht dasselbe sein und bedeuten, aber eben deshalb darf sie auch nicht auf dieselbe Weise erscheinen, sondern ganz dem zugewendet, an allen diesen Verhältnissen einen innern Zustand darzustellen. So sind auch in der sogenannten didaktischen Poesie, die aber freilich schon seit langer Zeit ein streitiges Gebiet ist, wenn sie Poesie bleiben will, die Beschreibungen der Dinge oder der Handlungen nicht eigentlich gegenständliche, und es ist nicht etwa nur ein überverdienstliches Werk, sondern ein unverdienstliches, wenn man etwas daraus lernt, sondern der Gegenstand ist nur der Faden, an welchem sich die Darstellung eines, gleichviel wie, innerlich bestimmten Daseins abwickelt.

Dem Wort entspricht die Vorstellung, diese selbst schwebt auf und ab zwischen der Formel und dem Bild, und alle Gestalten der Rede, die dem Wissen angehört, stellen sich gegen einander, je nachdem ihre Elemente mehr Formeln sind oder mehr Bild. Aber die poetische Rede liegt zwischen Formel und Bild; sie ist nicht das Bild, sofern es, daß ich so sage, die bekleidete Formel ist, ein allgemeines Schema unter bestimmte Verhältnisse gestellt; sie gehört gar nicht der logischen Seite der Sprache an, sondern der musikalischen.

Nichts kann Poesie werden, was der Richtung auf das Wissen angehört und in derselben seinen Anfang gehabt hat, es müßte denn gänzlich umgestaltet und ein Anderes geworden sein; vielmehr müssen alle poetischen Elemente zuerst gesehen und dann in Sprache umgesetzt worden sein, ursprünglich aber an jener innern Gestaltbildung hangen, welche selbst auf die nämliche Weise wie Bewegung und Ton aus der innern Bestimmtheit des eigenthümlichen Seins geworden ist. Betrachten wir aber, diese Elemente vorausgestellt, das Ganze der poetischen Leistung von der sich gliedern wollenden Interjection an bis zur Darstellung eines Welteindrucks im Epos oder Drama: so springt in die Augen, daß diese Kunst mehr als alle andern die ganze Aufgabe umfassen kann. Wie das eigenthümliche Sein des Einzelnen nicht nur in der Reihe seiner Handlungen sich kund giebt, sondern schon in seiner Gestalt angeschaut werden kann: so setzt die Poesie diese Bilder um in Reihen von Handlungen und Zuständen, und kann also auf die mannigfaltigste Weise das Umfassendste erreichen, wie sie auch am lebendigsten das Kleinste darstellen kann. Das Kleinste, wie sie den flüchtigsten Eindruck wieder giebt im Epigramm in der kleinsten lyrischen Form; das Umfassendste, wie sie nicht nur das eigenthümliche Einzelleben sondern auch das eigenthümliche Volksleben in ihren großen Productionen zur Anschauung bringt. Aber in diesen verschiedenen Gebieten: Mimik und Musik, Malerei und Bildnerei, und in der allen andern sich gegenüberstellenden Dichtkunst, haben wir auch das ganze Gebiet der Kunst zusammengefaßt, wie sie das einzelne Innere durch einzelnes Aeußeres in besonnerer Gemessenheit zusammenstellend zur Anschauung bringt. Aber wenn gleich nur Einzelnes durch Einzelnes, so geht doch hervor, daß, wenn wir alle künstlerische Production zusammennehmen, da in allen geistigen

Einzelwesen die ganze Welt sich spiegelt, aber in Jedem anders, indem er sein eigenthümliches Wesen in seinen Lebensmomenten abwickelt, auch gewiß die ganze Welt, und zwar nach allen verschiedenen Weisen, in ihr wiedergegeben wird.

Ueber den Begriff der Kunst. II.

460.

Wenn jede Kunst als Thätigkeit ihr Ziel findet in ihren Werken, was macht nicht alles Anspruch darauf ein Kunstwerk zu sein! Ich rede nicht von dem, was irgend einem Bedürfniß abhilft, oder irgend einem Zwecke dient, und wäre es auch der erhabenste wissenschaftliche: denn es ist jetzt schon eine alte Rede, daß was nach der Angemessenheit zu irgend einem bestimmten Zweck beurtheilt werden muß, aus dem Gebiet der eigentlichen oder schönen Kunst ausgeschlossen bleibt. Aber wenn wir uns auch auf diese Weise der mechanischen Künstler in Betreff ihres eigentlichen Berufs entledigen: so kehrt doch ein großer Theil von ihnen mit neuen Ansprüchen zurück, indem sie uns zeigen, wie sie aus reinem Interesse an dem Schönen ihren Erzeugnissen schöne Formen geben, die für den Zweck derselben ganz gleichgültig sind, indem unbeschadet desselben die nemlichen Werke anderwärts roh und ungestaltet sind. Und wenn wir doch gestehen müssen, unser Wohlgefallen an diesen Formen sei der Art nach dasselbe wie das an den eigentlichen Kunstwerken: wie könnten wir umhin ihren Ansprüchen unsere Anerkennung zu geben, da keinen Unterschied zu machen zwischen groß und klein eher göttlich ist als verwerflich! — Und wie ist es mit dem Verhältniß zwischen Kunst und Wissenschaft? Nicht so, daß wir beide auf der einen Seite einander gegenüberstellen, auf der andern nicht zu läugnen begehren, daß, wie es eine Wissenschaft geben soll von der

Kunst, so es auch eine Kunst giebt in der Wissenschaft? Wie oft huldigen wir nicht trefflichen wissenschaftlichen Productionen aus allen Fächern ohne Unterschied, selbst mathematische nicht ausgenommen, wie sehr auch der Calculus mit der Kunst scheint in Widerspruch zu stehen, doch zugleich als wahren Kunstwerken! Und zwar nicht nur wegen kunstreicher Behandlung der Sprache, selbst wenn diese für die unmittelbare Abzweckung wenig austrägt, sondern tief aus dem Innern heraus geht uns die Schönheit hervor in dem Ebenmaaß und der Fülle der wohlgerundeten Theile, in dem Reichthum der Beziehungen, in der klaren Uebersichtlichkeit des Zusammenhanges. Und wenn wir so der Analogie des Eindrucks folgen und sagen, was so geartet ist und erscheint, das ist ein Kunstwerk: warum sollen wir den Ausdruck auf das beschränken, was der Einzelne hervorbringt, und was eine bestimmte Einheit in sich selbst hat? Wenn an festlichen Tagen große Volksmassen sich in mannigfaltigen Verhältnissen ordnen und sich mit Würde und Leichtigkeit bewegen, wenn bald Einzelne dies und jenes kunstreich darstellend hervortreten, bald die Massen selbst sich spielend zerstreuen und wieder sammeln, wenn in solchem Gewühl Freiheit und Ordnung sich gegenseitig unterstützen und lebendig erhalten, und auch mitten darin jeder ein sicheres Gefühl hat von der freudigen Zusammenstimmung und der leichten Entwicklung des Ganzen: ist nicht eine solche Fülle schöner freier Bewegung, ein solcher Inbegriff von Kunstdarstellung und unmittelbarem Lebensausdruck, deren Wechsel doch nur als Skizze angeordnet ist, das Beste in der Ausführung aber improvisirt wird, nicht auch wieder ein Kunstwerk für sich, ohnerachtet Keiner es hervorbringt? Und werden wir nicht dasselbe zugeben müssen von den Versammlungen der Frommen, wenn sich erhabener Gesang und würdige Rede, bedeutsame Handlungen und ausdrucksvolle Bewegungen zu einem ergreifenden Ganzen bilden, daß auch Dieses, nicht nur in dem Maaß als jeder der einzelnen Theile kunstgerecht ist, sondern auch für sich als Einheit dieser Theile ein Kunstwerk sei? Doch auf eben diese Weise werden wir uns nicht erwehren können, auch noch weiter gehend uns über das Menschliche überhaupt zu erheben. Oder sollte der Eindruck, den uns die unsern Kunstwerken verwandten natürlichen Gegenstände aufdringen, sich als ein anderer erkennen und beschreiben lassen? und enthüllt sich nicht unsern Blicken, so wie wir sie nur hierhin wenden, eine eben solche nur unermeßliche, vom Kleinsten bis zum Größten in tausendfältigen Abstufungen sich erstreckende Reihe von göttlichen Kunstwerken? Sehen wir nicht an der Productivität der Erde, und auch gleichgültig gleichsam für ihre Hauptbestimmung, diese Fülle von Zierlichkeit in den Gestaltungen, von Farbenschmelz und Pracht in den Culminationsmomenten des vegetabilischen Lebens? Und an den Denkmälern der mannichfaltigen Umgestaltungen, durch welche erst der Planet sich zum Wohnsitz der Intelligenz entwickeln konnte, ist uns nicht an diesen als Zugabe geschenkt diese Fülle pittoresker Schönheit und Erhabenheit an den Abhängen des gewaltsam emporgetriebenen Bodens, auf den alten Kampfplätzen des Starren und des Flüssigen; und sind nicht an dem unentbehrlichen lebenbringenden Tanz, in dem sich Erde und Sonne bewegen, ein zufälliges und freies Kunstspiel jene musikalischen Fantasien, welche täglich zum Willkommen und Abschied die Sonne ausführt auf dem diatonischen Farbenklavier unserer Atmosphäre? Und dann wieder nicht an sondern in der Anordnung und Vertheilung des Lebens, welcher Reichthum von Harmonie in den aufsteigenden Stufen und in der Verschiedenheit des Gleichen, worin doch das geübte Auge dasselbe Wesen und dieselben Grundformen mit Leichtigkeit entdeckt. Und welche Vollkommenheit der Construction ahnden wir erst in der Zusammenstellung, in den verborgenen Beziehungen eines jeden Systems von Weltkörpern. Ja werden wir nicht sagen müssen, es sei nur die Unvollkommenheit unserer Einsicht, nur die eigennützige Befangenheit unserer Betrachtungsweise Schuld daran, daß wir die göttliche Kunst nur einzeln als an Anderem und in Anderem erblicken; aber doch sollten wir getrost behaupten, daß sich die Welt in der gesammten Einheit ihrer Entwickelung wie das Eine Alles umfassende Kunstwerk verhalte, und daß die höchste Bestimmung des Geistes in dem Genuß dieser göttlichen Kunst bestehe, die es eigentlich auch jetzt schon allein sei, wodurch wir künstlerisch aufgeregt werden, die aber wenn ganz erkannt erst den Menschengeist zu ewiger Musik und Poesie beleben wird.

Ueber den Begriff der Kunst. II.

# X. Charaden.

1.

Aus zarten Blumen wird das Erste zubereitet,
Von fernen Sternen her das Zweit' uns zugeleitet;
Das Ganze seht Ihr oft in schön geschmückten Zimmern
Hoch über Blumenpracht, hoch über Sternen schimmern.

2.

Das Erste kennst du als der Charitinnen Spiel,
Das Zweite läuft in Wäldern wild umher;
Das Ganze quält sich ab in Straßen kreuz und quer
Als wilder Knaben Lust und ihres Muthwills Ziel.

3.

Mein Erstes ist ja nicht die Sonne,
Mein Zweites ist die Wahrheit nicht;
Drum geb ich oft nur trügerische Wonne,
Und stets ein ungewisses Licht.

4.

Durch's Erste glaubte man die Zukunft sonst zu deuten,
Durch's Zweite wähnen wir die Zukunft zu bereiten;
Doch ist das Ganze nur der Gegenwart geweiht,
Und selten, daß es sich der Zukunft noch erfreut.

5.

Die beiden ersten helfen fliegen
Und schäumend taucht die dritt' in Meereswogen ein,
Auch durch das Ganz' ist schon so Mancher hoch gestiegen,
Doch Mancher plumpt' auch tief in Schmuz und Schlamm hinein.

6.

Für mich allein bin ich ein gar vieldeutig Wesen,
Setz Geld mir vor: gleich wird, wozu ich da bin, klar.
Doch ist am wohlsten mir in meiner Haut gewesen,
Wenn — oftmals ohne Geld — ich hinterm Winde war.

7.

Im ersten ruht das Herz, im zweiten suchst du Seele,
Das Ganze klagt nicht drob, daß Leib und Fuß ihm fehle.

8.

Das Erste glüht' die Sonne, so ward es mild und zart,
Das Zweite glüht' im Feuer, und wurde spröd' und hart;
Das Ganze faßt, was neue Glut
Ergießt in euer Blut.

9.

Blumen geraubt ist die Erst', oft stützt auch Blumen die Zweite;
Sieh', wie am Weihnachtsbaum still sich das Ganze verzehrt.

10.

Nicht mehr straft man wie sonst die ersten Zwei, denn die Schönen,
Glaubt man, treiben allein jetzt die gefährliche Kunst.

Vielen bleibt immer die Dritte geehrt, wofern sie ein Meister
Vortrug, reichend darin milde Belehrung und Rath.
Doch gelüstete Wen noch jetzt nach des Ganzen Geheimniß,
Welchen ein feiges Gemüth treibt von der männlichen Bahn,
Wohl! der suche sich alternde Fetteln und schlechtes Gesindel.
Aber die Müh' ist umsonst; denn sie betrügen ihn doch.

11.

An Frau von H. in's Stammbuch.

Die Erste treibt der schwanken Aeste viel
Und drinnen giebt's ein fröhliches Gewühl
Von bunten Vögeln und Insekten,
Die auch dich bald erfreuten, bald dich neckten.
Doch stände noch ein Baum dahinter:
So wär es gleich ein öder Winter,
Und in den Aesten alles still:
Nur Zahlen hingen dran und Namen
Von sel'gen Herrn und alten Damen —
Wer sich damit befassen will.
Die Zweite hat nicht Ast noch Zweig;
Doch ist sie gern an Blätten reich,
Und wißbegier'ge Augen wandern
Von einem eifrig zu dem andern.
Steht aber noch ein Haus davor: —
O so verschone ja mein Ohr!
Denn alle Weisheit ist sogleich verschwunden,
Nur Kraut und Rüben werden drin gefunden.
Das Ganze füllt sich aus mit Namen und mit Zahlen,
Doch ist's auch reich an Blüth' und Früchten mancher Art,
Es tönt Gesang darin und Sprüche streng und zart;
Da ist manch edler Kern, doch sind das meiste Schalen.

Es wird nur allzubald ein bunter Tummelplatz,
Der Freund begrüßt den Freund, das Liebchen seinen Schatz.
Hier steht ein Herz in vollen Flammen,
Dort stellt unruhig Volk bedenklich sich zusammen.
Doch was ein Jeder bringen muß,
Ist doch für dich ein Freundesgruß;
Und jeder will in Sprüchen und in Bildern
Die Schmerzen dir des Abschieds mildern.

12.

An eine Schülerin Zelters.

Setz zu dem Ersten le, dann stell's in deine Küche;
Doch zu dem Zweiten ne, so ist's ein seltnes Glück:
Das Ganze spendet dir die stärkendsten Gerüche,
Giebt, was es grün empfing, als flüssig Gold zurück.
Willst du zum Ueberfluß noch auf das Ganze reimen,
So magst du dir behend ein seltnes Rößlein zäumen;
Doch es muß sein schneeweiß,
Wie dein geliebter Greis.

13.

Meine letzten zwei, ihr Herrn,
Möchten auch die erste werden,
Drum begleiten hin sie gern
Mit gar zierlichen Geberden.
Sind sie so das Ganze worden: –
Schlimm sieht's um die Erste aus!
Denn aus jener beiden Orden
Treibt man scherzend sie heraus.
Doch wenn gleich bewegt von manchem Leide,
Ahndet ihr doch höh'res Glück und Freude.

14.

Wie Freundschaft gern die Erste reicht beim Scheiden,
Ein Frauenknecht entzückt aus deiner zweiten trinket:
So wirft empörter Zorn dem Feind das Ganze hin.
Doch mir o Freundin hegst du milden Sinn,
Und wirst des Ganzen willig dich entkleiden,
Daß froh mein Mund auf deine erste sinket.

15.

Das Erste müßt ihr euch bequemen
Für diesmal nur verkehrt zu nehmen.
So seht ihr sie wohl oft auf Eseln reiten,
Und grober Kerle breiten Rücken
Mit ihrer Last gewaltig drücken;
Auch pflegte sie in guten alten Zeiten
Bußfert'ge Sünder hin zur Kirche zu begleiten.
Nun fügt noch zwei hinzu! die machen mich verlegen,
Nicht ihres Sinnes, nein, des schlechten Klanges wegen,
Denn sie bedeuten nichts; laßt sie accentlos fallen.
Ja wären sie betont, sie würden euch gefallen!
Ihr milder Glanz erfreut das Auge wunderbar;
Wie mögen sie so gern um euren Hals sich schmiegen,
Ihr Schönen! wie so stolz auf eurer Brust sich wiegen,
Wie sehnen sie sich erst in euer dunkles Haar,
Wenn ihr den Wunsch gewährt, und wollt sie also hegen
In eurer nächsten Näh — ich habe nichts dagegen.
Doch dürft ihr das dem Ganzen nicht erlauben,
Wenn ihr's bisweilen auch bewundert und belacht.
Es bleibt ein grobes Ding, das könnt ihr sicher glauben.
Gebt keine Blößen, nehmt euch wohl in Acht,
In kauderwelscher Sprache straft es gern;
Und ist es stumm, so borgt es sie von seinem Herrn.

16.

Oeffentlich macht ihr das Eine,
Oeffentlich tragt ihr das Zweite,
Doch das Ganze giebt uns Keine —
Oeffentlich — als nur die Bräute.

17.

Heulend kommt die Erste nur heran,
Lächelnd weinen steht der Zweiten an;
Doch das Ganze will uns mehr bedeuten,
Als Geheul und Weinen ohne Lachen;
Darum rath ich euch bei Zeiten
Ehe es nahet, euch davon zu machen.

18.

Nimmst du die Erst' als Hund, die andern zwei als Jungen:
Das Ganze nimmst du doch auch nicht zum Hundejungen.

19.

Die Erste wird gepreßt, die Zweite wird gerollt.
Macht Wer das Ganze ledig, und nicht die Flaschen voll,
So weiß ich, was ich denken soll,
Mit lustigen Gesellen hat er zu viel getollt.

20.

Was in dem ersten Paar du hattest, erhascht sich das Ganze;
Merkst du es zeitig, du wirst „haltet die letzte mir" schrein.

21.

Wer wie die Erste steht, ist zu beneiden,
Der Zweiten Ruhm begehren wohl fast Alle!
Hat Wer das Ganze, hofft man, daß er falle,
Und bis dahin sucht jeder ihn zu meiden.

22.

Ueber das Ganze wird oft von Knaben noch kämpfend gestritten,
Wenn auch der Feind schon längst gänzlich das Innre zerstört;
Doch hat das Erste der Feind: so sind oft herrliche Städte
Mehr als das Zweite nicht werth, wenn du als taub es verwirfst.

23.

Gutes Gehör braucht seltner als Andre das Erste zu fragen,
Gutes Gesicht kann weiter umher das Zweite erspähen;
Guter Geschmack wird gewiß den Ganzen liebend verehren,
Doch kaum alles genießen, was allzureichlich er darbot.

24.

Wohl dem Jüngling, dessen Erste so sein Zweites ist,
Daß er auch des reichsten Ganzen gern dabei vergißt.
Doch die Jungfrau, kommt als Erste sie zu ihrem Zweiten,
Lasse doch vom Ganzen zierlich sich dorthin begleiten.

25.

Zum Ersten fügt „Schau wem!“ ein altes Sprüchwort zu;
In vielen Städten steht die Zweite Jedem offen;
Vom Ganzen ruf ich auch „Schau, wem du's giebst!“ dir zu,
Willst du nach meinem Wunsch ein frohes Leben hoffen.

26.

Durch dunkle Nacht drängt sich das erste Silbenpaar;
Auf zartem Weiß stellt sich das zweit' am schönsten dar.
Mög oft das Ganze dein erwachend Aug' erfreuen,
Und ungetrübt die Lust des Lebens dir erneuen.

27.

Aus eines Gottes Mißgeschick
Und eines Mädchens liebescheuer Bitte
Entsprangen einst die ersten Zwei; die dritte
Gewinnt sich und verliert der Liebe erstes Glück,
Das Ganze wird durch Liebe nicht erworben,
Am schönsten durch die Macht der Kunst,
Am häufigsten doch durch des Glückes Gunst,
Und dann — ach! — hat es oft der Liebe Glück verdorben.

# Erster Anhang.

## Grundbegriffe der Ethik nach Schleiermacher.

Es sollen hier die Grundbegriffe der Ethik nach Schleiermacher im Zusammenhange in kurzer Uebersicht dargelegt werden, da sie zwar in allen Stellen der obigen Blätter mehr oder weniger hindurchscheinen, aber dort nicht methodisch geordnet sein können. Nur die Begriffe der Tugend und Pflicht, und die Systeme welche beide bilden, sind in einzelnen Stellen näher angegeben, aber die höchsten Prinzipien der gesammten Ethik und die Idee des höchsten Gutes, worin sich das System der Sittenlehre nach Schleiermacher vorzugsweise konzentrirt, konnten nicht durch einzelne Sätze auf genügende Weise ihr volles Licht erhalten. Diesem Uebelstand soll der nachstehende Aufsatz einigermaßen begegnen und das Verständniß der obigen Blätter besonders für Diejenigen erleichtern, welche sich das Gedankensystem Schleiermachers noch nicht ganz angeeignet haben. Es liegen diesem Aufsatz die Vorlesungen Schleiermachers über die Ethik vom Jahre 1827 zu 1828, die vorletzten die er über Ethik gehalten, zum Grunde. Der unterzeichnete Herausgeber hat sie als Zuhörer nachgeschrieben und glaubt für die Richtigkeit seiner Nachschrift einstehen zu können. Die gebrauchten Anführungszeichen sollen Schleiermachers eigenste Worte (verba ipsissima) andeuten.

Es folgen nun hier:

I. die ersten Prinzipien über die Ethik im Allgemeinen;

II. die ersten Grundzüge der Idee des höchsten Gutes; und

III. ein Ueberblick des Systems der Tugenden und Pflichten.

## I.

## Die Ethik im Allgemeinen, ihre Begründung und Gliederung.

Die Elemente alles Daseins sind

„das Geistige und Dingliche.“

Das Geistige ohne Dingliches wäre das „Leere,“ das „Gespenstische.“ Das Dingliche ohne Geistiges wäre das „Verworrene,“ das „Chaotische.“

Jedes von beiden hat also Antheil am andern in jedem Dasein. Das Geistige im Dinglichen ist „die Gestalt,“ das Dingliche im Geistigen ist „das Bewußtsein.“

„Vernunft“ nennen wir jede „Verbindung des Geistigen und Dinglichen mit dem Uebergewicht des Ersten;“ „Natur“ die „Verbindung des Geistigen und Dinglichen mit dem Uebergewicht des Letzten.“

Die Wissenschaft der Vernunft ist die „Ethik,“ die Wissenschaft der Natur ist die „Physik.“

Beide Gebiete theilen sich in eine „speculative“ und eine „empirische“ Sphäre.

Speculative Erkenntniß der Vernunft ist „Ethik im eigentlichen Sinne oder Sittenlehre.“

Empirische Erkenntniß der Vernunft ist „Geschichtskunde.“

Speculative Erkenntniß der Natur ist »Physik im eigentlichen Sinne oder Naturlehre.«

Empirische Erkenntniß der Natur ist »Naturkunde.«

---

Die Ethik oder Sittenlehre im eigentlichen (speculativen) Verstande — von der hier allein die Rede ist — umfaßt alles Sein worin die Vernunft »oder der Geist« als das »Primitive und Ueberwiegende« gesetzt ist, aber nicht in seinem »Dasein« oder in der Totalität seiner »Erscheinung,« sondern in seinem »Wesen« oder als »Kraft« betrachtet. Das Dasein oder die Erscheinung der Vernunft ist eben Gegenstand der Geschichtskunde. Alles was in der Einheit der Kraft enthalten ist, ist auch in der Totalität der Erscheinung enthalten, und umgekehrt. Daher »decken sich Ethik und Geschichte ihrem Inhalte nach.«

---

Alles speculative Wissen, mithin auch die Ethik, wird immer hervortreten in einer bestimmten Gestalt: d. h. sowohl in einer bestimmten Sprache und nationalen Eigenthümlichkeit, als auf einer bestimmten Entwickelungsstufe des Bewußtseins. Insofern wird jede bestimmte Darstellung der Wissenschaft stets ein »Durchgangspunkt« in der Gesammtentwickelung des Bewußtseins bilden: sie kann weder die früheren Stufen ignoriren noch die späteren anticipiren. »Niemand kann also die absolute Darstellung der Wissenschaft versprechen.«

---

Die Ethik hat sonach das »Leben der Vernunft als Kraft« darzustellen.

Das Leben der Vernunft setzt immer schon voraus ein »Einssein mit der Natur,« welches »jenseits alles sittlichen

Handelns« liegt, indem das ursprüngliche Einswerden der Vernunft mit der Natur nicht in unser Bewußtsein fällt.

Die Ethik beginnt daher nothwendig mit einer »Voraussetzung,« nemlich das lebendige Sein der Vernunft in der Natur und zwar »in dem physisch-psychischen Organismus der menschlichen Natur.«

So wenig das »ursprüngliche Einswerden der Vernunft »mit der Natur in die Ethik gehört, eben so wenig kann das »vollkommene Einsgewordensein in der Ethik beschrieben wer»den. Denn es läßt sich von Beidem keine Anschauung bil»den.« Zwischen diesen beiden Punkten liegt das Lebensgebiet welches die Ethik darzustellen hat.

Zur Geschichte hat die Sittenlehre eine zwiefache Beziehung die ein doppeltes Verfahren begründet: ein kritisches, welches sich auf die »Beurtheilung,« ein technisches, welches sich auf die »Behandlung« des Einzelnen, auf jedem Punkt der geschichtlichen Entwickelung Gegebenen bezieht. In dem kritischen Verfahren erscheint daher das Sittliche unter der Form des »Urtheils,« in dem technischen Verfahren unter der Form der »Vorschrift.« Die Kritik beurtheilt das vergangene Handeln, die Technik regelt das zukünftige Handeln.

---

Die Ethik stellt das Leben der Vernunft zuerst und vornemlich dar unter der Form der »Güterlehre« oder der Lehre vom »höchsten Gut,« als der Totalität aller ethischen Produkte. Jedes einzelne, besondere Gut in diesem Sinne, ist »ein für sich gesetztes Einsgewordensein der Vernunft und Natur.«

Der Güterlehre gegenüber ergeben sich aber noch zwei andere, dieselbe ergänzende Darstellungen des Sittlichen unter der Form der »Tugendlehre« und der »Pflichtenlehre.«

Die Tugendlehre stellt das Sittliche dar, wie es als Kraft dem einzelnen Menschen einwohnt und aus ihm handelt.

Die Pflichtenlehre stellt das Sittliche dar, wie es als Thätigkeit den einzelnen Moment erfüllt und in ihm wirkt.

Tugend- und Pflichtenlehre geben nothwendig dasselbe Resultat wie die Güterlehre: die Realisirung der vollkommenen Einheit der Natur und Vernunft. Denn:

„Wenn von allen Punkten aus tugendhaft „gehandelt wird, so entsteht die Gesammtheit der Gü„ter von selbst — und wenn in allen Momenten „pflichtmäßig gehandelt wird, so entsteht derselbe „Erfolg."

---

Den drei angegebenen Theilen der Ethik korrespondiren drei eben so nothwendige Theile der Physik — als der zweiten höchsten realen Wissenschaft.

Die Lehre von den Kräften der Natur, welche den Erscheinungen zum Grunde liegen = Dynamik, entspricht der Tugendlehre.

Die Lehre von den Handlungsweisen oder Thätigkeiten der natürlichen Kräfte = Mechanik, entspricht der Pflichtenlehre.

Die Lehre von den organischen Formen (Gebilden oder Organismen im weitern Verstande), in welchen das Leben der Natur erscheint — Weltkörper, Krystalle, Pflanzen, Thiere, menschliche Leiber — entspricht der Güterlehre.

---

## II.

## Grundzüge der Lehre vom höchsten Gut.

Die Lehre vom höchsten Gut hat, wie die Ethik selbst, die beiden — schon oben berührten — Voraussetzungen:

a. „Vernünftigkeit der menschlichen Natur, als das, „woraus alle sittliche Thätigkeit erst hervorgehen kann" — Ausgangspunkt des Ethischen;

b. „Vollkommenheit aller Thätigkeit in der absoluten „Einigung der Natur und Vernunft" — Zielpunkt des Ethischen.

„Zwischen beiden Punkten versirt die Ethik."

Die Gesammtheit dessen, was die menschliche Vernunft in der Natur bewirkt, erfolgt in dem Maaße wie sie sich von jenem Ausgangspunkt zu diesem Zielpunkt hin bewegt.

Die Resultate, welche sie gewinnt, sind die ethischen Güter, deren Totalität das höchste Gut bildet.

Um das höchste Gut, nach Inhalt und Umfang, darzustellen, sind die darin beschlossenen Gegensätze, für sich und in Verbindung, zusammenzufassen.

Diese Gegensätze sind:

die organisirende und die symbolisirende Funktion

und

der identische und individuelle Charakter der Vernunft im ethischen Leben.

---

Die Vernunft handelt „auf die Natur" und bildet sich dieselbe an. Dies ist die organisirende Funktion. Die Vernunft bildet durch dieselbe das „System der Organe."

Die Vernunft handelt „mit der Natur" und stellt sich in derselben dar oder giebt sich darin zu erkennen. Dies ist die symbolisirende Funktion. Die Vernunft bildet durch dieselbe das „System der Symbole.“

„Symbol ist Alles worin ein Anderes zu erkennen ist. „So sind alle Begriffe und Worte nichts als ein System „von zeitlichen Symbolen der ewigen Vernunft.“

In jeder sittlichen Handlung ist immer Beides, das Organisiren und Symbolisiren verbunden, „keins von beiden kann irgendwie null sein,“ aber beide sind nie im absoluten Gleichgewicht; immer wird „das eine Handeln überwiegend ein organisirendes, das andere überwiegend ein symbolisirendes sein.“

„Alles Handeln der Vernunft ist die Selbstoffenbarung „des Ewigen in der Zeit und das Zeitlichwerden des Ewi„gen, welches das Ewigwerden des Zeitlichen nach sich zieht, „was aber niemals als vollendet gedacht werden kann.“

„Man kann nun gewissermaßen das Symbol als „den Zweck, als das Letzte und Höchste ansehen, aber „nur so daß immer das Andere mit darin ist und Beides „immer vereinigt sein muß, denn in und durch Beides offen„bart sich die Vernunft in der Natur.“

---

Alles ethische Handeln, das organisirende wie das symbolisirende hat ein zwiefaches Gepräge: die Identität oder die Allgemeinheit, vermöge dessen Alles als ein allgemein Menschliches gesetzt wird, und die Differenz oder die Eigenthümlichkeit, vermöge deren Alles „in einem Jeden ein Anderes ist.“ Beides ist immer ineinander, aber in jedem Lebensmoment und in jedem Lebensprodukt bald das Eine bald das Andere das Ueberwiegende und dadurch Charakteristische, und das Entgegengesetzte das Untergeordnete und Zurücktretende.

---

In der „Quadruplicität“ die sich ergiebt, wenn obige beide Gegensätze — die beiden ethischen Funktionen unter den beiden ethischen Charakteren — zusammengefaßt werden, so daß beide sich „kreuzen,“ und sowohl in dem was überwiegend als Organ der Vernunft gesetzt wird, bald das Identische bald das Individuelle vorwalten kann, als in dem was vorherrschend als Symbol gesetzt wird — in dieser Quadruplicität wird Alles was wir in dem ethischen Gebiet als ein relativ Einzelnes setzen können, seinen „Ort“ finden, und „darin das ganze System des höchsten Gutes beschlossen sein.“

---

So verläuft die ganze Darstellung des höchsten Gutes nach Schleiermacher in dem geschlossenen Kreise, der durch die beiden wesentlichen ethischen Funktionen und die beiden wesentlichen ethischen Charaktere gebildet wird. Die Betrachtung der sich daraus ergebenden vier ethischen Sphären:

a. der organisirenden Thätigkeit mit dem Charakter der Identität: die Sphäre der allgemeinen Naturbildung oder der allgemeinen Kultur, und — als Gemeinschaft — die Sphäre des Staates;
b. der organisirenden Thätigkeit mit dem Charakter der Individualität: die Sphäre der eigenthümlichen Naturbildung und der (weltlichen profanen) Kunst, und — als Gemeinschaft — die Sphäre der freien Geselligkeit;
c. der symbolisirenden Thätigkeit mit dem Charakter der Identität: die Sphäre der Wissenschaft und Sprache, und — als Gemeinschaft — die Sphäre der Schule, im weitesten Sinne; (als Schule im engsten Sinne, Universität und Akademie;)

d. der symbolisirenden Thätigkeit mit dem Charakter der Individualität: die Sphäre der Religion und der religiösen oder heiligen Kunst, und — als Gemeinschaft — die Sphäre der Kirche;

die Betrachtung dieser vier ethischen Sphären bewegt sich immer in demselben, nur stets erweiterten Kreise; dieselben Hauptmomente kehren immer wieder, aber sie beschreiben einen immer umfassenderen Raum, bis alle wesentlichen Spaltungen und Verzweigungen — Sonderungen und Verknüpfungen — jener Grundbegriffe und Gegensätze, nach Maaßgabe des darin aufzunehmenden, ermittelten geschichtlichen Stoffes, erschöpft sind. Das ist Schleiermachers constructive Methode.

Wollte man hiernach der weiteren Entwickelung der Lehre vom höchsten Gute folgen, so müßte die Gesammtheit alles Einzelnen, das eine geschlossene Reihe bildet, zur Darstellung kommen, was hier nicht bezweckt werden kann.

Nur über einen besondern Punkt, worüber Schleiermacher, als er zum vorletzten Male die Ethik vortrug, sich auf höchst bemerkenswerthe Weise äußerte, möge noch Folgendes, in genauester Nachschrift Aufbewahrtes, hier mitgetheilt werden.

Es bezieht sich auf die symbolisirende, oder, wie sie Schleiermacher auch bezeichnet, auf die erkennende und darstellende Funktion. Diese Thätigkeit, sagt Schleiermacher, geht überall vom „Bewußtsein“ aus. Dieses ist die „Naturvoraussetzung,“ welche den Anknüpfungspunkt des ethischen Prozesses bildet, und die „vollständige Entwickelung des Bewußtseins“ ist das Ziel desselben.

Diese „Naturvoraussetzung begreift aber die physische „Seite des Bewußtseins, die sich in dem Psychischen „darlegt, wohin denn alles Psychologische, ja auch alles

„Logische gehört; und eben so müssen wir darin voraus„setzen alles Dialektische im höhern Sinne, worin das „Wesen der Intelligenz für sich aufgefaßt wird.“

Dies geht zurück auf „die wesentliche Zusammenge„hörigkeit des Idealen und Realen, Geistigen und „Dinglichen, oder wie man diesen ursprünglichen Ge„gensatz in den weiteren Abstufungen der Combination be„zeichnen will, welche Zusammengehörigkeit auf der wesent„lichen Einheit Beider beruht — eben so aber auf dem „Auseinandertreten Beider als Ideales und als „Reales aber in steter Beziehung auf einander, so „daß Alles was in der Vernunft als solcher gesetzt wird, „seine Wahrheit hat in der korrespondirenden Realität, und „Alles was in der Natur gesetzt ist, seine Wahrheit hat in „der korrespondirenden Idealität.“

„In Beiden liegt das absolute Sein zum Grunde „als das Wesentliche und Ursprüngliche zu Beiden.“

Wenn das Bewußtsein einerseits als „subjectives oder Selbstbewußtsein“ (das in der „Empfindung“ wurzelt), andererseits als objectives oder „gegenständliches Bewußtsein“ (das in der „Wahrnehmung“ beruht) zur höheren „Potenz“ sich entwickelt, so wird jenes subjective „höheres Selbstbewußtsein,“ oder religiöses Bewußtsein, dieses objective „Weltbewußtsein,“ oder speculatives Bewußtsein, denen Beiden das „Gottesbewußtsein“ zum Grunde liegt.

„Das Absolute kann aber niemals an und für sich „im Bewußtsein sein, sondern immer nur als Grund von „einem Andern und in einem Andern — so nur kann es „im wirklichen Bewußtsein vorkommen. Wenn Einer sagt: „ich denke mir das Absolute als solches an und für sich, und „ohne allen andern besonderen idealen oder realen Gehalt,

„so ist das eine leere Formel; denn man kann das Absolute an und für sich immer nur sich selbst gleichsetzen „und nichts von demselben prädiciren.“

---

## III.

## Ueberblick des Systems der Tugend- und Pflichtenlehre.

Das folgende ist nicht nach den Vorlesungen von 1827, sondern nach einem älteren Vortrag der Ethik, dem der Unterzeichnete ebenfalls beigewohnt, entworfen.

### A. Tugendlehre.

Tugend ist die Sittlichkeit welche der Einzelne als Kraft in sich trägt.

Tugend und Laster bilden einen Gegensatz wie den des Guten und Bösen im Allgemeinen; er ist nur ein relativer, das Laster Negation oder Mangel der Tugend.

Der Tugend steht zweitens entgegen das Glück, welches von dem Zustand des Ganzen abhängt, dem der Einzelne angehört, während die Tugend nur von ihm selbst abhängt und schon ohne jenes in ihrer Vollendung, als Leben in den Ideen, wahre Seligkeit ist.

Doppelte Form der Tugend:

I. Gesinnung, und zwar:

1. Weisheit, Bewußtsein der Ideen oder Bewußtsein der individuellen Vernunft von ihrer Einheit mit der allgemeinen (höchsten, absoluten) Vernunft.
2. Liebe, Aneignungstrieb der Vernunft gegen die Natur. Eines ihrer wesentlichen Momente ist die Treue, als das Festhalten der sittlichen Kraft über ein bestimmtes Gebiet der Behufs ihrer Beseelung ergriffenen Natur.

Beide — Weisheit und Liebe — ziehen sich durch alle Sphären des Lebens hindurch. In der Weisheit ist das sittliche Bewußtsein nach innen, in der Liebe nach außen gerichtet.

II. Fertigkeit, und zwar:

1. Besonnenheit, diejenige Tugend, welche in dem ersten Entwurf des Bildes einer Handlung und dem ersten Impuls zu derselben, sich im empirischen Bewußtsein äußert; und dies

a) als Geistesgegenwart, wiefern der Entwurf der Handlung die Idee der Handlung in ihrer ganzen Vollständigkeit enthält, oder wiefern der Handelnde beim Entwurf der Handlung seine gesammten sittlichen Verhältnisse berücksichtigt hat;

b) als Reinheit, wiefern sich schlechthin keine blos sinnliche Rücksicht darin gemischt hat.

2. Beharrlichkeit, die Tugend in der Ausführung, und zwar:

a) in einer Handlung an sich, in ihrem Gehalte.

Hier wird die Beharrlichkeit Fleiß oder Assiduität, wiefern sie vollständig ausgeführt wird, und Correctheit, wiefern sie rein, ohne Fehler, dargestellt wird.

b) in einer Folge oder Reihe von Handlungen; hier ist die Beharrlichkeit sittliche Gewöhnung, wiefern sie die bloße Trägheit der Organisation überwindet, und Tapferkeit oder sittliche Abhärtung, wiefern sie das Entgegenstreben der Organisation und die eignen, selbstischen Wirkungsarten und Richtungen derselben überwindet.

So das System der Tugenden, die sämmtlich mit einander Eins im Wesen und nur nach Momenten und Richtungen verschieden sind, und daher auch eine mit der andern steigen und fallen.

Die Tugend in ihrer Vollendung bei allen Individuen gedacht, würde nothwendig objektiv als Resultat das höchste Gut ergeben.

---

### B. Pflichtenlehre.

Pflicht ist die Sittlichkeit als Bewegung in einer bestimmten Handlung.

Eine Collision der Pflichten unter einander — wovon viel geredet worden — ist an sich unmöglich, da eine Handlung nur Pflicht ist, wenn sie dem Ganzen des sittlichen Lebens, dem ganzen höchsten Gute gemäß ist. Auch in der Zeitfolge der Handlungen, in dem Zuvor und Nach ist die Collision nur scheinbar durch den Irrthum des Handelnden, wirklich nie, da auch in jedem Zeitmoment für jedes Individuum nur Eine Handlung die richtige, das höchste Gut wahrhaft fördernde sein kann.

Es giebt nun als leitende Prinzipien bei der Wahl des Handelnden drei oberste Pflicht-Canones:

1. Jedes Objekt eines Handelns soll in die Totalität der Objekte aufgenommen sein, oder jede Handlung soll auf das Ganze des sittlichen Lebens, auf das höchste Gut selbst bezogen werden;

2. Jede Handlung sei zugleich eine ursprünglich von dem Subjekt ausgehende und eine an das Vorhandene, schon sittlich Produzirte, anknüpfende. Ist sie nicht jenes, so ist das Individuum nur Durchgangspunkt für die Handlung eines Andern und nicht selbst ein Handelnder, also ist die Handlung für dasselbe keine sittliche; fehlt das Anknüpfen, so ist sie gar keine wahre Handlung, da sie nichts zur Realisirung

des höchsten Gutes, die an das Gesetz der folgerechten Entwickelung des Gegebenen gebunden ist, beitragen kann;

3. Jede Handlung sei das Resultat einer zusammentreffenden Anregung von Innen und Aufforderung von Außen.

---

Die Gesammtheit der Pflichten läßt sich am zweckmäßigsten in folgender Ordnung zusammenfassen:

A. Pflichten der Aneignung:

1. Unter dem Charakter des Individuellen:

Gewissenspflichten;

2. Unter dem Charakter des Universellen:

Berufspflichten;

jenes als Aneignung für das eigne sittliche Leben in den Ideen, dieses für die Sphäre der allgemeinen Naturbeseelung, in die ein Jeder gestellt ist.

B. Pflichten des In-Gemeinschaft-Tretens — für das Eingehen und sich Verlieren in die Gemeinschaft:

1. Unter der Form des Individuellen:

Liebespflichten,

auf die gesellige und religiöse Sphäre der Gemeinschaft bezüglich;

2. Unter der Form des Universellen:

Rechtspflichten,

der bürgerlichen und wissenschaftlichen Sphäre der Gemeinschaft zukommend.

Die allgemeine Beobachtung sämmtlicher Pflichten giebt wiederum — wie die allgemeine und vollkommene Tugendübung — das Resultat des höchsten Gutes.

---

Wenn in der obigen Darstellung der Grundbegriffe der Ethik Abweichungen von der Ausdrucksweise in einzelnen Stellen dieser Sammlung vorkommen, so beruht dies nur selten auf einer Verschiedenheit der Begriffe selbst, sondern vornemlich auf dem Prinzip der Freiheit, zu dem sich Schleiermacher in Bezug auf die Terminologie durchaus bekannte, und das er überall in seinen schriftlichen wie mündlichen Darstellungen geltend machte.

# Zweiter Anhang.

## Schleiermachers Schriften

nach der Zeit ihres Erscheinens geordnet *).

Von neuen Auflagen sind nur die abgeänderten, vermehrten oder verbesserten aufgenommen.

---

1794.

1. Uebersetzung der Predigten von Hugo Blair, herausgegeben von F. S. G. Sack. 4r Band (größtentheils von Schleiermacher übersetzt). (S. 1802.)

1798.

2. Fawcett's Predigten, aus dem Englischen übersetzt. Mit einer Vorrede von F. S. G. Sack. 2 Theile.

1799.

3. Ueber die Religion. Reden an die Gebildeten unter ihren Verächtern. (S. 1806 und 1821.)
4. Briefe bei Gelegenheit der politisch-theologischen Aufgabe und des Sendschreibens jüdischer Hausväter. Von einem Prediger außerhalb Berlin.

1800.

5. Monologen. Eine Neujahrsgabe. S. 1810.
6. Vertraute Briefe über Friedrich Schlegels Lucinde.
7. Ueber Garve's Schriften — Engel's Philosoph für

*) Die einzeln erschienenen Predigten und geistlichen Reden sind hier nur in ihren Sammlungen aufgeführt.

die Welt — und Fichte's Bestimmung des Menschen. Im „Athenäum“ der Gebrüder Schlegel, 3r Bd.

1801.

8. Predigten. Erste Sammlung.

1802.

9. Uebersetzung der Predigten von Hugo Blair, herausgegeben von F. S. G. Sack. 5r Band. (Ganz von Schleiermacher übersetzt). (S. 1794).

1803.

10. Grundlinien einer Kritik der bisherigen Sittenlehre.

1804.

11. Rezension von Schelling's Vorlesungen über die Methode des akademischen Studiums. Jenaische Litter. Zeit. 1804. Nr. 96. 97.*)

12. Platons Werke, übersetzt — mit Einleitungen und Anmerkungen. Th. 1. in 2 Bänden. Th. 2. in 3 Bänden. Th. 3. Bd. 1. 1804—1828.

13. Zwei unvorgreifliche Gutachten in Sachen des protestantischen Kirchenwesens, zunächst in Beziehung auf den Preußischen Staat.

1805.

14. Rezension über Zöllner, Ideen über Nationalerziehung. Jenaische Litter. Zeit. 1805. Nr. 13 bis 15.

1806.

15. Rezension über Jenisch, Kritik des dogmatisch-idealistischen und hyperidealistischen Religions- und Moralsystems 2c. Jenaische Litter. Zeit. 1806. Nr. 10.

16. Ueber die Religion. Reden an die Gebildeten unter

*) Diese höchst bedeutende Rezension, so wie die bei den Jahren 1805, 6 und 7 aufgeführten, welche ganz unstreitig von Schleiermacher herrühren, sind in die Sammlung seiner Schriften bis jetzt nicht aufgenommen.

ihren Verächtern. 2te verbesserte (und veränderte) Ausgabe. (S. 1799. und 1821).

17. Die Weihnachtsfeier. Ein Gespräch. (S. 1827).

1807.

18. Rezension über Fichte, die Grundzüge des gegenwärtigen Zeitalters. Jenaische Litter. Zeitung, 1807. Nr. 18 bis 20.

19. Ueber den sogenannten ersten Brief des Paulus an Timotheos. Ein kritisches Sendschreiben an J. C. Gaß.

1808.

20. Herakleitos der Dunkle, von Ephesos, dargestellt aus den Trümmern seines Werkes und den Zeugnissen der Alten. Im „Museum der Alterthumswissenschaft" von Wolf und Buttmann, 1r Bd. 1808.

21. Gelegentliche Gedanken über Universitäten in deutschem Sinn.

22. Predigten. Zweite Sammlung.

1810.

23. Rede beim Eintritt in die Akademie der Wissenschaften.

24. Monologen. Eine Neujahrsgabe. Zweite verbesserte Ausgabe. (S. 1800).

1811.

25. Kurze Darstellung des theologischen Studiums. (S. 1830).

26. Ueber Diogenes von Apollonia. Vortrag in der Akademie der Wissenschaften.

1812.

27. Ueber Anaximandros. Ebendaselbst.

1813.

28. Ueber die verschiedenen Methoden des Uebersetzens. Ebendaselbst.

1814.

29. Ueber den Beruf des Staates zur Erziehung. Ebendaselbst.
30. Ueber die Begriffe der verschiedenen Staatsformen. Ebendaselbst.
31. Predigten. Dritte Sammlung.
32. Glückwünschungsschreiben an die hochwürdigen Mitglieder der von Sr. Majestät dem König von Preußen zur Aufstellung neuer liturgischer Formen ernannten Commission.

1815.

33. An den Herrn Geheimerath Schmalz. Auch eine Rezension.
34. Ueber den Werth des Sokrates als Philosophen. Vortrag in der Akademie der Wissenschaften.
35. Ueber das Verzeichniß der Schriften des Demokritus bei Diogenes Laertius. Ebendaselbst.
36. Vortrag, die Preisaufgabe über den Einfluß des Cartesius auf Spinoza betreffend. Ebendaselbst.
37. Rede zur Charakteristik von Leibnitz. Ebendaselbst.

1816.

38. Ueber die griechischen Scholien zur Nikomachischen Ethik des Aristoteles. Vortrag in der Akademie der Wissenschaften.
39. Ueber Heindorf und Wolf. (Schreiben an Buttmann.)
40. Ueber die neue Liturgie für Hof- und die Garnison-Gemeine zu Potsdam und für die Garnisonkirche in Berlin.

1817.

41. Oratio in solemnibus Ecclesiae per Lutherum emendatae Saecularibus tertiis in universitate Litterarum Berolinensi d. III. Novembr. 1817 habita.

42. Ueber die für die protestantische Kirche des Preußischen Staates einzurichtende Synodalverfassung.
43. Ueber die Schriften des Lucas. Ein kritischer Versuch. 1r Th. (Das Evangelium).
44. Amtliche Erklärung der Berlinischen Synode über die am 30sten Oktober von ihr zu haltende Abendmahlsfeier.
45. Rede am Geburtstage Friedrichs des Großen. In der Akademie der Wissenschaften.
46. Ueber die ethischen Werke des Aristoteles. Ebendaselbst.
47. Ueber die Auswanderungsverbote. Ebendaselbst.

1818.

48. An Herrn Oberhofprediger Dr. Ammon über seine Prüfung der Harmsischen Sätze.
49. Zugabe zu meinem Schreiben an Herrn Ammon.

1819.

50. Ueber die Lehre von der Erwählung, besonders in Beziehung auf Herrn Dr. Brettschneiders Aphorismen. In der „Theologischen Zeitschrift" herausgegeben von Schleiermacher, de Wette und Lücke, J. 1819.
51. Ueber den eigenthümlichen Werth und das bindende Ansehen symbolischer Bücher. In Kaiser's Reformations-Almanach auf 1819.
52. Rede zum Geburtstage Friedrich Wilhelms III. In der Akademie der Wissenschaften.
53. Ueber die wissenschaftliche Behandlung des Tugendbegriffs. Ebendaselbst.

1820.

54. Ueber die verschiedene Gestaltung der Staatsvertheidigung. Ebendaselbst.
55. Untersuchung üb. den Philosophen Hippon. Ebendaselbst.

56. An die Mitglieder beider zur Dreifaltigkeitskirche gehörenden Gemeinen.
57. Predigten. Vierte Sammlung. Ueber den christlichen Hausstand.

1821.

58. Der christliche Glaube, nach den Grundsätzen der evangelischen Kirche im Zusammenhange dargestellt. 2 Theile. 1821—22. (S. 1830).
59. Ueber die Religion. Reden an die Gebildeten unter ihren Verächtern. 3te (verbesserte) Ausg. mit Anmerkungen. (S. 1799 und 1806).
60. Zum Ehrengedächtniß Hanstein's. Einige Worte über homiletische Kritik.
61. Rede am Geburtstage Friedrichs des Großen. In der Akademie der Wissenschaften.

1822.

62. Rede zur Nachfeier des Regierungsjubelfestes Friedrich Wilhelms III. Ebendaselbst.
63. Ueber den Gegensatz zwischen der sabellianischen und der athanasianischen Vorstellung von der Trinität. In der „Theologischen Zeitschrift“ herausgegeben von Schleiermacher, de Wette und Lücke, J. 1822.

1823.

64. Rede zum Geburtstage Friedrich Wilhelms III. In der Akademie der Wissenschaften.

1824.

65. Ueber Lobreden im Allgemeinen, und die Fontenelle'sche auf Leibnitz insbesondere. Ebendaselbst.
66. Ueber die wissenschaftliche Behandlung des Pflichtbegriffs. Ebendaselbst.
67. Ueber das liturgische Recht evangelischer Landesfürsten. Ein theologisches Bedenken von Pacificus Sincerus.

1825.

68. Ueber den Unterschied zwischen Naturgesetz und Sittengesetz. — Vortrag in der Akademie der Wissenschaften.
69. Ueber Platon's Ansicht von der Ausübung der Heilkunst. Ebendaselbst.
70. Rede am Geburtstage Friedrichs des Großen. Ebendaselbst.

1826.

71. Ueber eine Glosse des Timäus. Ebendaselbst.
72. Rede am Geburtstage Friedrichs des Großen. Ebendaselbst.
73. Rede am Geburtstage Friedrich Wilhelms III. Ebendaselbst.
74. Ueber den Begriff des Erlaubten. Ebendaselbst.
75. Festpredigten. 1r Th. (S. 1833).

1827.

76. Gespräch zweier selbstüberlegender evangelischer Christen über die Schrift: Luther in Bezug auf die neue Preußische Agende. Ein letztes Wort oder ein erstes.
77. Die Weihnachtsfeier. Ein Gespräch. 2te verbesserte Ausg. mit einer Vorerinnerung. (S. 1806).
78. Rede bei der Aufnahme des Herrn Fr. von Raumer in die Akademie der Wissenschaften.
79. Rede zum Geburtstage Friedrich Wilhelms III. In der Akademie der Wissenschaften.
80. Ueber den Begriff des höchsten Gutes. Erste Abhandlung. Ebendaselbst. (S. 1830).

1828.

81. Rede am Geburtstage Friedrichs des Großen. Ebendaselbst.

1829.

82. Rede zum Geburtstage Friedrich Wilhelms III. Ebendaselbst.
83. Ueber meine Glaubenslehre. Zwei Sendschreiben an Dr. Lücke. In den »Theolog. Studien und Kritiken.« J. 1829.
84. Ueber den Begriff der Hermeneutik, mit Bezug auf F. A. Wolf's Andeutungen und Ast's Lehrbuch. Zwei Vorträge in der Akademie der Wissenschaften. August und October.

1830.

85. Rede zum Geburtstage Friedrich Wilhelms III. Ebendaselbst.
86. Gedächtnißrede auf Philipp Buttmann. Ebendaselbst.
87. Ueber Begriff und Eintheilung der philologischen Kritik. Ebendaselbst.
88. Kurze Darstellung des theologischen Studiums. 2te umgearbeitete Ausgabe. (S. 1811).
89. Der christliche Glaube, nach den Grundsätzen der evangelischen Kirche im Zusammenhange dargestellt. 2te umgearbeitete Ausgabe. 2 Theile. 1830—31.
90. Ueber das Berliner Gesangbuch. Ein Schreiben an Herrn Bischof Dr. Ritschl in Stettin.
91. Ueber den Begriff des höchsten Gutes. Zweite Abhandlung. In der Akademie der Wissenschaften. (S. 1827).
92. Charaden. (27). Im Musenalmanach für das Jahr 1830. Herausgeg. von Amadeus Wendt.

1831.

93. An die Herren D. D. von Cöln und Schulz. Ein Sendschreiben.

94. Predigten in Bezug auf die Feier der Uebergabe der Augsburgischen Confession.
95. Rede über Leibnitz. In der Akad. der Wissenschaften.
96. Ueber den Umfang des Begriffs der Kunst. 1ste Abhandlung. Ebendaselbst. (S. 1832—33).

1832.

97. Rede zur Stiftungsfeier der Akademie der Wissenschaften.
98. Ueber Kolosser 1, 15—20. In den „Theolog. Studien und Kritiken" 1832.
99. Ueber die Zeugnisse des Papias von unsern beiden ersten Evangelien. Ebendaselbst.
100. Ueber den Umfang des Begriffs der Kunst. 2te Abhandlung. (S. 1831 und 1833).

1833.

101. Rede am Geburtstage Friedrichs des Großen. In der Akademie der Wissenschaften.
102. Festpredigten. 2r Th. (S. 1826).
103. Ueber den Umfang des Begriffs der Kunst. 3te Abhandlung. (S. 1831—32).

1834.

104. Letzte Predigt, gehalten am 2ten Februar 1834.

1835.

105. Entwurf eines Systems der Sittenlehre. Herausgegeben von Prof. Schweizer.
106. Predigten über das Evangelium Marci und den Brief Pauli an die Colosser, herausg. von F. Zabel.

1836.

107. Predigten in den Jahren 1789 bis 1810 gehalten, herausgeg. von A. Sydow.

1837.

108. Homilien über das Evangelium des Johannes in

den Jahren 1823 und 1824 gesprochen; herausgeg. von A. Sydow. (S. 1847).

1838.

109. Hermeneutik und Kritik, mit besonderer Beziehung auf das Neue Testament; herausgegeben von Fr. Lücke.

1839.

110. Geschichte der Philosophie. Herausg. v. H. Ritter.
111. Dialektik. Herausgeg. von L. Jonas.

1840.

112. Geschichte der christlichen Kirche. Herausgeg. von E. Bonnell.

1841.

113. Grundriß der philosophischen Ethik. Mit einleitender Vorrede herausgeg. von A. Twesten.

1842.

114. Aesthetik. Herausgeg. von C. Lommatsch.

1843.

115. Die christliche Sitte, nach den Grundsätzen der evangelischen Kirche im Zusammenhange dargestellt. Herausgeg. von L. Jonas.
116. Predigten in den Jahren 1831 bis 1834 gehalten.

1844.

117. Sammlung der einzeln und zerstreut erschienenen Predigten.

1845.

118. Einleitung ins Neue Testament. Herausgeg. von G. Wolde, mit Vorrede von Fr. Lücke.
119. Die Lehre vom Staat. Herausgeg. von Ch. A. Brandes.

1847.

120. Homilien über das Evangelium des Johannes in

den Jahren 1825 und 1826 gesprochen; herausgeg. von A. Sydow. (S. 1837).

1849.

121. Erziehungslehre. Herausgeg. von C. Platz.

1850.

122. Praktische Theologie. Herausg. von J. Frerichs.

123. Briefwechsel mit F. S. G. Sack. In den „Theol. Studien und Kritiken" 1850.

1852.

124. Briefwechsel mit J. Chr. Gaß. Mit „Vorrede" von W. Gaß.*)

---

*) Diese „Vorrede" (auf 90 Seiten) giebt eine ausgezeichnete Charakteristik Schleiermachers.

# Register über Personen und Sachen.

Die Zahlen bezeichnen die Nummern der betreffenden Stellen.

FSC
www.fsc.org
MIX
Papier | Fördert
gute Waldnutzung
FSC® C083411

Kolibri 360 GmbH
Ferdinand-Jühlke-Straße 7
99095 Erfurt, Deutschland
produktsicherheit@kolibri360.de